U0378451

普通高等学校网络工程专业规划教材

丛书总主编：杨云江

# ASP编程与应用技术

曾懿 主编

陈晖 任新 朱敏 肖丹 编著

清华大学出版社

北京

## 内 容 简 介

本书全面而又系统地介绍了 Web 应用程序开发中的 ASP 技术、脚本程序编写技术、HTML＋CSS 技术及使用 Spry 框架开发具有 Web 2.0 特色网络程序的技术。

本书内容包括网络应用程序开发技术,创建服务器环境,HTML＋CSS 基础,ASP 脚本语言、内部对象、常用组件的介绍,SQL 语句在 ASP 中的应用,ADO 对象的属性、方法、事件,Spry 框架在 ASP 程序中的应用,ASP 开发实例(网络在线考试系统的设计)。

本书的可读性和实用性强,读者范围广,主要定位于大学本科教育,可作为 Web 应用程序开发人员的培训教材,也可作为大专院校教师、网络工程技术人员及通信工程技术人员的参考书。

**图书在版编目(CIP)数据**

ASP 编程与应用技术/曾懿主编. —北京:清华大学出版社,2012.10(2023.8重印)
普通高等学校网络工程专业规划教材
ISBN 978-7-302-28644-8

Ⅰ. ①A… Ⅱ. ①曾… Ⅲ. ①网页制作工具－程序设计－高等学校－教材 Ⅳ. ①TP393.092

中国版本图书馆 CIP 数据核字(2012)第 074775 号

责任编辑:袁勤勇
封面设计:常雪影
责任校对:李建庄
责任印制:杨 艳

出版发行:清华大学出版社
   网  址:http://www.tup.com.cn,http://www.wqbook.com
   地  址:北京清华大学学研大厦 A 座     邮  编:100084
   社 总 机:010-83470000        邮  购:010-62786544
   投稿与读者服务:010-62776969,c-service@tup.tsinghua.edu.cn
   质量反馈:010-62772015,zhiliang@tup.tsinghua.edu.cn
   课件下载:http://www.tup.com.cn,010-83470236
印 装 者:三河市君旺印务有限公司
经  销:全国新华书店
开  本:185mm×260mm   印  张:19.5    字  数:484 千字
版  次:2012 年 10 月第 1 版     印  次:2023 年 8 月第 9 次印刷
定  价:59.00 元

产品编号:040238-05

普通高等学校网络工程专业规划教材

# 编审委员会

# 丛 书 序

当今的世界，是计算机网络的时代，也是信息的时代，计算机网络已成为人们获取与交流信息的一种重要手段，它正深刻影响着人类社会的发展及经济运行模式，影响着人们的工作、学习和生活方式。为此，社会的各行各业都投入了大量的人力和物力建设与实施基于计算机网络的信息化工程，因此，迫切需要大量掌握计算机网络系统规划、设计、建设、运行、管理和维护的实用型网络技术的高级人才，网络工程专业正是为顺应这种社会需求而诞生的新兴专业。

网络工程专业是面向网络工程应用的计算机科学与技术类专业，旨在培养具有计算机网络基础知识和抽象思维能力，掌握计算机网络软硬件基本理论和技术，掌握网络工程的基本原理与实现方法，能运用所学的知识与技能去分析和解决网络工程的实际问题。由于网络工程专业毕业生是可从事计算机网络的建设与应用、计算机网络的管理与维护、网络工程的开发与集成的高层次网络人才，深受社会各界的广泛关注和青睐，近几年来该专业的毕业生就业率都居高不下。

自 2001 年经教育部批准，同意 11 所高校开办本科网络工程专业以来，每年都有数十所高等院校申请开设网络工程专业。截至 2010 年 6 月，开设网络工程专业的高校已达 260 所。这表明，网络工程专业在我国高等教育中越来越受到重视。

在这种形势下，作为普通高校，如何适应时代的需求，培养掌握计算机网络及其相关技术的高素质网络工程人才，以满足不同行业不同岗位对网络工程人才的需求，已成为一项既紧迫又重要的战略任务。为达到这一目标，高校除了需要具有良好的教学环境、先进的教学设施和优秀的师资队伍之外，更重要的是需要一套符合现代网络工程专业需求的高校教材。

多年来，全国各出版社出版了大量的计算机技术类及信息技术类的高校教材，这些教材为我国高等教育事业做出了巨大的贡献。但是，这些教材大都是理论性太强，弱化了实用性，特别是很少涉及网络工程设计与建设、网络工程实践与管理等方面的内容。因此，上述传统的教材大多数已不再适应当代网络工程专业的教学需求。为了培养出符合现代社会需求的实用型网络工程的技术人才,必须对传统的教学模式和教材进行改革。在清华大学出版社的鼎力支持下,本套丛书的编委会及作者根据网络工程专业的特点和需求,在广泛征求意见和充分酝酿的基础上,组织编写了这套满足普通高校本科网络工程专业需求的教材。

本套丛书最显著的特色是理论与实践相结合,强调网络工程专业的特点,突出实用性和可操作性,注重实践技能的训练和提高学生的创新能力,以达到培养实用型的网络工程技术人才的目的。

本丛书的主要编写模式是:教材紧紧围绕网络工程应用进行构思和编写,在介绍相关理论知识的基础上,给出大量的应用实例,并有完整的实用案例分析。在教材中,将实用案例作为一个工程项目来看待,强调从工程项目的角度出发,在进行需求分析的基础上,给出案例的详细设计与实施步骤,旨在帮助学生在学完每一门课程后,将所学的知识运用到应用程序的设计与开发,应用到网络工程的规划与设计、建设与管理中。

本丛书中每本书的主编及参编者都是长期从事计算机科学及网络技术的教学工作、网络工程建设与管理工作的高校教师,具有较深的理论知识、丰富的教学经验和网络管理经验。本套丛书是这些教师多年教学、网络开发与应用、网络管理与维护经验和心得体会的结晶。

为了保证本套教材的编写质量,我们组织了由高校专家、学者组成的教材编审委员会,编委会负责对教材的结构及书稿内容进行全程的指导和监督,并负责对书稿内容进行审查。

很高兴能看到本套丛书的出版,希望本套丛书能为我国高等教育贡献微薄之力,更希望本套丛书能给广大师生和读者带来收益和帮助。

贵州省政协副主席、博士生导师
丛 书 编 委 会 名 誉 主 任 谢晓尧
2011 年 5 月 18 日

# 序　言

从 1996 年 ASP 诞生到现在已经过去了 15 年,在这短短的 15 年中,ASP 得到了迅速的发展和广泛的应用,虽然它的升级版本 ASP.NET 在 2001 年已经出现,但直到今天,使用 ASP 技术制作的网站在 Internet 仍然随处可见,它的易学性、易用性仍是其他 Web 应用程序开发技术无法比拟的。

ASP 技术是一项十分成熟和应用广泛的 Web 应用程序开发技术,但由于 Web 技术的飞速发展,如何把最新的 Web 应用与传统的 ASP 技术相结合,使得 ASP 技术能够持续发展下去,一直以来都在探索和完善中,编者在总结近几年对 Web 新技术的研究、使用和教学经验的基础上,并参阅大量的资料,编写出这本《ASP 编程与应用技术》,旨在帮助广大读者掌握 ASP 技术及较新的 Web 应用技术,为开发更加完善的 ASP 应用程序打下坚实的基础。

**本书的特色**

特色之一:内容新颖。本书内容的新颖性体现在这几个方面。多种服务器调试环境的搭建、HTML＋CSS 的实例教学、脚本语言、内部对象采用案例教学、结合网络工程应用介绍最新的 ASP 组件技术、Ajax 中 Spry 框架技术与 ASP 技术的完美搭配、功能完善的工程案例等。

特色之二:本书从实用角度出发,结合 ASP 开发所需掌握的知识点,通过大量具有针对性的例子,系统而深入地介绍了 ASP 的工作原理和运行环境,透彻掌握数据库访问和应用开发。在新技术的应用上,选中 Ajax 的 Spry 框架与 ASP 搭配,使得传统的 ASP 技术充满了活力,能够开发出更多具有 Web 2.0 特色的网络应用程序。在本书最后,较为完整地介绍了一个工程案例的开发过程,以期达到巩固和加深学习效果的目的,是对全书知识的综合运用。

特色之三:本书内容全面完整、结构安排合理、图文并茂、通俗易懂,能够很好地帮助读者学习和理解 ASP 技术。

特色之四:因 ASP 是开发 Web 应用程序的一种技术,因此,ASP 技术与其他 Web 开发技术是息息相关的。所以读者在学习本书的时候,不但能掌握 ASP 技术,也会对开发 Web 应用程序的流程有一个较深刻的了解,为开发其他类型的 Web 应用程序打下一个良好的基础。

前　言

全书共分 10 章。第 1 章介绍网络应用程序开发技术；第 2 章介绍如何创建服务器环境；第 3 章介绍 HTML＋CSS 基础；第 4 章介绍 ASP 脚本语言；第 5 章介绍 ASP 的内部对象；第 6 章介绍 ASP 常用组件的使用方法；第 7 章介绍 SQL 语句在 ASP 中的应用技术；第 8 章介绍 ASP 访问数据库技术——ADO 对象的使用方法；第 9 章介绍 Spry 框架在 ASP 程序中的应用技术；第 10 章给出案例分析之一，网络在线考试系统的设计技术。

本书由曾懿主编，陈晖、任新、朱敏、肖丹等参编，其中陈晖编写了第 6 章和第 7 章，曾懿编写了第 9 章、第 10 章，任新编写了第 4 章、第 5 章，朱敏编写了第 3 章、第 8 章，肖丹编写了第 1 章、第 2 章。贵州大学信息化管理中心的杨云江教授担任丛书编审委员会主任兼丛书总主编，负责全书目录结构、书稿内容结构的组织、规划与审定工作以及书稿的审定工作。

在编写本书过程中，参考和借鉴了大量的论文论著、图书资料和网站资料，在此，对相关作者致谢！

因作者知识和水平有限，加上时间仓促，书中难免有不完善、疏漏和错误之处，恳请广大读者批评指正。

作者

2012 年 7 月

# C O N T E N T S

# 目　录

# CONTENTS

# CONTENTS

# CONTENTS

# CONTENTS

# CONTENTS

# C O N T E N T S

# CONTENTS

# 第1章 网络应用程序开发技术

学习网络应用程序开发技术应先了解网络数据库应用系统的相关基础知识,包括网络数据库应用系统模式,Web 数据库技术,ASP 的特点和 ASP 程序的基本结构。读者可通过本章的学习为后续章节的阅读和理解奠定坚实的理论基础。

**本章主要内容:**

- F/S、C/S、B/S 三种网络数据库应用系统模式的特征;
- CGI、API、ASP 等技术的要点;
- ASP 技术特征与工作原理。

## 1.1 网络应用程序系统模式

自 20 世纪 90 年代以来,Internet 被应用于各个社会领域,成为当今应用范围最广、影响最深刻的一项科学技术。其中的 Web 技术采用浏览器和超文本链接,得到了众多 Internet 使用者的青睐。同时,Web 技术也得到了众多计算机应用系统开发者的认真研究,形成了一系列基于 Web 技术的计算机应用系统。在数据库应用领域,Web 技术为网络数据库应用系统提供了一种全新的应用模式。

Web 不是传统意义上的物理网络,而是在超文本基础上形成的信息网,是 Internet 的重要组成部分。将 Web 技术与数据库技术相结合,使得 Web 技术与数据库技术都发生了质的变化。由于数据库技术的支撑,Web 页面由静态网页发展成为动态网页;由于 Web 技术的支撑,数据库应用系统实现了数据环境和应用环境的分离,使得客户端可以用相对统一的浏览器实现跨平台的零客户端应用。

纵观网络数据库应用系统模式的发展过程,可以看到,基于 Web 技术的网络数据库应用系统具有良好的技术优势,具有强大的生命力,成为信息社会的重要组成部分。

### 1.1.1 文件/服务器模式

建立计算机网络的主要目的是实现资源共享和计算机之间的通信。资源共享包括硬件资源共享、软件资源共享、数据资源共享和通信信道资源共享。其中,如何有效地实现数据资源共享是数据库应用系统的重要功能之一。

数据资源共享的方式随着网络结构的不同而不同。文件/服务器模式(F/S 模式,File Server Model)是一种基于局域网络结构的网络数据库应用系统模式,其基本构架为:系统中所有的数据资源和操作资源均集中于服务器端,工作站上的所有应用均通过向服务器提出申请、获得相应资源而得到满足。

根据不同的网络结构,工作站与服务器的分配、数据资源与操作资源的分配与管理可以采用不同的模型。

**1. 文件服务器模型**

以 Novell NetWare 局域网网络架构系统为代表的是文件服务器模型的典型。它以一台或几台服务器作为共享资源的主体，在文件服务器中提供高速存取的大容量磁盘，用于存放网络中各个客户端共享的文件和目录，包括各种应用程序和数据库。工作站根据所拥有的权限使用程序、访问数据库。作为客户端的工作站上不安装应用程序，属于一种零客户端方案。

文件服务器模型充分实现了网络资源共享、数据资源统一管理与调配，是一种局域网络环境下的优秀网络数据库应用系统模式。

但是，采用这种方式构成的数据库应用系统，网络通信量特别大，而且由于局域网基本上是采取多路复用、载波侦听的通信方式，所以效率也比较低。

**2. 工作组模型**

以 Microsoft 公司的 Windows for Workgroup、Windows NT 和 IBM 公司的 OS/2 LAN Server 为代表，构成了工作组模型的典型例子。

在工作组模型中，某个拥有特权的系统管理员创建一个用户工作组，并赋予组中的成员以对等（Pear to Pear）方式工作。工作组中的每一台计算机既可作为服务器，又可作为工作站。每台计算机具有自己的账户，并管理着自己所属的共享资源，这种网络的管理比较松散，安全性比较差，数据资源的冗余控制也比较难以实现。

**3. 域模型**

Microsoft 公司的 Windows NT Server 和 IBM 公司的 OS/2 LAN Server 除了提供工作组模型外，还提供了域模型的网络应用方式。

在这种应用方式中，将一个网络中的某些计算机连接成为一个域，每个域中的工作站再分成为若干个工作组。一个域中可以有若干个服务器和工作站，其中至少有一台服务器为域服务器（域控制器）负责域的集中管理。系统管理员创建并管理用户账户及数据库。

利用域模型可以实现对网络的集中管理。域模型是一种安全、高效的网络使用模型，能够构成性能良好、基于局域网络的数据库应用系统。

## 1.1.2 客户机/服务器模式

文件/服务器模式的基本思想是将所有资源集中于服务器端，包括数据资源与操作资源，工作站不拥有任何资源。工作站运行所需要的程序、数据等，均由服务器提供。因此，网络通信过于拥挤、服务器负担过重成为文件/服务器模式的缺憾。

而采用客户机/服务器模式（C/S 模式，Client/Server）的数据库应用系统，不仅可以实现对数据库资源的共享，而且可以提高数据库的安全性。

传统客户机/服务器模式的数据库应用系统是两层的，其基本思想是：服务器提供数据的存储和管理等功能，客户端运行相应的应用程序，通过网络获得服务器的服务，使用服务器上的数据库资源。客户端和服务器通过网络连接成一个互相协调的系统。

客户机/服务器模式提出了一种新的资源共享方式，即：将不同的应用程序安装在不同的工作站上，形成客户端。客户端运行本地程序，访问存储在服务器端的数据库，获取数据资源，完成相关处理后回写至数据库中。这样就形成了客户机/服务器模式的基本运行原理。根据客户机/服务器构架的方式，可以将其分为二层 C/S 模式和三层 C/S 模式。

**1. 二层 C/S 模式**

二层 C/S 模式把数据处理任务分配给客户机和数据库服务器共同承担。数据库服务器安装数据库管理系统(DBMS,DataBase Management System),承担数据库数据管理、响应客户机请求并根据请求完成数据操作;客户机安装应用程序,承担客户程序运行、数据的处理和输入输出操作,如图 1-1 所示。

C/S 模式有如下优点:

| 客户机 | ⟷ | 数据库服务器 |

图 1-1　二层 C/S 模式结构图

- 充分发挥了客户机和服务器两方面的处理能力;
- 减少网络信息流量;
- 服务器可高效、安全地处理数据库,客户机可处理 GUI 界面及本地 I/O;
- C/S 提供了开放式分布计算环境。

**2. 三层 C/S 模式**

在客户端数量过大、请求过于频繁时,数据库服务器负担非常沉重。因此提出在客户机与数据库服务器之间增加功能服务器的方案。即将客户端请求的接受、响应与分析赋予功能服务器完成,由功能服务器将客户端请求转换为 SQL 请求交数据库服务器处理,再由功能服务器将数据处理结果发还客户端。

如此,即构成三层 C/S 模式,如图 1-2 所示。在三层 C/S 模式结构中,客户机驻留用户界面层(也称为表示层)软件,负责用户与应用层之间的对话任务。功能服务器存放业务逻辑层(也称为功能层)软件负责,响应客户机请求,完成业务处理或复杂计算。在出现数据库访问任务时,根据客户机的要求向数据库服务器发出 SQL 指令。数据库服务器存放数据库服务层(也称为数据层)软件,用来执行功能层送来的 SQL 指令,实现对数据库的读、写、删、改及查询等操作,操作完成后通过功能服务器向客户机返回操作结果。

图 1-2　三层 C/S 模式结构

由于客户机必须驻留表示层软件,不再是零客户端方案。当功能服务器仅配置很弱功能软件时,三层 C/S 模式结构就会还原为二层 C/S 模式结构。此时,由于客户机上驻留的表示层软件任务繁重会形成庞大的应用软件,被称为胖客户端结构。

如果为功能服务器配置非常强大的功能,则客户机上驻留的表示层软件任务轻松,会成为小巧的应用软件,被称为瘦客户端结构。瘦客户端结构与胖客户端结构孰优孰劣,不可一概而论,应该根据技术的发展、应用系统的具体环境进行具体分析。

### 1.1.3　浏览器/服务器模式

浏览器/服务器模式(B/S 模式,Browser/Server)是 Web 技术和数据库技术相结合形成的一种技术,采用这种技术,可以实现数据库应用系统开发环境和应用环境的分离。基于 B/S 模式的数据库应用系统通常采用三层结构:浏览器＋Web 服务器＋数据库服务器,如图 1-3 所示。

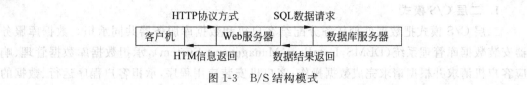

图 1-3　B/S 结构模式

在 B/S 模式结构中,客户机驻留的用户界面层软件为浏览器,用户通过浏览器的表单(form)等形式向 Web 服务器发送 HTTP 协议方式的请求。功能服务器配置成为 Web 服务器,响应客户机发出的 HTTP 协议方式请求。当客户机提出访问数据库的请求时,Web服务器根据实际要求向数据库服务器发出 SQL 数据请求。数据库服务器依然存放数据库服务层软件,执行 Web 服务器传送来的 SQL 数据请求,进行对数据库的读、写、删、改及查询等操作,操作完成后,将数据结果返回给 Web 服务器。

Web 服务器在收到数据结果返回后,将其转换为 HTML 或各类 Script 格式,形成HTML 信息返回给浏览器,并结束一次操作事务。可以看到,客户机上只需安装浏览器,不需安装数据库应用系统程序,因此 B/S 模式结构称为零客户端结构。另外,由于 B/S 模式结构中的客户机与 Web 服务器之间采用 HTTP 协议进行信息传送,因此适用于广域网结构的 Internet 或 Intranet,具有良好的发展前景。

# 1.2　Web 应用程序技术

随着 Internet/Intranet 技术的普及和发展,客户机/服务器结构的数据库应用系统正由二层向三层或多层发展。如果客户端仅需浏览器软件,中间层提供 Web 服务,后台提供数据库服务,即形成了 Web 数据库应用系统结构。

## 1.2.1　三层结构

实质上,Web 数据库应用系统采用三层的客户机/服务器结构。第一层为客户层,通常安装浏览器软件;第二层为中间层,需要配置相应的 Web 服务器以及相关技术支撑软件;第三层为数据库层,必须配备相应的数据库服务器和数据库管理系统。浏览器作为用户输入查询条件和显示查询结果的交互界面,用户可以通过填写表单或输入关键字的方式来与 Web 服务器交互。当用户单击表单上的"提交"按钮时,表单中的数据便被发送到 Web 服务器。

Web 服务器负责客户端发送信息的接收,它将数据传送至要被处理的脚本或应用程序,并在数据库中查询数据或将数据传送到数据库中心。最后,Web 服务器将数据库服务器的返回结果插入到 HTTP 页面,传送至客户端以响应用户。

## 1.2.2　CGI 技术

CGI 是 Web 服务器与外部扩展程序交互的一个标准接口,按 CGI 标准编写的外部扩展程序可以处理客户端(一般是 Web 浏览器)输入的协同工作数据。服务器并不关心外部扩展程序用什么语言(如 C、C++、Perl、Delphi、Basic 等)编写,它只负责接收用户的输入信息,并把 CGI 程序所产生的结果回传给用户。

CGI 是最早用来创建动态网页的一项技术,它可以使浏览器与服务器之间产生互动关系。Common Gate Interface 是 CGI 的全称，即通用网关接口。它允许使用不同的语言来编写适合的 CGI 程序，该程序放在 Web 服务器上运行。当客户端发出请求给服务器时，服务器根据用户请求建立一个新的进程来执行指定的 CGI 程序，并将执行结果以网页的形式传输到客户端。

CGI 应用中可以通过编写 CGI 程序来访问数据库，客户端用户可通过它和 Web 服务器进行数据查询。CGI 工作的主要流程是：

- 一个用户请求激活一个 CGI 应用程序；
- CGI 应用程序将交互主页中用户输入信息提取出来；
- 将用户输入的信息传给服务器主机应用程序（如数据库查询）；
- 将服务器处理结果通过 HTML 文件返回给用户；
- CGI 进程结束。

按应用环境的不同，CGI 可分为标准 CGI 和 WinCGI 两种。标准 CGI 通过环境变量或命令行参数来传递 Web 服务器获得的用户请求信息，Web 服务器与浏览器间的通信采用标准输入输出方式。当 Web 服务器接收到浏览器发来的 HTTP 请求时，首先对该请求进行分析，并设置所有的环境变量或命令行参数，然后创建一个子进程启动 CGI 程序。CGI 程序执行完后，利用标准输出将执行结果返回 Web 服务器。CGI 程序的输出类型可以是 HTML 文档、图形、图像、纯文本或声音等。

标准 CGI 之所以采用标准输入输出方式进行数据通信，是由其最初的开发环境 UNIX 操作系统所决定的。但许多 Windows 环境下的编程工具（如 Delphi 和 Visual Basic 等）并不支持标准输入输出方式，因此无法用这些工具来开发基于标准 CGI 的应用程序，于是有些 Web 服务器引入了 WinCGI。WinCGI 也称间接 CGI 或缓冲 CGI，它最主要的特点是：Web 服务器与 CGI 程序间的数据交换通过缓冲区进行，而不是通过标准输入输出进行。当 Web 服务器接收到浏览器的 HTTP 请求时，先创建一个子进程启动缓冲程序，该缓冲子进程与 Web 服务器通信，它通过标准输入输出、环境变量和命令行参数来获得有关的数据，并将这些数据保存在一个输入缓冲区中；缓冲子进程再创建一个子进程启动 CGI 程序，CGI 程序读取输入缓冲中的内容，处理浏览器的要求，并将要输出的内容存入输出缓冲区；缓冲程序通过环境变量或命令行参数等方式传递输入缓冲区和输出缓冲区的地址（或临时文件名）到 CGI 子程序。

在整个处理过程中，缓冲子进程与 CGI 子进程之间应保持同步，以监测 CGI 程序执行的状态。当缓冲子进程得到 CGI 子进程的输出时，设置有关环境变量并终止该 CGI 子进程，然后采用标准输出与 Web 服务器通信，并通过 Web 服务器将 CGI 程序的输出结果返回给浏览器。Web 服务器进程与缓冲进程必须保持同步，以监测缓冲子进程执行的状态。

CGI 的优点是跨平台性能极佳，几乎可以在任何主流操作系统（如 DOS、Windows、UNIX 和 OS2 等）上实现。

CGI 的缺点也是显而易见的，CGI 程序一般都是一个独立的可执行程序，与 Web 服务器各自占据着不同的进程，且一个 CGI 程序只能处理一个请求，对每个请求 CGI 都会产生一个新的进程，同一时刻发出的请求越多，服务器产生的进程就越多，耗费掉的系统资源也越多。这样，在用户访问的高峰期，网站就会表现出响应时间延长、处理缓慢等情况，严重的甚至会导致整个网站崩溃。另外，CGI 的功能有限，开发较为复杂，且不具备事务处理功能，这在一定程度上限制了 CGI 的应用。

## 1.2.3　API 技术

API 以动态链接库(DLL)的形式提供,是驻留在 Web 服务器上的本机代码,作用类似于 CGI 可起到扩展 Web 服务器功能的作用。目前流行的服务器 API 有 Microsoft 的 ISAPI(Internet Server API)、Netscape 的 NSAPI(Netscape Server API)等。各种服务器 API 均与相应的 Web 服务器紧密联系在一起,程序员可利用服务器 API 来开发 Web 服务器与数据库服务器的接口程序。

服务器 API 可实现 CCI 程序所能提供的全部功能,其工作原理和 CGI 大体相同,都是通过交互式页面取得用户的输入信息,然后交服务器后台处理,但各自在实现机制上却大相径庭。

服务器 API 与 CGI 最大的区别在于:组成服务器 API 的程序均以动态链接库的形式存在,而 CGI 程序一般都是可执行程序。在服务器 API 调用方式中,被用户请求激活的 DLL 和 Web 服务处于同一进程中,在处理完某个用户请求后并不会马上消失,而是和 Web 服务一起继续驻留在内存中,等待处理其他用户的 HTTP 请求,直到超过设定时间后一直没有用户请求为止。

基于服务器 API 的所有进程均可获得服务器上的任何资源,而且当它调用外部 CGI 程序时,需要的开销也较单纯的 CGI 少,因此服务器 API 的运行效率明显高于 CGI。服务器 API 的出现解决了 CGI 的低效问题,但用 API 编程比开发 CGI 程序更加困难。API 开发需要多线程、进程同步、直接协议编程及错误处理之类的专门技术。为了解决复杂与高效之间的矛盾,Netscape 与 Microsoft 均为各自的 Web 服务器提供了基于 API 的高级编程接口。Netscape 提供的是 LiveWire,而 Microsoft 提供的是 IDC(Internet DataBase Connector,互联网数据库连接器)。

## 1.2.4　ASP 技术

ASP(Active Server Page,动态服务页面)是一种使用很广泛的开发动态网站技术。它通过在页面代码嵌入 VBScript 或 JavaScript 脚本语言来生成动态的内容,在服务器端必须安装适当的解释器,才可以通过调用此解释器来执行脚本程序,然后将执行结果与静态内容部分结合并传送到客户端浏览器上。对于一些复杂的操作,ASP 可以使用存在于后台的 COM 组件来完成,所以说 COM 组件无限地扩充了 ASP 的能力。正因如此依赖本地的 COM 组件,使得它主要用于 Windows Server 平台中,所以 Windows 本身存在的问题都会映射到它的身上。当然该技术也存在很多优点,简单易学,并且 ASP 是与微软公司的 IIS 捆绑在一起,在安装 Windows 2003 的同时安装上 IIS 就可以运行 ASP 应用程序了。

ASP 是微软开发的服务器端脚本环境,是目前非常流行的开放式 Web 服务器应用程序开发技术。ASP 既不是一种语言,也不是一种开发工具,而是一种技术框架,其主要功能是为生成动态、交互且高效的 Web 服务器应用程序提供一种功能强大的方法或技术。ASP 的主要特性是能够把脚本、HTML、组件和强大的 Web 数据库访问功能结合在一起,形成一个能在服务器上运行的应用程序,并把按用户要求请求的 HTML 页面传送到客户端浏览器。

　　ASP 属于 ActiveX 技术中的服务器端技术,与通常在客户端实现动态页面的技术(如 Java Applet 和 ActiveX 控件等)不同。ASP 中的命令和脚本均在服务器端解释执行,执行后的结果产生 HTML 页面并传送给浏览器。由于脚本在服务器端执行,因而开发者不必担心浏览器是否能够执行脚本。同时,由于只是将 HTML 页面送到浏览器,在浏览器上看不到 ASP 源代码,系统安全得到了保证。

　　ASP 具有许多显著的优点,例如,ASP 运行在 Web 服务器的同一进程中,能够更快、更有效地处理客户请求;ASP 支持 VBScript 和 JavaScript 脚本语言,并能以插件(AddIn)形式支持其他脚本语言。编写 ASP 程序既可用任何文本编辑器(如 Windows 记事本、写字板等),也可用专用开发工具(如 Visual InterDev 等)。

　　ASP 程序是以扩展名为.asp 的文本文件,其控制部分用 VBScript 和 JavaScript 等脚本语言编写。ASP 的工作流程大致为:当浏览器向 Web 服务器请求 ASP 文件时,服务器调用 ASP 程序,ASP 程序读取请求的文件,执行所有的服务器端脚本,包括数据库访问操作;然后将脚本输出与静态 HTML 代码进行合并;最终的 HTML 页面将在 HTTP 响应中传送给浏览器。

　　ASP 访问数据库通过 ADO(ActiveX Data Objects)实现,ADO 是 Microsoft 推出的一项数据访问技术。使用 ADO 可以编写紧凑简明的脚本,以连接到与 OLE DB 兼容的数据源,如数据库、电子表格、顺序数据文件或电子邮件目录等。另外,还可以使用 ADO 访问与 OLE DB 兼容的数据库。

## 1.2.5　ASP.NET 技术

　　2002 年微软发布了 ASP.NET 1.0,在此以前发布了两个.NET 测试版本 Beta1 和 Beta2。2003 年微软发布了.NET Framework 1.1 正式版本,其中 ASP 版本就是 ASP.NET 1.1。2005 年微软发布.NET Framework 2.0 正式版本,也就是 ASP.NET 2.0。

　　ASP.NET 目前能支持 3 种语言 C♯、Visual Basic.NET 和 JScript.NET。C♯ 是微软公司专门为.NET 量身定做的编程语言,它与.NET 有着密不可分的关系。C♯ 是最适合开发.NET 应用的编程语言。

　　与 ASP 相比,ASP.NET 增加了很多特性,功能也更为强大。ASP.NET 的优点是:

- 使用.NET 提供的所有类库,可以执行以往 ASP 所不能实现的许多功能;
- 引入了服务器端控件的概念,使开发交互式网站更加方便;
- 引入了 ADO.NET 数据访问接口,大大提高了数据访问效率;
- 提供 ASP.NET 的可视化开发环境 Visual Studio.NET,进一步提高编程效率;
- 保持对 ASP 的全面兼容,ASP.NET 运行速度更快;
- ASP.NET 全面支持面向对象程序设计。

ASP.NET 的缺点是:

- ASP.NET 运行环境要求比较高,不仅需要 IIS 的支持,还需要.NET Framework SDK。
- 相对于 ASP,学习起来稍微复杂。

### 1.2.6　PHP 技术

PHP 是 Hypertext Preprocessor(超文本预处理器)的英文缩写,于 1994 年由 Rasmus Lerdorf 创建,刚刚开始只是一个简单地用 Perl 语言编写的程序,用来统计自己网站的访问者。后来又用 C 语言重新编写,包括可以访问数据库,并命名为 PHP v1.0,此后其他程序员开始参与 PHP 源码的编写,1997 年,Zeev Suraski 及 Andi Gutmans 又重新编写了解析器,完善了其基本功能,发布了 PHP3。PHP 是一种脚本编程语言,通常嵌入或结合 HTML 使用。对于开发三层结构的 Web 数据库应用系统,PHP 是开发中间层中的应用技术的理想工具。PHP 已经作为许多大中型规模的 Web 数据库应用程序的组件出现,而且,由于它所具有的出色性能,PHP 正在越来越多地受到众多 Web 数据库应用系统开发者的青睐。PHP 的当前主流版本为 PHP5,PHP 工作机理原理如下:

- Internet 使用者在客户端采用 HTTP 通过浏览器向 Web 服务器发出 PHP 脚本请求;
- Web 服务器将请求传递到 Zend 引擎的 Web 服务器接口;
- Web 服务器接口调用 Zend 引擎并传递参数给引擎;
- PHP 脚本由引擎从磁盘中获取;
- 脚本由运行时编译器编译;
- 已编译的代码由引擎的执行器运行,实现对后台数据库的访问,执行器的输出返回到 Web 服务器接口;
- Web 服务器接口返回输出给 Web 服务器(Web 服务器又将其输出作为一个 HTTP 响应返回给位于客户端的 Internet 使用者)。

PHP 程序可以运行在 UNIX、Linux 或者 Windows 操作系统上,对客户端浏览器也没有特殊要求。PHP 也是将脚本描述语言嵌入 HTML 文档中,它大量采用了 C++、Java 和 Perl 语言的语法,并加入了各种 PHP 自己的特征。PHP 语法类似于 C++,并混合了 Perl、C++ 和 Java 的一些特性。它是一种开源的 Web 服务器脚本语言,与 ASP 和 JSP 一样可以在页面中加入脚本代码来生成动态内容。对于一些复杂的操作可以封装到函数或类中。在 PHP 中提供了许多已经定义好的函数,例如标准的数据库接口,使得数据库连接方便、扩展性强。PHP 可以被多个平台支持,但主要被广泛应用于 UNIX/Linux 平台。由于 PHP 本身的代码对外开放,经过许多软件工程师的检测,因此到目前为止,该技术具有公认的安全性能。

PHP 的优点:

- PHP 是免费的,这对于许多要考虑运行成本的商业网站来说,尤其重要;
- 开放源代码,因为这一点,所以才会有很多爱好者不断发展它,使之更具有生命力;
- 多平台支持,可以运行在可以运行在当前主流的操作系统之上;
- 效率高,同 ASP 相比,PHP 占用较少的系统资源,执行速度比较快。

PHP 的缺点:

- 因为没有大公司的支持,前途不如 ASP、JSP 和 ASP.NET;
- 运行环境相对复杂,学习起来相对复杂。

### 1.2.7　JSP 技术

Java Server Page 简称 JSP,它是运行在服务器端的脚本语言之一。与其他服务器端脚本语言一样,是用来开发动态网页的一种技术。

JSP 页面是由传统的 HTML 代码和嵌入到其中的 Java 代码组成的。当用户请求一个 JSP 页面时,服务器会执行这些 Java 代码,然后将结果与页面中的静态部分相结合返回给客户端浏览器。JSP 页面中还包含了各种特殊的 JSP 元素,通过这些元素可以访问其他动态内容并将它们嵌入到页面中。程序员还可以通过编写自己的元素来实现特定的功能,开发出更为强大的 Web 应用程序。

JSP 是在 Servlet 的基础上开发的技术,继承了 Java Servlet 的各项优秀功能。而 Java Servlet 是 Java 的一种解决方案,在制作网页的过程,它继承了 Java 的所有特性。因此 JSP 同样继承了 Java 技术的简单、便利、面向对象、跨平台和安全可靠等优点。所以比起其他服务器脚本语言更加简单、迅速和有力。

使用 JSP 技术可以克服使用 Java Servlet 制作网页过程中,无法区分静态数据与动态数据的缺点。在 JSP 中利用 JavaBean 和 JSP 元素可以有效地将静态的 HTML 代码和动态数据区分开来,给程序的修改和扩展带来了很大方便。

JSP 页面由 HTML 代码和嵌入其中的 Java 代码所组成。服务器在页面被客户端请求以后对这些 Java 代码进行处理,然后将生成的 HTML 页面返回给客户端的浏览器。Java Servlet 是 JSP 的技术基础,而且大型的 Web 应用程序的开发需要 Java Servlet 和 JSP 配合才能完成。JSP 具备了 Java 技术的简单易用,完全的面向对象,具有平台无关性且安全可靠,主要面向 Internet 的所有特点。

自 JSP 推出后,众多大公司都支持 JSP 技术的服务器,如 IBM、Oracle、Bea 等,所以 JSP 迅速成为商业应用的服务器端语言。

JSP 可用一种简单易懂的等式表示为:JSP＝HTML＋Java。

## 1.3　ASP 概述

### 1.3.1　ASP 的特点

ASP 是微软公司开发的代替 CGI 脚本程序的一种应用,它可以与数据库和其程序进行交互,是一种简单、方便的编程工具。ASP 的网页文件的格式是.asp,现在常用于各种动态网站中。

ASP 包含以下 3 个方面。

- Active:ASP 使用了 Microsoft 的 ActiveX 技术。ActiveX(COM)技术采用了封装对象、程序调用对象的技术,从而实现了简化编程、加强程序间合作的功能。
- Server:ASP 运行在服务器端。这样就不必担心浏览器是否支持 ASP 所使用的脚本语言,ASP 常用的脚本语言是 VBScript 和 JavaScript。
- Page:ASP 返回标准的 HTML 页面。当浏览器浏览 ASP 网页时,Web 服务器会根据请求生成相应的 HTML 代码,然后再返回给浏览器,这样浏览器端看到的就是动态生成的网页。浏览者查看页面源文件时,看到的是 ASP 生成的 HTML 代码,而不是 ASP 程序代码。

ASP 是一种基于 Web 的编程技术,它可以完成 CGI 程序的所有功能,例如计数器、BBS、留言簿和聊天室等。ASP 作为一种制作动态网页的程序,自身具有多种独特的特点。现从两个方面入手,具体介绍 ASP 的特点。

**1. 技术特点**

从软件的技术方面看,ASP 有如下的特点:

- 独立于浏览器。用户端只要使用可以执行 HTML 代码的浏览器即可浏览 ASP 网页内容。ASP 脚本是在站点服务器端执行的,用户端的浏览器不需要支持它。
- 无需编译。ASP 脚本集成于 HTML 之中,不用编译或连接即可直接解释执行。
- 易于生成。只要使用一般的文本编辑程序,如 Windows 记事本,即可设计 ASP 页面。
- 与任何 ActiveX Scripting 语言兼容。ASP 与所有的 ActiveX Scripting 语言都相容,除了可使用 VBScript 和 JavaScript 语言来设计外,还可通过 Plug-in 的方式,使用由第三方所提供的其他 Scripting 语言。
- 面向对象。在 ASP 脚本中可以方便地引用系统组件和 ASP 的内置组件,还能通过定制 ActiveX Server Component(ActiveX 服务器组件)来扩充功能。
- 隐秘安全性高。ASP 脚本只在服务器上执行,传到用户浏览器的只是 ASP 执行结果所生成的常规 HTML 代码,原始的 ASP 程序代码是看不到的。这样,源程序代码不会外漏,保证了用户自己编写出来的程序代码不会被他人盗取,提高了程序的安全性。

**2. 应用特点**

从应用的层面看,ASP 可以实现如下特点:

- 可处理由浏览器传送到站点服务器的表单输入。
- 可访问和编辑服务器端的数据库表。使用浏览器即可输入、更新和删除站点服务器数据库中的数据。
- 可读写站点服务器的文件,实现访客计数器等功能。
- 可提供广告轮播器、取得浏览器信息、URL 管理等内置功能。
- 可由 Cookies 读写用户端的硬盘文件,以记录用户的数据。
- 可以实现在多个主页间共享信息,以开发复杂的商务站点应用程序。
- 可使用 VBScript 或 JScript 等简易的脚本语言结合 HTML 代码,快速完成站点的应用程序。通过站点服务器执行脚本语言,产生或更改在客户端执行的脚本语言。

## 1.3.2 ASP 文件的基本结构

ASP 并不是一个脚本语言,而是提供一个可以集成脚本语言(VBScript 或 JScript)到 HTML 主页的环境。与其他编程语言一样,ASP 程序的编写也遵循一定的规则,下面我们就来看一下 ASP 的基本语法。

在 ASP 中,ASP 的命令必须使用"<%"和"%>"符号括起来,例如:

```
<%=date()%>
```

ASP 程序是扩展名为 asp 的文本文件,其中包括 HTML 语句、ASP 命令及脚本语言。

在一个 ASP 程序中,ASP 只处理服务器端的脚本语言,而文件中的其他内容(如 HTML 代码等)会直接发送到客户端,并通过浏览器解析显示出来。

下面我们来看一个简单的 ASP 程序,代码如下。

```
<html>
<head>
<title>ASP 程序</title>
<metahttp-equiv="Content-Type "content="text/html;charset=gb2312 "><style type=
"texe/css ">
</style></head)
<body>
当前日期为:
<%=date() %></span>
</body>
</html>
```

将程序保存为 1-1. asp,将其放置在 IIS 虚拟目录中(IIS 虚拟目录的设置详见 2.2.3 节,“IIS 虚拟目录的设置”),在浏览器中的 URL 中浏览该程序,可以显示当前的日期,效果如图 1-4 所示。

图 1-4　简单的 ASP 程序窗口

ASP 语法代码如下:

```
<%=date() %>
```

date()是一个日期函数,作用是显示计算机系统的当前日期。

在该程序中,没有用到 VBScript 或 Java Script 语言的程序代码。VBScript 或 Java Script 语言的程序代码一般位于“<script>”和“</script>”之间,而位于“<%”和“%>”之间的是 ASP 脚本代码。

VBScript 或 Java Script 语言的程序代码和 ASP 脚本代码之间的主要区别在于:VBScript 或 Java Script 脚本代码一般是由客户端浏览器来解释执行的,而 ASP 脚本代码则是在服务器上解释执行。

### 1.3.3　一个简单的 ASP 程序

下面通过一个简单的 ASP Web 页面来介绍如何创建和执行 ASP 程序。

具体步骤如下：

(1) 在 WWW 服务器(WWW 服务器的建立详见 2.2.1 节,"IIS 的安装")的根目录下使用记事本创建一个 txt 文件。

(2) 双击打开该文件,在文档内输入以下 ASP 代码。

```
<html xmlns="http://www.w3.org/1999/xhtml">
<head>
<meta http-equiv="Content-Type" content="text/html; charset=gb2312" />
<title>一个简单的 ASP 程序</title>
<style type="text/css">
<!--
.STYLE1 {color: #FF0000}
-->
</style>
</head>
<body>
<center>
<h2>一个简单的 ASP 页面</h2>
</center>
<hr>
<p align="center ">今天是：<%=date() %>现在时间是：
<%=time() %> <span class="STYLE1">小屋</span></span>
<span class="SYTLE1 ">欢迎你的光临!</span></p>
<hr>
这个程序主要是使用 date 和 time 函数获取当前日期和时间,并显示在页面上
</body>
</html>
```

(3) 单击"文件"→"另存为"命令,弹出"另存为"对话框,将文件名设置为 1. asp,将保存类型设置为"所有文件"。

(4) 单击"保存"按钮,将文件保存为 asp 文件。

(5) 打开 IE 浏览器,在地址栏输入 http://localhost/1-2. asp,输入完成后,按 Enter 键打开该页面,显示效果如图 1-5 所示。

单击 IE 浏览器上的"查看"→"源文件",其代码如图 1-6 所示。

在上面程序段中,使用<%、%>符号将 ASP 的脚本语言括了起来。而这些 ASP 脚本在浏览器中并没有被看到。这是因为 ASP 代码运行在服务器端,ASP 代码执行后才产生浏览器能识别的 HTML 语言,并将其传递给浏览器。也就是说,在浏览器上看到的并不是原来的代码,这可以通过查看浏览器的源代码来证明。

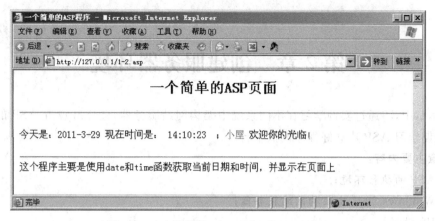

图 1-5　一个简单的 ASP 程序页面显示效果

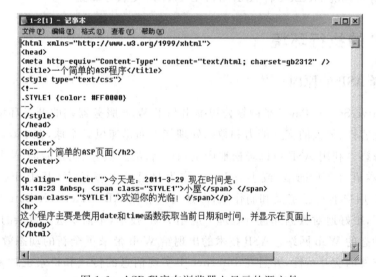

图 1-6　ASP 程序在浏览器上显示的源文件

## 思考题

思考题 1-1：简述三种网络数据库应用系统模式的应用特征。

思考题 1-2：叙述 CCI、API、PHP、ASP.NET 的技术要点及工作原理。

思考题 1-3：简述 ASP 文件的结构。

思考题 1-4：自己编写一个简单的 ASP 程序，并运行。

思考题 1-5：运行一个 ASP 程序，分析源代码与 IE 显示的源文件有哪些不同。

# 第 2 章　创建服务器环境

在本章中,将通过实例学习在不同系统中架构网站服务器,建立和设置 ASP 的执行环境,为后期学习 ASP 建立好程序调试平台。

**本章主要内容:**

- ASP 的执行环境;
- Windows 2003 中架构网站服务器;
- IIS 设置;
- 其他解析环境 NetBox 和 ASP Web Server 的安装与配置。

## 2.1　ASP 的执行环境

### 2.1.1　选择 ASP 的原因

ASP(Active Server Page)是微软公司推出基于 Web 服务器端的开发环境。它以良好的扩展性和兼容性、强大的交互能力和数据处理能力而迅速风靡全球,在 Internet 上处处都能看到它的身影。利用 ASP 可以轻松地产生和运行动态、交互、高性能的 Web 服务应用程序,它采用脚本语言 VBScript 或 JavaScript 作为自己的开发语言,基于开放设计环境的 ActiveX 技术,用户能自己定义和制作组件,还可以利用 ADO(ActiveX Data Objects)方便地访问数据库,很好地对数据库进行处理。应用 ASP 技术,不需要进行复杂的编程,就可以开发出专业动态的 Web 网站。ASP 技术的出现给 Web 带来了全新的动态效果,使其具有更加灵活和方便的交互特性,并且在 Internet 中实现信息的传递和检索也越来越容易。正因为如此,ASP 迅速被广大网络设计和开发人员所接受,成为他们在 Windows 环境下首选的网站开发和编程技术。

在 Windows 环境下的网站开发和编程技术还有 ASP 的升级版本 ASP.NET,虽然微软推出.NET 已经有很多年了,自从.NET 诞生起,人们都认为.NET 会代替 VB、VC 和 ASP。但事实并不是如此,这些老牌的开发工具依然在使用。具体到 ASP 和 ASP.NET,在很长的一段时间里,它们还会并存下去。因为 ASP 对系统的要求低,学习容易,十分适合初学者。同时很多网络服务器只支持 ASP 不支持 ASP.NET,这就使得 ASP 直到现在还是主流的 Web 应用程序开发工具。对于现在市面 ASP 的书籍而言,虽然 ASP 没有实质上的变化,但是 Web 开发的各种应用始终在变。如何结合这些实际的需求,让初学者快速学习 ASP,这就是本书需要讨论的问题。本书结合多年的 ASP 教学经验,以实例应用作为学习的起点,不拘泥于理论细节,让读者快速学习 ASP,并掌握一定的开发技能。

### 2.1.2　如何执行 ASP 程序

要在电脑上执行 ASP 程序需要设置 IIS 服务器。为了做到这一点,必须安装微软的个人 Web 服务器或 Internet 信息服务(IIS)。虽然在 Windows XP 通过安装 IIS 也可以执行 ASP,但为了避免不必要的错误,ASP 最好的执行环境还是 Windows Server 操作系统,如常见的 Windows 2000 Server 或 Windows 2003 Server。

下面来简单说明一下在 Windows 2003 Server 中如何执行 ASP 程序。

## 2.2　在 Windows 2003 中架构网站服务器

### 2.2.1　IIS 的安装

Windows 2003 Server 作为服务器操作系统,将逐步取代 Windows 2000 Server。在 Windows 2003 中将 IIS 作为应用程序服务器来安装,在安装好 Windows 2003 操作系统后第一次启动时要求用户进行配置。如果安装好操作系统后未安装 IIS,则需要通过配置服务器向导进行操作。

与 Windows XP 将 IIS 作为一个附加的组件不同,Windows 2003 Server 将 IIS 作为其组成部分之一,并且直接支持 ASP. NET 解析。Windows 2003 Server 中安装的是 IIS 6.0,与以前的 IIS 5.0 相比,IIS 6.0 在安全性和性能上都有很大程度的提高。

安装 IIS 操作步骤如下:

(1) 启动 Windows 2003,依次选择菜单“开始程序”→“管理工具配置您的服务器向导”命令,打开如图 2-1 所示的欢迎向导界面,单击“下一步”按钮。

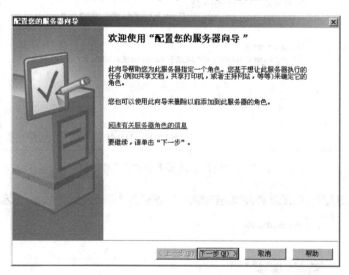

图 2-1　欢迎向导界面

(2) 接着出现“预备步骤”对话框,单击“下一步”按钮,弹出“服务器角色”对话框,如图 2-2 所示,选中“应用程序服务器(IIS,ASP. NET)”,单击“下一步”按钮。

(3) 在图 2-3 所示的对话框中选择相应的选项,单击“下一步”按钮,可看到如图 2-4 所示的总结信息。

(4) 在图 2-4 所示的对话框中单击“下一步”按钮,然后按系统提示放入光盘,开始复制 IIS 文件到服务器,结束后 IIS 就安装好了。

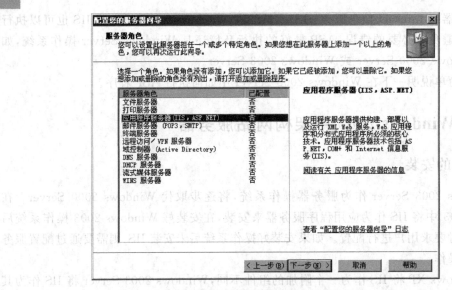

图 2-2 "服务器角色"对话框

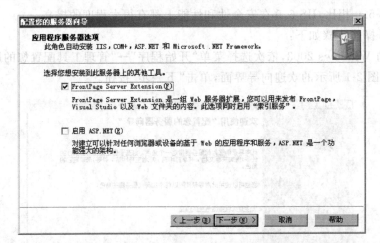

图 2-3 "应用程序服务器选项"对话框

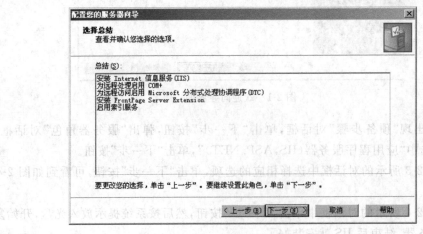

图 2-4 选择总结信息

### 2.2.2　IIS 的架设

**1. 对 IIS 进行各种配置**

对 IIS 的配置主要包含启用 ASP 和服务器端包含文件、启用父路径、设置主目录等操作。

在 Windows 2003 系统的 IIS 6.0 中，默认设置是特别严格和安全的，这样可以最大限度地减少各种攻击而带来的服务器安全性问题，所以在安装了 IIS 后，还需要进行各种配置和设置，才能适合特定环境使用。下面介绍启用 IIS 对 ASP 的支持，以及设置网站的相关参数的方法。

在 IIS 6.0 中，默认情况下各种 Web 服务扩展功能都处于禁止状态。ASP 作为一种 Web 服务扩展也被禁止，因此在 Windows 2003 中安装完 IIS 后，应该通过"Internet 信息服务(IIS)管理器"窗口设置允许使用 ASP。

在 Windows 2003 中依次选择菜单"开始"→"程序"→"管理工具"→"Internet 信息服务(IIS)管理器"命令，打开"Internet 信息服务(IIS)管理器"窗口，展开 IIS 管理器左侧的列表，单击"Web 服务扩展"节点，在右侧可看到安装在系统的中的 Web 服务扩展列表，如图 2-5 所示。

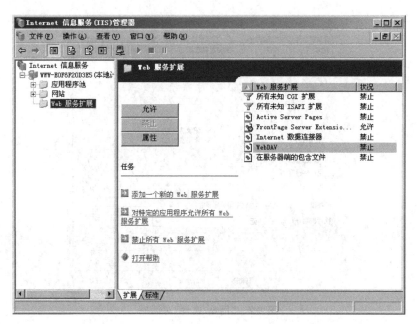

图 2-5　"Internet 信息服务(IIS)管理器"窗口

在列表中选择 Active Server Pages 选项，单击左侧的"允许"按钮，即可允许使用 ASP。

接下来在列表中选择"在服务器端的包含文件"选项，单击左侧的"允许"按钮，即可允许使用服务器端包含文件。如图 2-6 所示完成启用 ASP 和服务器端包含文件(在这两项上面打上钩则表示启用成功)。

右键单击 IIS 管理器左侧列表中的"网站"节点，在快捷菜单中选择"属性"命令，单出"网站 属性"对话框，如图 2-7 所示。

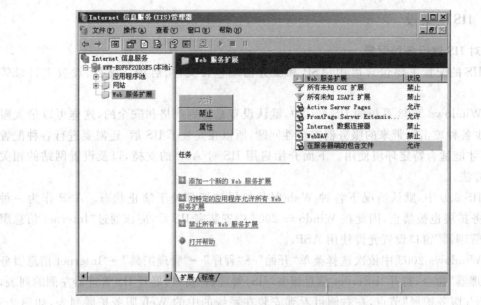

图 2-6  完成启用 ASP 和服务器端包含文件

图 2-7  "网站 属性"对话框

单击"主目录"选项卡中的"配置"按钮,弹出"应用程序配置"对话框,如图 2-8 所示,选择"启用父路径"复选框。

**2. 利用不同端口号建立不同的网站**

由于各种原因,有时候一台服务器只有一个公网 IP,但又需要对外提供多个不同的 Web 站点。这里介绍在 IIS 中通过不同的端口号设置来达到这一要求。

**注意**：Windows XP 操作系统不能进行该设置,只能在 Windows 2000 Server 和 Windows 2003 Server 系列操作系统上使用此方法。

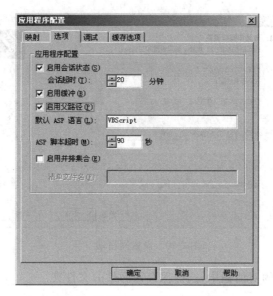

图 2-8　选择"启用父路径"复选框

　　在 IIS 中，每个 Web 站点都具有唯一的、由三个部分组成的标识（IP 地址、端口号和主机头名），用来接收和响应请求。

　　如果 IP 地址相同，则可以通过端口号和主机头名来进行多 Web 站点的识别，默认端口号为 80，在这里我们以设置端口号来进行说明。

　　假设要在服务器上发布 3 个 Web 站点，首先要将 3 个 Web 站点的文件分别放置在不同的文件夹，如 txt1、txt2、txt3 中，并把相应的 ASP 文件放入其中。

　　在 IIS 管理界面中，右键单击左侧的"网站"，在弹出的快捷菜单中选择"新建"→"网站"命令，打开一个欢迎界面。单击"下一步"按钮，进入如图 2-9 所示的对话框，输入网站的描述，该描述将显示在 IIS 左侧网站下的列表中，用来区分不同的网站。输入网站描述 test1，单击"下一步"按钮。

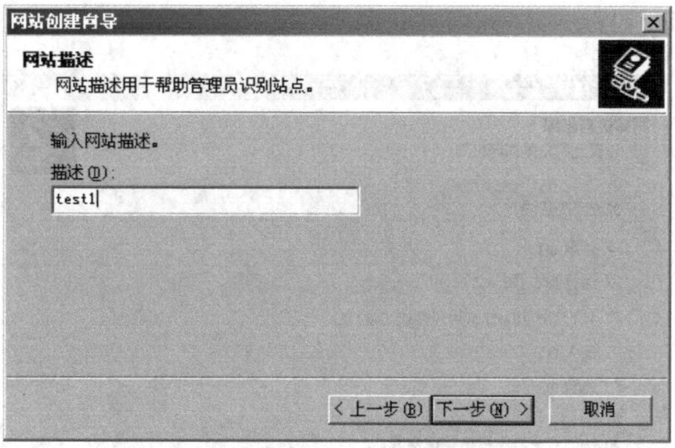

图 2-9　"网站创建向导"对话框

　　在如图 2-10 所示的对话框中，设置 Web 站点的 IP 地址和端口。确保网站 IP 地址为"全部未分配"，网站 TCP 端口设置为 8081，单击"下一步"按钮。

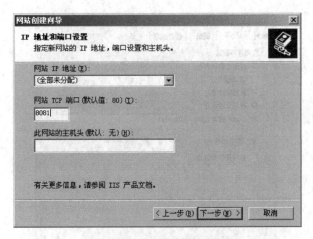

图 2-10  设置网站端口号

在如图 2-11 所示的对话框中,选择保存该网站的文件夹。

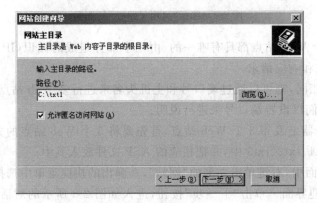

图 2-11  选择网站文件夹

在如图 2-12 所示的对话框中,设置网站的访问权限,选取"运行脚本(如 ASP)"选项,否则网站无法执行 ASP 程序。

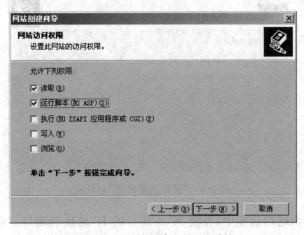

图 2-12  "网站创建向导"对话框

单击"下一步"和"完成"按钮，即可完成设置端口号 8081 与 c:\txt1 文件夹之间的联系。当访问者在浏览器中输入该域名时，将打开 test1 文件夹中的站点文件。

重复上面的步骤，端口号设置为 8082 和 8083，继续分别创建 txt2 和 txt3 的网站。

通过这种方法，可在一台服务器上发布多个网站系统。

测试时可输入：http://127.0.0.1:8081/txt1.asp，测试结果如图 2-13 所示。

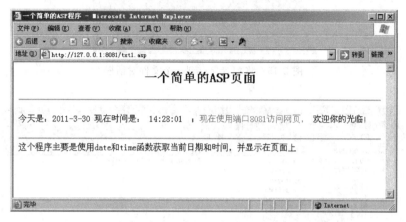

图 2-13　通过端口号访问 ASP 程序

### 3. 备份和恢复 IIS 中的网站

（1）首先打开"Internet 信息服务（IIS）管理器"窗口，右击"网站"文件夹，在弹出的菜单中选择"将配置保存到一个文件"选项，如图 2-14 所示。

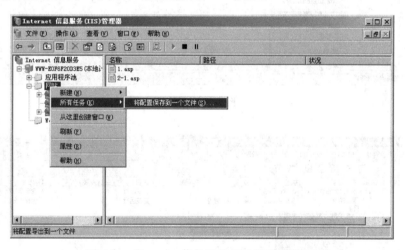

图 2-14　"Internet 信息服务（IIS）管理器"窗口

（2）然后打开"将配置保存到一个文件"对话框，在这个对话框中输入要保存的文件名称，设置相应的保存路径，同时还可以对保存的文件进行加密，设置加密口令，如图 2-15 所示。

（3）完成上述的操作后，为了验证网站是否备份成功，接下来删除一个或多个网站内的项目，如图 2-16 所示。

（4）接着在"网站"文件夹上右击，在弹出的菜单中选择"新建"→"网站（来自文件）"选项，如图 2-17 所示。

在图 1-15 所示的对话框中，指定要保存配置文件的名称及其路径，并根据需要决定是否对配置文件加密，然后单击"确定"按钮即可将选定站点的配置保存到文件。

如果在图层级别，鼠标右键将选择的站点，在弹出的快捷菜单中选择图 2-16 中的"删除"选项即可删除该网站。也可在右键弹出的快捷菜单中选择"属性"选项，图 2-1 所示。

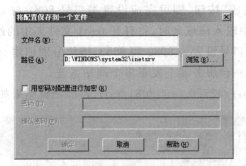

图 2-15　将配置保存到一个文件对话框

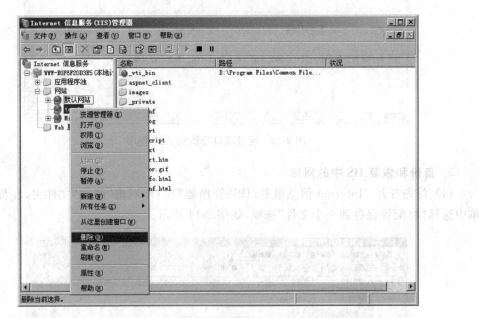

图 2-16　删除

3. 新建和删除 IIS 中的网站

（1）在弹出了"Internet 信息服务（IIS）管理器"对话框中，右键选择"网站"，弹出的菜单中选择"新建"命令后右键再选一个子文件。根据（图2-17所示。

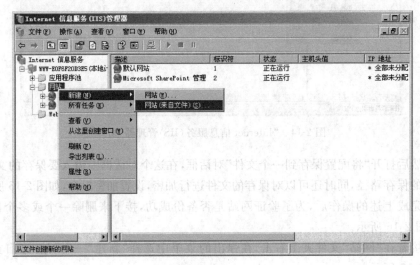

图 2-17　新建网站

（5）在弹出的"导入配置"对话框中单击"浏览"按钮，选定刚才导出备份好的那个文件，

然后单击"读文件"按钮就可以在显示的项目列表
中选择想要恢复的项目了，如图 2-18 所示。

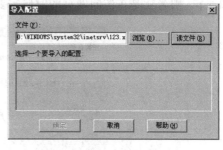

图 2-18　"导入配置"对话框

## 2.2.3　IIS 虚拟目录的设置

### 1．新建虚拟目录

　　单击"开 始"→"管 理工具"命令，打开
"Internet 信息服务（IIS）管理器"窗口，依次展开
至"默认网站"项。

　　在"默认网站"项上右击，弹出快捷菜单，选择
"新建"→"虚拟目录"命令，如图 2-19 所示。弹出"虚拟目录创建向导"对话框，如图 2-20 所示。

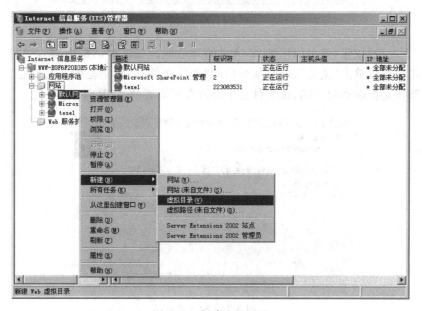

图 2-19　创建虚拟目录

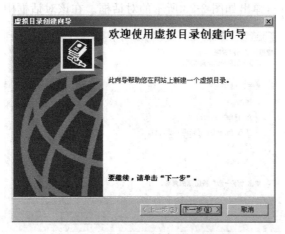

图 2-20　"虚拟目录创建向导"对话框

单击"下一步"按钮,弹出如图 2-21 所示的对话框,在该对话框中输入虚拟目录的别名,如 asp。别名就是在访问网页的时候需要输入的名称。

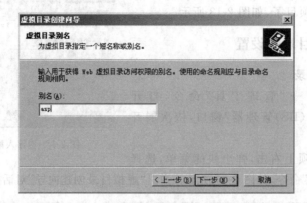

图 2-21　输入别名

单击"下一步"按钮,弹出如图 2-22 所示的对话框。在该对话框中输入 ASP 程序所在的路径。用户可以单击"浏览"按钮,从弹出的"浏览文件夹"对话框中选择路径。此处输入或选择的路径是提前创建好的,该文件夹中存放着所需要的 ASP 程序。

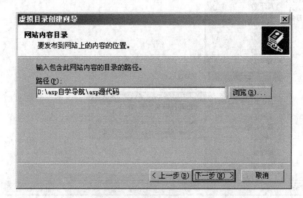

图 2-22　输入路径

单击"下一步"按钮,弹出如图 2-23 所示的对话框。在该对话框中设置访问权限。

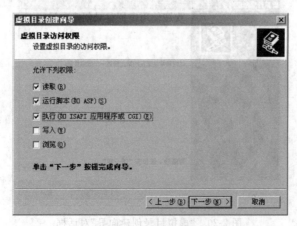

图 2-23　设置访问权限

单击"下一步"按钮,弹出如图 2-24 所示的对话框,提示"已成功完成虚拟目录创建向导"。单击"完成"按钮,即完成创建虚拟目录。

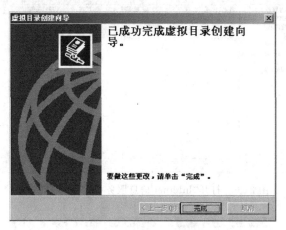

图 2-24 单击"完成"按钮

创建好虚拟目录后,即可在浏览器中调试 ASP 程序。调试的过程非常简单,例如刚才创建的虚拟目录的别名为 asp,程序所在的路径为"D:\ASP 自学导航\asp 源代码",这时只要打开浏览器,在地址栏中输入 http//127.0.0.1/asp/1.asp,即可打开相应的 asp 文件。执行效果如图 2-25 所示。

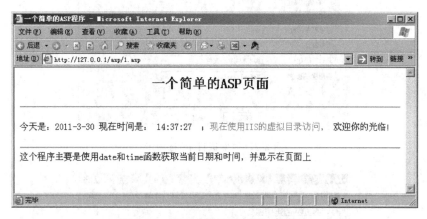

图 2-25 通过虚拟目录名称访问网站

**2. 设置虚拟目录的属性**

新建虚拟目录只是网站管理的开始,若想更方便地浏览 ASP 程序,还要对其进行设置。具体操作步骤如下。

(1)打开"Internet 信息服务(IIS)管理器"窗口,选择新建的虚拟目录,如图 2-26 所示。

(2)在虚拟目录上右击,在弹出的快捷菜单中选择"属性"命令,则弹出"asp 属性"对话框,如图 2-27 所示。

(3)在"虚拟目录"选项卡中的"本地路径"文本框中可以设置虚拟目录的路径,可以选择该文本框下面的复选框,设置访问权限。在"应用程序名"选项区域中可以设定网站的名称。

(4)选择"文档"选项卡,如图 2-28 所示,从中可以看到"启用默认文档"复选框,其下的

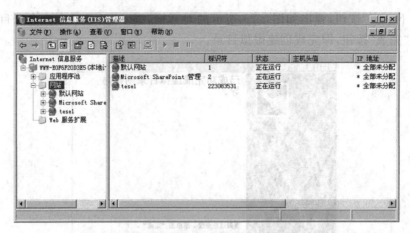

图 2-26　打开"Internet 信息服务(IIS)管理器"窗口

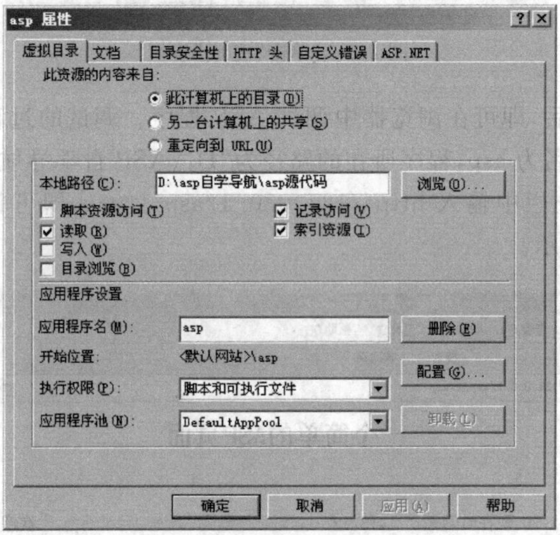

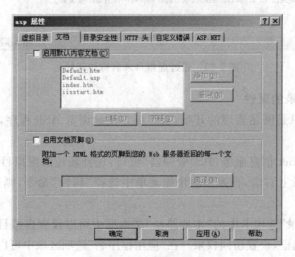

图 2-27　"虚拟目录"选项卡

图 2-28　"文档"选项卡

列表框中显示了几个文件名,这是为了方便网页访问而设置的。当用户访问一个虚拟目录时,如果该目录下包含列表框中所列的文件,则会自动显示该页内容。

### 2.2.4　测试网站服务器

首先需要新建一个网站,然后在 Internet 信息服务(IIS)管理器中,按照前面所讲述的方法进行设置,设置完毕后通过浏览器访问网站里的 ASP 文件,如果页面能显示正确的 ASP 程序结果,那么网站服务器就是正常运行的。

在这里,为了更进一步检测网站服务器设置是否完整和正确,我们使用网络上流行的 ASP 网站服务器测试程序 ASP 探针来测试。ASP 探针的程序文件名为 aspcheck.asp。

ASP 探针是一种用来探测服务器网站空间速度、性能、安全功能等的 ASP 程序。主要能探测的内容如下:

- 服务器基本信息;
- 服务器组件支持情况;
- 服务器磁盘信息;
- 当前文件夹信息;
- 服务器脚本解释和执行速度;
- 服务器环境变量;
- 服务器安全性。

把下载好的探针文件 aspcheck.asp 放在设置好的网站根目录下,打开浏览器输入 http://127.0.0.1/aspcheck.asp,结果如图 2-29 所示。

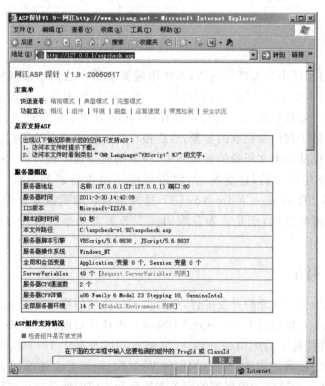

图 2-29　ASP 探针执行显示图

如能正确显示,则说明 ASP 网站服务器已经设置好。

## 2.3 其他解析环境的配置

除了 IIS 可以提供对于 ASP 程序的解析外,还有其他软件也提供对 ASP 程序的解析,因此本节简单介绍一下其他两种可以解析 ASP 的服务器端软件的配置方法。但一般情况下,最好还是使用 IIS 来编写和调试 ASP 程序,虽然第三方软件可以完美地解析 ASP,但是毕竟这些软件不是大型商业软件公司设计和编写的,或多或少都会出现一些问题,这不利于初学者学习。

### 2.3.1 解析环境的原理

什么叫做解析环境呢?想象一下访问网站的过程,例如在网上商城购买一件商品,我们先选定一些商品,然后进行"结账",这个时候,服务端将会返回一个页面,告诉我们订单已经生成,并且给出订单号码。在选定商品并结账的时候,我们(客户端)向网站(服务器端)提交了一个请求,在服务器端,会分析这个请求,并且将选定的商品存放到数据库中,同时在服务器还会算出总价,并生成订单号,然后返回给客户端,其执行流程如图 2-30 所示。

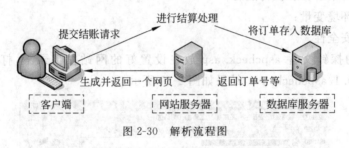

图 2-30 解析流程图

如果对这个过程还不是太理解的话,不妨用现实生活中的例子来解释。以去银行取钱为例:我们把银行卡交给柜台窗口的银行员工,而后银行员工会在其系统中扣除账户里面相应的金额,同时交给我们现金。在这一过程中,并不需要了解银行员工究竟是怎么操作的,只要告诉银行员工我们要提取的金额,然后银行员工会将现金给我们。

网站服务器,也就是本文所说的解析环境,扮演的就是这个银行员工的角色。

ASP 代码是不用编译的,这意味着,解析环境还担负着解释 ASP 代码的重任,比如 ASP 代码中有一句"Response Write Now()",这时解析环境就需要首先分析这个代码,识别到,它是输出当前时间的,于是首先获取当前服务器上的系统时间,然后再输出相关字符串。

### 2.3.2 NetBox 简介

NetBox 是一个全新概念的开发平台,它提供了最快速的用于开发 Internet 商业应用的编译工具。NetBox 支持包括 JavaScript、VBScript、Perl 等目前应用最为广泛的脚本语言来构建功能强大和性能稳定的应用服务器、网络服务器以及基于 HTML 的网络多媒体桌面应用。NetBox 支持目前最为流行的 XML 和 Web Service 工业标准和 ASP、COM、.NET 等流行标准,NetBox 对第三方数据库的完美支持使新构建的商务应用可以将已有的应用系统整合进来，从而充分利用现有的 IT 资源，大大节约投资。NetBox 提供的 SSL 和 TLS 等安全协议、RSA 和 DES 等加密算法和独立于应用程序的虚拟机技术使数据得到最大限度的保护。NetBox 提供将应用部署到无线设备的能力。NetBox 提供将应用编译成独立可执行程序的能力，极大地加快运行速度，提高代码安全性。使用 NetBox 开发，大大提高了应用系统的可扩展性、稳定性和安全性。NetBox 的出现也首次让应用软件开发商能够如此快速和容易地构建完整的基于 Internet 的强大应用。

### 2.3.3　NetBox 的安装和配置

首先需要在 NetBox 的官方网站 http://www.netbox.cn 上下载最新版本的 NetBox 安装包，下载安装后就会发现，NetBox 并没有提供和 IIS 一样方便的站点管理器，这是因为 NetBox 是一个集成的脚本环境，它的站点配置也是通过 NetBox 的脚本程序来完成的。不过不用担心，在 NetBox 安装时默认会将一些示范代码同时复制，在这些示范代码中已经包括了建立 Web 服务器的代码。

打开 NetBox 的安装目录，如果在安装时没有更改默认的目录，则安装目录应该是 C:\Program Files\NetBox 2.x，在这个目录下有一个名为 Samples 的子目录，这里存放了所需的实例代码。

打开 Samples 文件夹下的 WebServer 文件夹，在这个文件夹中有一个名为 main.box 的文件，这个文件已经和 NetBox 建立了关联。还有一个名为 wwwroot 的文件夹，我们需要将自己的 ASP 文件放在这个目录下。

然后打开 main.box 文件，就能发现下列代码。

```
Dim httpd
SheII,Service.RunService "NBWeb","NetBox Web Server", "NetBox Http Server Sample"
----------------------Service Event----------------------
Sub OnServiceStart()
Set httpd=NetBox.CrerteObject("NetBox.HttpServer")
If httpd.Creat("",80)=0 Then
Set host=http.AddHost("",\wwwroot ")
host EnabIeScript=true
host AddDefault "default.ASP"
host AddDefault "default.htm"
hoSt AddDefault "index.ASP"
host AddDefault "index.htm"
httpd.Start
else
Shell.Quit 0
end if
End Sub
Sub OnServiceStop()
Httpd.Close
End Sub
Sub OnServicePause()
```

```
httpd.Stop
End Sub
Sub OnServiceResume()
Httpd.Start
End Sub
```

可能大家并不理解该段代码的含义,不过这没有关系,事实上,在阅读 NetBox 的帮助文档之前,是没有办法看懂代码的各项功能参数的,下面来分析这段代码,了解其中可能需要修改的部分。

首先看这一行,If Httpd. Create("",80)= 0 Then,注意这里有一个 80 的参数,这个参数就是要建立服务器所使用的端口,因为可能在测试 NetBox 的同时,本机已经安装了 IIS,更改端口以防和 IIS 已经占用的 80 端口冲突,不妨将其改为 81,但也可以保留默认的 80 端口,这样在访问时会方便一些。

再来看 Set host = httpd. AddHost( "";" \ wwwroot")这一行,这里的第二个参数\wwwroot 即 ASP 文件所在的目录,\wwwroot 表示当前目录下的 wwwroot 目录,一般不需要更改。

至此,启动服务器的脚本文件已经配置完毕,双击运行 main. box,此时 NetBox 将启动 ASP 代码的网站服务器,在系统的任务栏中看到 .b 图标,这说明服务已经启动。

现在用记事本打开 wwwroot 文件夹中文件 default. asp,把里面的代码替换为下面内容:

```
<%
Dim sString
sString="这是我的第一个 ASP 网页"
Response.Write(sString)
%>
```

然后打开浏览器直接使用 http://localhost 作为地址(如果已更改为其他端口,请自行修改为所设置的端口号)。

此时网页上将会显示"这是我的第一个 ASP 网页"。这说明,网站服务器已经成功解析了 ASP 代码,NetBox 服务器已经安装和配置成功。

### 2.3.4 ASP Web Server 简介

ASP Web Server 是国外的一款可以解析 ASP 的服务器软件,它的特点就是体积非常小,只有一个 110KB 的 exe 文件。运行这个文件并配置目录和端口等设置,即可启动一个可以解析 ASP 的网站。ASP Web Server 主要使用微软 MFC 的脚本引擎组件接口实现对 ASP 代码的分析和执行。当然,这款软件也有一些缺陷,第一,这款软件并不能很好地支持数组形式的表单元素,即不支持 list/combox 组件;第二,不支持 Application 组件;第三,没有包含 Session 集合。不过总体来说,ASP Web Server 作为一个仅有 110KB 的服务器软件,还是非常优秀的,下面介绍它的使用方法。

### 2.3.5　ASP Web Server 的安装和配置

首先，需要从 ASP Web Server 的网站地址：

`http://www.codeproject.com/internet/ASPWebserver1.asp`

下载这款软件。在网页上，会发现不仅有 Download executable（下载可执行文件），还有 Downloadsource（下载源代码），这也体现了作者的开源、共享精神。如果有兴趣，并且有 C++ 的编程基础，那么可以下载其源代码来阅读，这对加深读者对于 ASP 原理的理解是有很大帮助的。

下载并解压完毕后，你会发现，与其他非常复杂的服务器软件不同，这个软件仅有个可执行文件，双击运行这个文件，运行界面如图 2-31 所示。

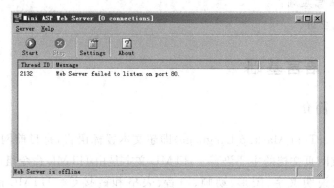

图 2-31　ASP Web Server 程序窗口

如果还需要对站点的信息进行配置，则单击 Settings 图标按钮，打开 Settings 对话框，其中有三处需要填写，分别是端口、ASP 文件所在目录以及默认文档，如图 2-32 所示。

同样，由于 IIS 可能占用 80 端口，可将端口号码改为 82，然后单击 OK 按钮，回到主界面。此时需要重启服务器以使改变生效，首先单击 Stop 图标按钮，然后单击 Start 图标按钮，系统将提示：Web Server started on port 82，这说明服务器已经

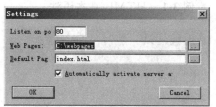

图 2-32　Settings 对话框

正常运行。我们将测试文件 helloword.asp 放入 c:\Webpages 文件夹中，并浏览 http://localhost:82/helloworld.asp，此时网页上显示"这是我的第一个 ASP 网页"，说明服务器安装配置成功。

## 思考题

思考题 2-1：IIS 虚拟目录的设置主要包括哪些内容？

思考题 2-2：怎样对 IIS 的网站进行备份？

思考题 2-3：对于 IIS 的架设主要需要进行哪些配置？

思考题 2-4：下载一个完整的网站程序，使用 IIS 进行配置后运行。

思考题 2-5：利用 NetBox 来建立解析环境，写一段 ASP 代码来验证是否成功，并记录操作步骤。

# 第 3 章　HTML 和 CSS 基础

HTML 是 Web 的基础,因此学习 Web 应用程序开发技术首先就需要学习 HTML。本章除了详细介绍 HTML 外,还将通过一些案例学习 CSS。CSS 的作用就是要控制 HTML 的页面布局和外观样式,使 Web 文档的内容结构和表现形式完全分离。

**本章主要内容:**

- HTML 语言基础;
- CSS 样式应用。

## 3.1　HTML 语言基础

### 3.1.1　HTML 简介

HTML(HyperText Markup Language)即超文本置标语言,是目前网络上应用最广泛的语言,也是构成网页文档的主要语言。HTML 文本是由 HTML 命令组成的描述性文本,HTML 命令可以说明文字、图形、动画、声音、表格和链接等。HTML 的结构包括头部(head)、主体(body)两大部分,其中头部描述浏览器所需的信息,而主体则包含所要说明的具体内容。HTML 的基本语法如例 3-1 所示。

**例 3-1**　HTML 基本语法。

```
<html>
<head>
文件标题
</head>
<body>
文件主题
</body>
</html>
```

学习 HTML 是比较容易的,除了可以从本书中学到 HTML 语法外,另外一个方法就是多看他人所编写网页的源文件。查看网页的源文件也比较简单,当运行 IE 浏览网页时,如果要查看目前浏览网页的源文件,只要执行"查看"菜单文件选项,然后单击"源文件"选项,即可将目前浏览的网页,通过 NotePad 打开并浏览其源文件,如图 3-1 所示。

### 3.1.2　文本格式的设置

**1. 版面控制标记**

1) 取消文字换行标记<NOBR>

在不同大小的浏览器窗口中,每行所显示的文字数及段落也将有所不同。若要取消文

图 3-1　查看网页源文件

字因窗口大小而产生的换行,就可以使用 NOBR 标记。

**例 3-2**　NOBR 标记的使用。

```
<html>
<head>
<title>NOBR标记的使用 </title>
</head>
<body>
<NOBR>
大家好,本次我们来学习 NOBR 的使用,
若要取消文字因窗口大小而产生的换行,
就可以使用 NOBR 标记.
</NOBR>
</body>
</html>
```

用 IE 浏览器打开,执行结果如图 3-2 所示。

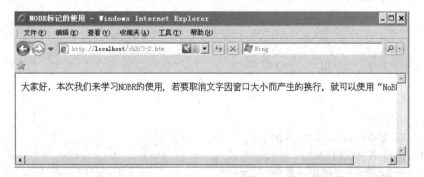

图 3-2　<NOBR>的使用效果

**例 3-3** 取消<NOBR>的使用。

```
<html>
<head>
<title>取消 NOBR 标记 </title>
</head>
<body>
无 NOBR 标记即可自动换行,本次使用如果去掉 NOBR 标记,就可以实现当页面变换或者缩小时,
内容自动换行
</body>
</html>
```

用 IE 浏览器打开,执行结果如图 3-3 所示。

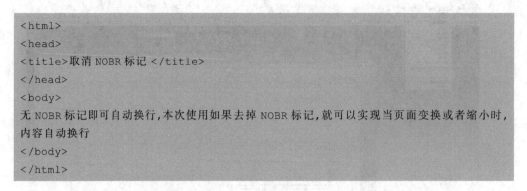

图 3-3  取消<NOBR>的效果

浏览器窗口改变后,文字的排列将自动改变。

2) 换行标记<BR>

换行标记是一个没有结尾的标记,HTML 文件中的任何位置只要使用了<BR>标记,当文件显示在浏览器中时,该位置之后的文字将显示于下一行。

**注意**:在一般的文本文件中,只要按下键盘上的 ENTER 键便会产生一个换行符,使文本文件中的文字换行显示。但是 HTML 文件中,由 ENTER 键所产生的换行符,在浏览器并不会视为换行符号。因此,若要将某位置后的文字显示于下一行时,必须在该位置使用<BR>标记,才能得到换行的结果。

**例 3-4** 换行标记<BR>的使用。

```
<html>
<head>
<title>BR 标记的使用 </title>
</head>
<body>
满江红 岳飞<BR>
怒发冲冠,凭阑处,潇潇雨歇。<BR>
抬望眼,仰天长啸,壮怀激烈。<BR>
三十功名尘与土,八千里路云和月。<BR>
莫等闲,白了少年头,空悲切!<BR>
```

```
靖康耻,犹未雪;<BR>
臣子恨,何时灭?<BR>
驾长车,踏破贺兰山缺。<BR>
壮志饥餐胡虏肉,笑谈渴饮匈奴血。<BR>待从头,收拾旧山河,朝天阙!<BR>
</body>
</html>
```

执行结果如图 3-4 所示。

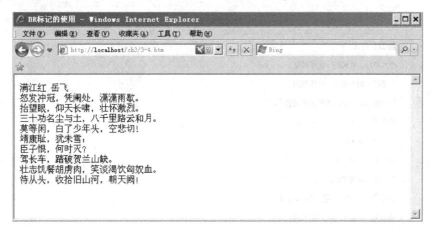

图 3-4　<BR>标记的使用效果

3) 段落标记<P>

由<P>标记所标识的文字,代表同一个段落的文字。在浏览器中,不同段落文字间除了换行外,有时还会以一行空白加以间隔,以便区别出文字的不同段落。其语法如下:

```
<P>文字</P>
```

但在一般的应用中,往往只会在要区分为段落的文字后,加上一个<P>标记。

**例 3-5**　段落标记<P>。

```
<html>
<head>
<title><P>标记的使用 </title>
</head>
<body>
<P>满江红 岳飞<P>
<P>怒发冲冠,凭阑处,潇潇雨歇。</P>
<P>抬望眼,仰天长啸,壮怀激烈。</P>
<P>三十功名尘与土,八千里路云和月。</P>
<P>莫等闲,白了少年头,空悲切!</P>
<P>靖康耻,犹未雪;</P>
<P>臣子恨,何时灭?</P>
<P>驾长车,踏破贺兰山缺。</P>
```

```
<P>壮志饥餐胡虏肉,笑谈渴饮匈奴血。</P>
<P>待从头,收拾旧山河,朝天阙!</P>
</body>
</html>
```

执行结果如图 3-5 所示。

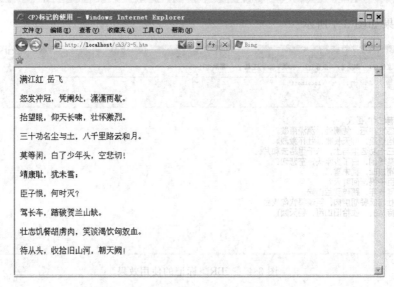

图 3-5　段落标记<P>的使用效果

**例 3-6**　<BR>标记与<P>标记的综合使用。

本例在 HTML 中同时使用<BR>标记与<P>标记,可以更清楚地知道这两个标记在显示上的差异。

```
<html>
<head>
<title><P>标记与<BR>标记的差异 </title>
</head>
<body>
满江红 岳飞<P>
怒发冲冠,凭阑处,潇潇雨歇。<BR>
抬望眼,仰天长啸,壮怀激烈。<P>
三十功名尘与土,八千里路云和月。<BR>
莫等闲,白了少年头,空悲切!<P>
靖康耻,犹未雪;<BR>
臣子恨,何时灭?<P>
驾长车,踏破贺兰山缺。<BR>
壮志饥餐胡虏肉,笑谈渴饮匈奴血。<P>
待从头,收拾旧山河,朝天阙!<BR>
</body>
</html>
```

执行结果如图 3-6 所示,输入 P 标记,空一行;输入 BR 标记,文字换行。

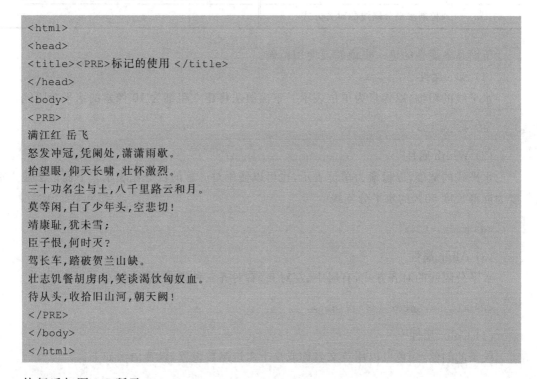

图 3-6　<BR>标记与<P>标记的差别的使用效果

4) 保留原始排版方式标记<PRE>

要将 HTML 文件中的文字编排方式,通过浏览器显示时,保留原始的文件排版方式,只需在该文章前加入<PRE>标记以及在文章结束后加上</PRE>标记,即可使浏览器显示文件原始排版方式。

例 3-7　保留原始排版方式标记<PRE>。

```
<html>
<head>
<title><PRE>标记的使用 </title>
</head>
<body>
<PRE>
满江红 岳飞
怒发冲冠,凭阑处,潇潇雨歇。
抬望眼,仰天长啸,壮怀激烈。
三十功名尘与土,八千里路云和月。
莫等闲,白了少年头,空悲切!
靖康耻,犹未雪;
臣子恨,何时灭?
驾长车,踏破贺兰山缺。
壮志饥餐胡虏肉,笑谈渴饮匈奴血。
待从头,收拾旧山河,朝天阙!
</PRE>
</body>
</html>
```

执行后如图 3-7 所示。

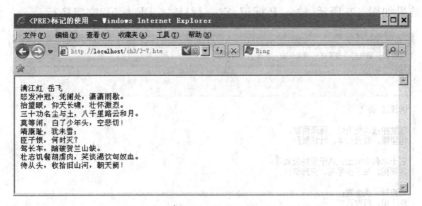

图 3-7　保留原始排版方式标记＜PRE＞效果

在执行结果中，"满江红"的显示方式与 HTML 文件中的编辑方式是一致的。

5）水平分隔线标记＜HR＞

使用＜HR＞标记可以在网页上画出一条横跨网页的水平分隔线，以分隔不同的文字段落，其属性如表 3-1 所示。

表 3-1　控制＜HR＞标记所建立的水平分隔线样式的属性说明

| 属　　性 | 功　　能 | 属　　性 | 功　　能 |
| --- | --- | --- | --- |
| Size | 水平线的粗细，以像素为单位表示 | Color | 设置水平线条的颜色 |
| Width | 水平线的宽度，以像素为单位表示 | Noshade | 水平线不显示 3D 阴影 |
| Align | 控制水平分隔线的对齐方式 | | |

下面是各属性的进一步说明及使用范例。

（1）Size 属性

水平线的粗细，以像素为单位表示。下面语法将建立粗细为 10 像素的水平分隔线。

```
<HR size=10>
```

（2）Width 属性

水平线的宽度，以像素为单位表示，也可以使用对屏幕的百分比表示。下面语法建立宽度为屏幕长度 50％的水平分隔线。

```
<HR Width=50%>
```

（3）Align 属性

水平分隔线的对齐方式，有居中、左对齐、右对齐三种方式，语法如下：

```
<HR Align=center|left|right>
```

（4）Color 属性

线条的颜色，颜色可以用英文名称或是十六进制数设置，设置语法如下：

```
<HR Color=颜色值>
```

（5）Noshade 属性

水平线不显示 3D 阴影，设置语法如下：

```
<HR Noshade>
```

**例 3-8**　新建一个水平分隔线的 HTML 文件。

```
<html>
<head>
<title>水平分隔线的建立 </title>
</head>
<body>
<HR align=left>
<HR align=left width=50%>
<HR size=10 width=50%>
<HR size=20 color="red">
<HR size=20>
<HR size=20 noshade>
</body>
</html>
```

执行结果如图 3-8 所示。

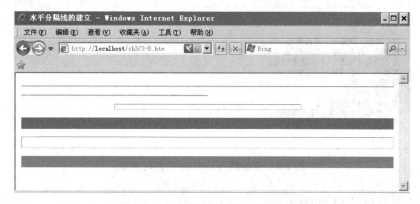

图 3-8　水平分隔线标记＜HR＞效果

6）空格符号标记＜ ＞

在建立 HTML 文件时，如果使用键盘上的空格键，输入数个空格，不论输入的空格有多少个，都将被视为一个。因此，如果想要输入多个空格时，必须利用空格符号标记  。

**例 3-9**　HTML 显示的空格符号   的使用。

```
<html>
<head>
<title>空格符号的使用方法 </title>
</head>
```

```
<body>
<NOBR>
满江红    岳飞<P>
怒发冲冠   凭阑处   潇潇雨歇。<BR>
抬望眼   仰天长啸   壮怀激烈。<BR>
三十功名尘与土  八千里路云和月。<BR>
莫等闲   白了少年头   空悲切!<BR>
靖康耻  犹未雪;<BR>
臣子恨  何时灭?<BR>
驾长车  踏破贺兰山缺。<BR>
壮志饥餐胡虏肉  笑谈渴饮匈奴血。<BR>
待从头  收拾旧山河  朝天阙!<BR>
</NOBR>
</body>
</html>
```

执行结果如图 3-9 所示。

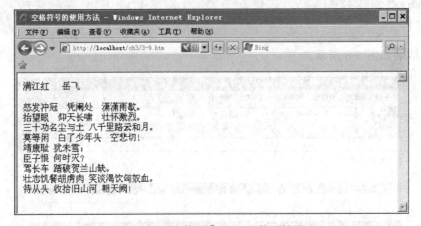

图 3-9　空格符号   的使用效果

7) 居中对齐标记＜Center＞

被＜Center＞标记所包含的组件,将以居中对齐的方式显示在网页中。

**例 3-10** 居中对齐标记＜Center＞。

该例子控制段落文字的水平对齐方式为居中对齐。

```
<html>
<head>
<title>居中对齐标记<Center>的使用方法 </title>
</head>
<body>
<Center>
满江红 岳飞<BR>
怒发冲冠,凭阑处,潇潇雨歇。<BR>
```

```
抬望眼,仰天长啸,壮怀激烈。<BR>
三十功名尘与土,八千里路云和月。<BR>
莫等闲,白了少年头,空悲切!<BR>
靖康耻,犹未雪;<BR>
臣子恨,何时灭?<BR>
驾长车,踏破贺兰山缺。<BR>
壮志饥餐胡虏肉,笑谈渴饮匈奴血。<BR>
待从头,收拾旧山河,朝天阙!<BR>
</Center>
</body>
</html>
```

执行结果如图 3-10 所示。

图 3-10  居中对齐标记<Center>的使用效果

(试试改变 IE 的大小,看看文字的显示方式有否变化)。

**2. 标题文字的建立**

1) 标题文字标记<Hn>

<Hn>标记用于标示网页中的标题文字,被标示的文字将以粗体的方式显示在网页中,语法如下:

```
<Hn>标题文字</Hn>
```

**例 3-11**  建立 6 个层次的标题。

HTML 中,共有 6 个层次的标题,因此 n 的范围为 1~6。本例的 HTML 文件中将建立 6 个层次的标题。

```
<html>
<head>
<title><Hn>标记的应用 </title>
</head>
<body>
```

```
<H1>标题文字 1</H1>
<H2>标题文字 2</H2>
<H3>标题文字 3</H3>
<H4>标题文字 4</H4>
<H5>标题文字 5</H5>
<H6>标题文字 6</H6>
</body>
</html>
```

执行结果如图 3-11 所示。

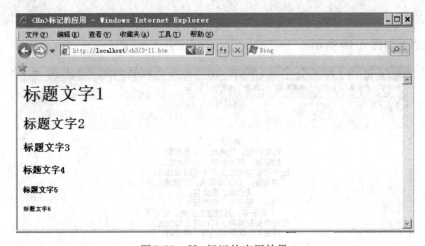

图 3-11    Hn 标记的应用效果

2）标题文字的对齐方式

在<Hn>标记中较为常用的属性为 align，此属性用于控制标题的对齐方式如表 3-2 所示。

表 3-2    对齐方式

| 设 置 值 | 对 齐 方 式 | 设 置 值 | 对 齐 方 式 |
| --- | --- | --- | --- |
| Left | 左对齐 | Right | 右对齐 |
| Center | 居中对齐 | | |

其语法如下：

```
<Hn align=left|Center|Right>要控制的文字</Hn>
```

以上三个设置值将依次把标题文字的水平对齐方式设置为左对齐、居中对齐以及右对齐。

**例 3-12**    设置不同的标题对齐方式。

```
<html>
<head>
<title>align 属性的设置</title>
```

```
</head>
<body>
<h1 align=center>居中标题</h1>
<h1 align=left>靠左标题</h1>
<h1 align=right>靠右标题</h1>
</body>
</html>
```

执行结果如图 3-12 所示。

图 3-12　不同的标题对齐方式效果

**3. 文字格式标记**

1) 文字格式控制标记<Font>

<Font>字体标记用于控制文字的字体、大小与颜色。控制的方式是利用属性设置实现。其使用代码如下：

- 指定颜色 <font color＝颜色代码>文字内容 </font>
- 指定大小<font size＝字体大小>文字内容</font>

**例 3-13**　使用<font>标记来控制文字大小。

```
<html>
<head>
<title>使用指定字体大小</title>
</head>
<body>
<font size=7>大家好,欢迎进入本章 font 功能的学习</font><BR>
<font size=6>大家好,欢迎进入本章 font 功能的学习</font><BR>
<font size=5>大家好,欢迎进入本章 font 功能的学习</font><BR>
<font size=4>大家好,欢迎进入本章 font 功能的学习</font><BR>
<font size=3>大家好,欢迎进入本章 font 功能的学习</font><BR>
<font size=2>大家好,欢迎进入本章 font 功能的学习</font><BR>
<font size=1>大家好,欢迎进入本章 font 功能的学习</font><BR>
</body>
</html>
```

程序执行结果如图 3-13 所示。

图 3-13　指定字体的大小效果

**例 3-14**　设置文字颜色。

```
<html>
<head>
<title>使用指定字体大小</title>
</head>
<body>
<font color=000000>黑色</font>&
<font color=blue>蓝色</font>
</body>
</html>
```

程序执行结果如图 3-14 所示。

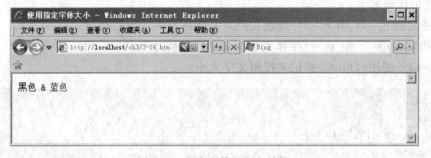

图 3-14　指定字体的颜色效果

2）特点文字样式

（1）＜b＞粗体显示标记

使用＜b＞，对应文字以粗体显示。示例代码：

＜b＞此文本以粗体显示。＜/b＞

（2）＜i＞斜体显示标记

使用＜i＞，对应文字以斜体显示。示例代码：

此文本以斜体显示。

（3）＜u＞文字加下划线显示标记

使用＜u＞，对应文字以下划线显示。示例代码：

<u>此文本以下划线形式显示。</u>

（4）＜s＞文字加删除线显示标记

使用＜s＞，对应文字以删除线显示。示例代码：

<s>此文本以删除线形式显示。</s>

（5）＜big＞文字放大显示标记

使用＜big＞，对应文字以放大形式显示。示例代码：

<big>此文本以放大形式显示。</big>

（6）＜small＞文字放大显示标记

使用＜small＞，对应文字以缩小形式显示。示例代码：

<small>此文本以缩小形式显示。</small>

（7）＜sup＞文字上标标记

使用＜sup＞，对应文字以上标形式显示。示例代码：

2<sup>3</sup>

（8）＜sub＞文字上标标记

使用＜sub＞，对应文字以下标形式显示。示例代码：

2<sub>3</sub>

**例 3-15**　设置文字的特定样式。

```
<html>
<head>
<title>特定文字样式的用法</title>
</head>
<body>
<B>此文本以粗体显示。</B><p>
<i>此文本以斜体显示。</i><p>
<u>此文本以下划线形式显示。</u><p>
<s>此文本以删除线形式显示。</s><p>
<big>此文本以放大形式显示。</big><p>
<small>此文本以缩小形式显示。</small><p>
2<sup>3</sup><p>
2<sub>3</sub><p>
</body>
</html>
```

程序执行结果如图 3-15 所示。

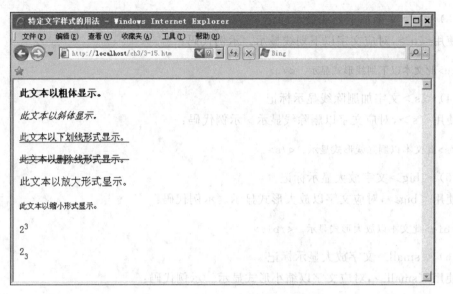

图 3-15　特定文字样式的使用效果

3）特殊符号的使用

下列符号在使用时，因为与特殊关键字产生冲突，为了使浏览器能够阅读并显示在文章内，所以在编写 HTML 文件时，有其他表示的方法，如表 3-3 所示。

表 3-3　一些特定符号的 HTML 的表示方法

| 符　　号 | HTML 表示方法 | 符　　号 | HTML 表示方法 |
| --- | --- | --- | --- |
| < | &lt; | & | &amp; |
| > | &gt; | " | &quot; |

**例 3-16**　对文字设置特定符号。

```
<html>
<head>
<title>特定符号的用法</title>
</head>
<body>
&quot;贵州大学 &quot;<p>
&lt;贵州大学 &gt;<p>
&amp;贵州大学 &amp;<p>
</body>
</html>
```

执行结果如图 3-16 所示。

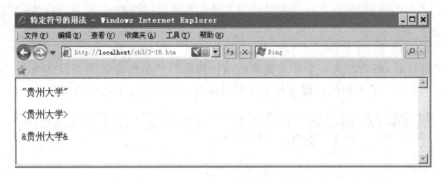

图 3-16　一些特定符号的 HTML 的使用效果

### 3.1.3　表格技术的应用

表格在 HTML 中起着非常重大的作用，充分利用表格，可以对页面进行各种布局。
表格是以<table>…</table>标识的，它的语法规则如下。

```
<table>
<tr>
<td>文本 1</td><td>文本 2</td></tr>
<tr>
<td>文本 1</td><td>文本 2</td></tr></table>
```

HTML 表格中最重要的三个标签：

- <table>…</table>，创建一个表格。
- <tr>…</tr>，定义表格一行的单元格。
- <td>…</td>，定义一个单元格的内容。

**例 3-17**　设置表格标签。

```
<html>
<head>
<title>表格技术的应用</title>
</head>
<body>
<table width="60%" border="1" >
<tr bordercolor="#0000FF">
<td>第一行第一列</td>
<td>第一行第二列</td>
</tr>
<tr bordercolor="#0000FF">
<td>第二行第一列</td>
<td>第二行第二列</td>
</tr>
</table>
```

```
</body>
</html>
```

程序运行后,将会产生一个非常整齐的两行两列的产品列表如图 3-17 所示。其中的参数 border=1 定义了表格的边线宽度为 1 级,bordercolor 定义了边线的颜色。

图 3-17　表格技术的应用

### 3.1.4　在网页中应用图像

**1. 嵌入图片**

HTML 可以在 Web 页面中方便地加入各种图像,使得网页内容丰富多彩。嵌入图形的 HTML 代码非常简单,如:

```
<img src="image.jpg">
```

即可把当前目录下的一个图形文件 image.jpg 插入到页面的当前位置。

超文本文件中的图形可以有各种控制参数,如可以定义图形的尺寸、位置及周围文字的排列方法。

**2. 指定图形大小**

使用 width 和 height 分别限定图形的高度和宽度。如<img src="image.jpg" width=200 height=100>表示把图形 image.jpg 排列在 $200 \times 100$(单位)的矩形框体内。

**例 3-18**　指定图形大小。

```
<html>
<head>
<title>表格技术的应用</title>
</head>
<body>
<img src="image.jpg" width=200 height=100>
</body>
</html>
```

执行结果如图 3-18 所示。

图 3-18　在网页中应用图像

### 3.1.5　添加动感效果

网页中的滚动字幕的视觉效果冲击力很强,在网页中有着广泛的应用。HTML 的滚动标签 marquee 有较多参数设置,分别简述如下。

- amount:表示速度,值越大速度越快。默认为 6,建议设为 1~3 比较好。
- width 和 height:表示滚动区域的大小,width 是宽度,height 是高度。特别是在做垂直滚动的时候,一定要设 height 的值。
- direction:表示滚动的方向,默认为从右向左,可选的值有 right(从左向右)、down(从上向下)、up(从下向上)。
- rollDelay:这也是用来控制速度的,默认为 90,值越大,速度越慢。通常 scrollDelay 是不需要设置的。
- behavior:用它来控制属性,默认为循环滚动,可选的值有 alternate(交替滚动)、slide(幻灯片效果,指的是滚动一次,然后停止滚动)。

**1. 最基本的滚动字幕**

**例 3-19**　最基本的滚动字幕。

```
<html>
    <head>
<title>我的文档</title>
    </head>
    <body>
    <marquee scrollAmount=2 width=300>开始最基本滚动效果的制作</marquee>
</body>
</html>
```

网页中显示的滚动效果如图 3-19 所示。

**2. 给滚动字幕加超链接**

与 HTML 的超链接是完全相同的,只要在文字外面加上<a href=***>和</a>就可以了。

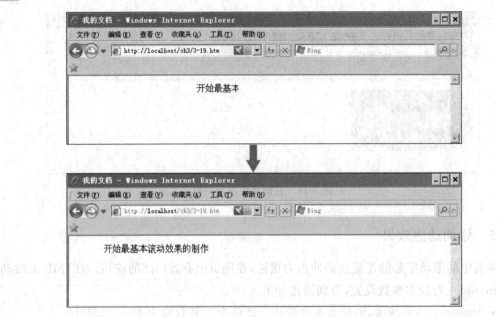

图 3-19　最基本的滚动效果

**例 3-20**　给滚动字幕加超链接。

```
<html>
    <head>
<title>我的文档</title>
    </head>
    <body>
 <marquee scrollAmount=2 width=300><a href=http://www.gzu.edu.cn>贵州大学
    </a></marquee>
</body>
</html>
```

完成上述步骤后,用浏览器打开 scroll3-36. htm,就会出现如图 3-20 所示的链接滚动
效果。

点击"贵州大学"就可以进入了。

**3. 制作悬停效果**

**例 3-21**　制作悬停效果。

```
<html>
    <head>
<title>我的文档</title>
    </head>
    <body>
 <marquee scrollAmount=2 width=300 onmouseover=stop() onmouseout=start()>
当鼠标停留在文字上,文字停止滚动</marquee>
```

```
</body>
</html>
```

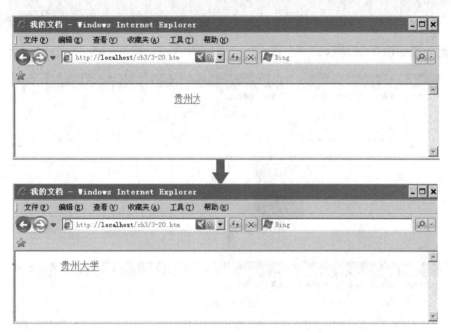

图 3-20　链接滚动效果

　　用浏览器打开这个 HTML 文件时，如果鼠标放置在链接上的时候，链接就会停止滚动，如图 3-21 所示。

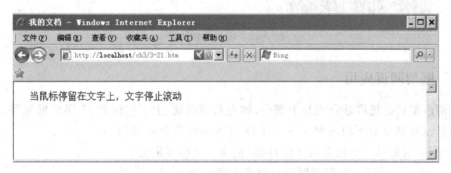

图 3-21　文字停止滚动

**4. 图片滚动**

在滚动标签 marquee 中加入图像标签 img 就可实现图片的滚动。

**例 3-22**　图片滚动效果。

```
<html>
    <head>
<title>我的文档</title>
    </head>
```

```
  <body>
   <marquee scrollAmount=2 width=300><img src=image.jpg></marquee>
  </body>
  </html>
```

页面效果如图 3-22 所示。

图 3-22　图片滚动效果

## 3.1.6　框架网页应用

所谓框架就是把屏幕分成几个部分,如左右型框架、上下型框架、T 字形框架等,在框架的不同部位分别显示不同的网页。一个框架网页由多个框架构成,每个框架页就是一个独立的文件,同时包含一个框架集文件,即 N+1 张网页。例如,左右型框架包含左右两张网页和一张总的框架页。框架是由框架集和单个框架组成的,框架集定义一组框架的布局和属性,包括框架的数目、大小和位置以及在每个框架中初始显示页面的 URL。

首先,先看图 3-23,可以看见图 3-23 中共有三个框架,每一个框架显示的内容分别是 a. htm、b. htm、c. htm 三个文件。左下角的文件 index. htm 就是要告诉浏览器,我们要将页面分割成这样。也就是说,所有 Frame 的标签其实都只放在 index. htm 文件中。

总之,我们要分割几个框,就一定会有几个对应的 html 文件。

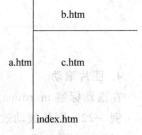

图 3-23　框架示意图

**1. 分成一个框架**

| 原 始 代 码 | 显 示 结 果 |
| --- | --- |
| `<HTML>`<br>`<HEAD>`<br>`<TITLE>框架制作</TITLE>`<br>`</HEAD>`<br>`</HTML>` |  |

**2. 分成左右两边，两个框架**

| 原 始 代 码 | 显 示 结 果 |
| --- | --- |
| `<HTML>`<br>`<HEAD>`<br>`<TITLE>框架制作</TITLE>`<br>`</HEAD>`<br>`<FRAMESET COLS="120,*">`<br>`　<FRAME SRC="a.htm" NAME="左">`<br>`　<FRAME SRC="b.htm" NAME="右">`<br>`</FRAMESET>`<br>`</HTML>` |  |

　　在<FRAMESET>中，要告诉浏览器到底是要左右分（COLS）还是上下分（ROWS）。一开始是左右分，所以写成<FRAMESET COLS="120,*"。COLS="120,*"就是说，左边那一栏强制定为 120px，右边则随浏览器大小而变。除了直接写 px 数外，也可以用百分比来表示，例如 COLS="20%,80%"也是可以的。

**3. 分成上下两边两个框架**

| 原 始 代 码 | 显 示 结 果 |
| --- | --- |
| `<HTML>`<br>`<HEAD>`<br>`<TITLE>框架制作</TITLE>`<br>`</HEAD>`<br>`<FRAMESET COLS="120,*">`<br>`　<FRAME SRC="a.htm" NAME="左">`<br>`　<FRAMESET ROWS="100,*">`<br>`　　<FRAME SRC="b.htm" NAME="右上">`<br>`　　<FRAME SRC="c.htm" NAME="右下">`<br>`　</FRAMESET>`<br>`</FRAMESET>`<br>`</HTML>` |  |

### 3.1.7　超链接应用

　　超文本文件最有价值的功能之一是它可以在文本之间方便地建立链接关系，以提供方便的手段进行随意跳转，这一切都是超链接的应用。这种链接不仅可以用于同一文件之内，也可以用于各个文件,甚至各种不同 Internet 资源之间。

**1. 链接网站**

HTML 中用来指示链接的语法是:

```
<a href=address>内容</a>
```

**例 3-23** 超链接。

```
<html>
<head>
<title>表格技术的应用</title>
</head>
<body>
<a href=http://www.gzu.edu.cn>访问贵州大学主页</a>
</body>
</html>
```

执行后如图 3-24 所示。

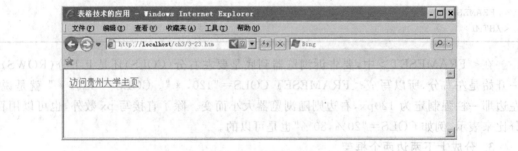

图 3-24 链接网站

在主页上,"访问贵州大学主页"一词将会带有下划线而且以不同的颜色显示出来,表示这里指向访问的地点 http://www.gzu.edu.cn,点击后,就会进入该网页。

**2. 文件之间的链接**

如果要把一个超文本文件中的一段文字关联到另一个超文本文件上,如与 3-24.htm 实现链接,按如下步骤操作。

**例 3-24** 文件之间的链接。

```
<html>
<head>
<title>我的文档</title>
</head>
<body>
<a href=3-23.htm>与 3-23htm 页面链接</a>
</body>
</html>
```

运行后如图 3-25 所示。

图 3-25　文件之间的链接

以上操作步骤就可以完成与文件 3-23. htm 的链接，当进入页面后，点击文字就可以跳转到 3-23. htm 页面。（需要注意的是，3-23. htm 必须与 3-24. htm 处于同一目录当中）。

**3. 创建电子邮件资源的链接**

在网页制作中，经常用到的就是电子邮件链接，要实现这一效果，可按如下步骤操作。

**例 3-25**　创建电子邮件资源的链接。

```
<html>
  <head>
<title>我的文档</title>
  </head>
  <body>
<a href="mailto:vt@gzu.edu.cn">写信给系统管理员</a>
</body>
</html>
```

运行如图 3-26 所示。

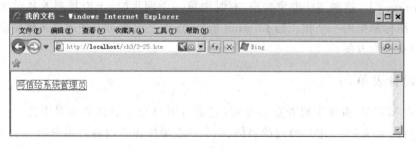

图 3-26　电子邮件链接效果

以上操作步骤是一个电子邮件资源的链接，激活后，自动开启一个 E-mail 编写软件，并进入写信给 vt@gzu. edu. cn 的状态。

**4. 利用图形建立链接**

结合上面讲到的图形和链接的语法，可以建立一个基于图形的链接。

**例 3-26**　利用图形建立链接。

```
<html>
  <head>
```

```
<title>我的文档</title>
  </head>
  <body>
<a href="http://www.gzu.edu.cn"><img src="image.jpg" /></a>
</body>
</html>
```

使用浏览器打开后结果如图 3-27 所示。

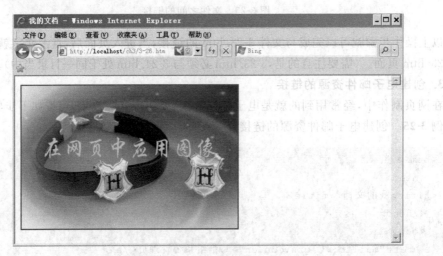

图 3-27　图片链接效果

首先将会在页面中显示名为 round. jpg 的图形,并指向 http:// www. gzu. edu. cn 的主页,点击这个图形即可调出 http:// www. gzu. edu. cn 的默认主页。

在 Internet 上,这种用法非常普遍,有时浏览一个网页时,上面排列着各种大小的精致图标,每个图标都指向一个相关的 Internet 地址,点击之后就可方便地进入到关联的主页中去,使用起来极为方便。

### 3.1.8　设计表单

表单在 HTML 页面中起着重要作用,它是与用户交互信息的主要手段。一个表单至少应该包括说明性文字、用户填写的表格、提交和重填按钮等内容。用户填写了所需的资料后,单击"提交资料"按钮,这样所填资料就会提交到 Web 服务器上。网页的设计者随后就能在 Web 服务器上看到用户填写的资料,从而完成从用户到作者之间的反馈和交流。

**1. 表单<form>标记语法原理**

该标记的主要作用是设定表单的起止位置,并指定处理表单数据程序的 url 地址。其基本语法结构如下。

```
<form
action=url
method=get|post
name=value
```

```
onreset=function
onsubmit=function
target=window>
</form>
```

其中，action 用于设定处理表单数据程序 url 的地址。这样的程序通常是 CGI 应用程序，采用电子邮件方式时，用 action＝"mailto：你的邮件地址"。

method 指定数据传送到服务器的方式。有两种主要的方式，当 method＝get 时，将输入数据加在 action 指定的地址后面传送到服务器；当 method＝post 时则将输入数据按照 HTTP 传输协议中的 post 传输方式传送到服务器，用电子邮件接收用户信息采用这种方式。

name 用于设定表单的名称。onrest 和 onsubmit 是主要针对 reset 按钮和 submit 按钮来说的，分别设定在按下相应的按钮之后要执行的子程序。

target 指定输入数据结果显示在哪个窗口，这需要与＜frame＞标记配合使用。

**2. 各类表单元素介绍**

表单中主要包括下列元素：

button：普通按钮；　　　　　　　　text：单行文本框；

radio：单选按钮；　　　　　　　　textarea：多行文本框；

checkbox：复选框；　　　　　　　submit：提交按钮；

select：下拉式菜单；　　　　　　　reset：重置按钮。

用 HTML 设计表单常用的标记是＜form＞、＜ input＞、＜Option＞、＜Select＞、＜textarea＞和＜isindex＞等标记。下面将选择几类比较常用的表单标记为大家举例。

（1）＜input＞表单输入标记

此标记在表单中使用频繁，大部分表单内容需要用到此标记。其语法如下。

```
<input
aligh=left|right|top|middle|bottom
name=value
type=text|textarea|password|checkbox|radio|submit|reset|file|hidden|image
|button
value=value
src=url
checked
maxlength=n
size=n
onclick=function
onselect=function>
```

align：是用于设定表单的位置是靠左（left）、靠右（right）、居中（middle）、靠上（top）还是靠底（bottom）。

name：设定当前变量的名称。

type：决定了输入数据的类型。其选项较多，各项的意义是：

type＝text：表示输入单行文本。

- typet＝textarea：表示输入多行文本。
- type＝password：表示输入数据为密码，用星号表示。
- type-checkbox：表示复选框。
- type-radio：表示单选框。
- type-submit：表示提交按钮，数据将被送到服务器。
- type-reset：表示清除表单数据，以便重新输入。
- type-file：表示插入一个文件。
- type-hidden：表示隐藏按钮。
- type＝image：表示插入一个图像。
- type-button：表示普通按钮。

value：用于设定输入默认值，即如果用户不输入的话，就采用此默认值。

src：是针对 type＝image 的情况来说的，设定图像文件的地址。

checked：表示选择框中，此项被默认选中。

maxlength：表示在输入单行文本的时候，最大输入字符个数。

size：用于设定在输入多行文本时的最大输入字符数，采用 width、height 方式。

onclick：表示在单击时调用指定的子程序。

onselect：表示当前项被选择时调用指定的子程序。

**例 3-27** ＜input＞表单输入标记的应用 1。

```
<html>
<head>
<title>表单 Input 标记练习</title>
</head>
<body>
<label>
<input name="textfield" type="text" value="表单输入" size="8" maxlength="8" />
</label>
</body>
</html>
```

使用浏览器打开后，结果如图 3-28 所示。

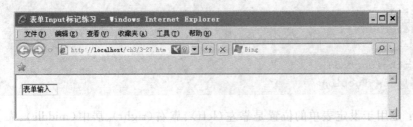

图 3-28 Input 表单的应用

该代码完成的功能就是建立一个 Input 表单，其中表单的名字叫做 textfield，该 Input

表单的初始值显示为"表单输入"字样；Input 表单的宽度为 8 个字符；最大值也为 8 个字符。

例 3-28　<input>表单输入标记的应用 2。

```
<html>
<head>
<title>表单 Input 标记练习</title>
</head>
<body>
<p>
  <label>
  <input type="radio" name="RadioGroup1" value="单选" />
    单选 1</label>
  <br />
  <label>
  <input type="radio" name="RadioGroup1" value="单选" />
    单选 2</label>
  <br />
  <label>
  <input type="radio" name="RadioGroup1" value="单选" />
    单选 3</label>
  <br />
  <label>
  <input type="radio" name="RadioGroup1" value="单选" />
    单选 4</label>
  <br />
</p>
</body>
</html>
```

使用浏览器打开后，其结果如图 3-29 所示。

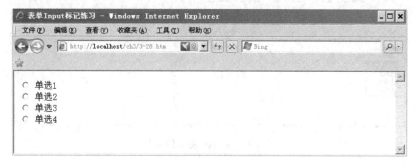

图 3-29　Input 单选表单的应用

该代码完成的功能就是建立一个 Input 单选表单，其中表单的名字叫做 RadioGroup1，有 4 个单选选项，分别为"单选 1"，"单选 2"，"单选 3"和"单选 4"。

Input 表单还有各类的参数可以使用，这些都需要大家在操作中将其熟悉，在此就不一一列举了。

（2）＜select＞下拉菜单标记

用＜select＞标记可以在表中插入一个下拉菜单，它需与＜option＞标记联用，因为下
拉菜单中的每个选项要用＜option＞标记来定义。

```
<select
name=nametext
size=n
multiple>
```

其中，name 设定下拉式菜单的名称；size 设定菜单框的高度，也就是一次显示几个菜单项，
一般取默认值（size＝"1"）；multiple 设定为可以进行多选。

**例 3-29** ＜select＞下拉菜单应用。

```
<html>
<head>
<title>表单 select 标记练习</title>
</head>
<body>
<select name="select">
  <option>选项 1</option>
  <option>选项 2</option>
  <option>选项 3</option>
  <option>选项 4</option>
</select>
</body>
</html>
```

使用浏览器打开后，其结果如图 3-30 所示。

图 3-30 select 表单的应用

该代码完成的功能就是建立一个 select 表单，其中表单的名字叫做 select，该选择菜单
有 4 个选项，分别为"选项 1"、"选项 2"、"选项 3"和"选项 4"。

这个表单的功能在我们的网页制作中也是很常用的一种功能，可以提供下拉菜单让用
户选择，丰富界面。

表单所涉及的标记较多，参数也较复杂，而实际制作表单时就是这些标记的组合应用，

但一般的表单不可能涉及所有参数。基本原则是，能用默认值的尽量用默认值，绝不设定一个不用的参数。

## 3.2　CSS 样式应用

CSS 全称为 Cascading Style Sheet，中文译为"层叠样式表"（也有译为级联样式表的）。其作用就是要控制 HTML 的页面布局和外观样式，使 Web 文档内容结构和表现形式完全分离。CSS 的最终目的就是如何把网页设计得更好看，更易于阅读。

```
body {
        font-size:12px;
    color:#333;
    }
```

上面的代码定义了网页内字体大小为 12 像素，字体颜色为深灰色。这犹如贴在网页对象上的标签，负责告诉浏览器该如何显示网页的外观。从这点来看，可以把 CSS 看作是一种简单的标记语言，与 HTML 语言类似，都属于一种高级语言。但是它们在网页中分工不同，HTML 负责网页结构的构建，而 CSS 负责网页对象的样式呈现，通俗地说，就是如何修饰网页的结构和内容。CSS 的最终目的就是如何把网页设计得更好看，更易于阅读。

CSS 在 Web 应用和开发中属于一种轻量级的语言，比 HTML 还要简单。但是由于浏览器兼容问题、CSS 编辑工具和支持技术的欠缺，以及传统网页设计习惯等因素无形中加大了 CSS 技术的学习和应用速度。学习 CSS 时，首先应该明确两个基本概念：层叠和样式。

- 层叠（cascading）：这是 CSS 的核心概念之一。也就是说多个 CSS 样式可以作用于同一个对象，形成样式的层叠现象，CSS 能够根据一套规则来决定对象应该继承哪些样式以及显示为什么样的效果。没有层叠这个核心规则，使用 CSS 会非常麻烦，似乎又要回到传统的使用 HTML 的属性来设置网页样式的老路。
- 样式（style）：这是 CSS 的基础。CSS 就是通过一个个样式来作用于网页对象，并规定它们呈现为不同的外观。网页的外观正是通过无数个大大小小的样式来描绘的。一个网页内部可能包含无数个 CSS 样式，同时每个 CSS 样式内部也包含无数个规则。我们可以看到上面为 body 对象定义的样式中就包含了两条规则，它们分别定义网页字体的大小和颜色。下面将介绍如何创建与应用 CSS。

### 3.2.1　创建和应用 CSS

样式是控制文本块或段落外观的一组格式属性，使用样式可以格式化文本，可以设置一篇文档的格式。CSS 样式（层叠样式表）用来进行网页风格设计，通过设立样式表，可以统一控制 HTML 中各标记的显示属性，通过只修改一个文件就可以改变一批网页的外观和格式（CSS 样式可以控制多个文本的文本格式，当 CSS 样式被更新时，所有使用 CSS 样式的文档也自动随着更新）。

为"HTML"文档应用 CSS，有三种方法可供选择。建议读者对第三种方法（即外部样式表)予以关注。

**1. 行内样式表**

为 HTML 应用 CSS 的一种方法是使用 HTML 属性 style。我们可以使用记事本,通过行内样式表将页面背景设为红色。

**例 3-30** 设置页面背景为红色。

```html
<html>
  <head>
<title>例子</title>
  </head>
  <body style= "background-color: #FF0000;">
<p>这个页面是红色的</p>
  </body>
</html>
```

用浏览器打开,如图 3-31 所示,就可以达到通过行内样式表将页面背景设为红色的目的。

图 3-31　红色页面

**2. 内部样式表**

为 HTML 应用 CSS 的另一种方法是采用 HTML 元素 style。比如使用如下代码,操作方式与行内样式表一致。

```html
<html>
  <head>
<title>例子</title>
    <style type="text/css">
    body {background-color: #FF0000;}
    </style>
  </head>
  <body>
<p>这个页面是红色的</p>
  </body>
</html>
```

**3. 外部样式表**

推荐采用这种引用外部样式表的方法。在后面的例子中,将全部采用该方法。外部样式表就是一个扩展名为 css 的文本文件。跟其他文件一样,可以把样式表文件放在 Web 服务器上或者本地硬盘上。

现在的问题是:如何在一个 HTML 文档中引用一个外部样式表文件(style.css),答案是:在 HTML 文档中创建一个指向外部样式表文件的链接(link)即可,如下所示。

```
<link rel="stylesheet" type="text/css" href="style/style.css" />
```

**注意**:要在 href 属性中给出样式表文件的地址。

这行代码必须被插入 HTML 代码的头部(header),即放在标签＜head＞和标签＜/head＞之间,就像如下代码所示。

```
<html>
  <head>
<title>我的文档</title>
    <link rel="stylesheet" type="text/css" href="style/style.css" />
  </head>
  <body>
  ...
```

上面这段代码告诉浏览器:在显示该 HTML 文件时,应使用给出的 CSS 文件进行布局。这种方法的优越之处在于:多个 HTML 文档可以同时引用一个样式表。换句话说,可以用一个 CSS 文件来控制多个 HTML 文档的布局。

这一方法可以省去许多工作。例如,假设你要修改某网站的所有网页(比方说有 100 个网页)的背景色,采用外部样式表可以避免手工一一修改这 100 个 HTML 文档的工作。采用外部样式表,这样的修改只需几秒钟即可搞定:修改外部样式表文件中的代码即可。

**例 3-31** 设置外部样式表。

打开记事本(或其他文本编辑器),创建两个文件:一个 HTML 文件,名为 3-31.htm;一个 CSS 文件,名为 3-31.css。

3-31.htm 的代码如下。

```
<html>
  <head>
<title>设置外部样式表</title>
<link rel="stylesheet" type="text/css" href="3-31.css " />
  </head>
  <body
<h1>我的第一个样式表</h1>
  </body>
</html>
```

3-31.css 的代码如下。

```
body {
background-color: #FF0000;
}
```

然后,把这两个文件放在同一目录下。记得在保存文件时使用正确的扩展名(分别为 htm和 css)。用浏览器打开 default.htm,所看到的页面应该具有红色背景,如图 3-32 所示。

图 3-32  使用外部样式表的效果

### 3.2.2  设置 CSS 属性

从 CSS 的基本语句就可以看出,属性是 CSS 非常重要的部分。熟练掌握了 CSS 的各种属性将会使您编辑页面更加得心应手。下面我们就借助一些实例来讲解。

**1. 背景属性**

CSS 的颜色和背景属性如表 3-4 所示。

表 3-4  CSS 的颜色和背景属性

| 属　　性 | 属性含义 | 属性书写格式 | 属　性　值 |
|---|---|---|---|
| Color | 定义前景色 | 例:p<br>{color:red} | 颜色 |
| Background-color | 定义背景色 | 例: body<br>{Background-color: yellow} | 颜色 |
| Background-image | 定义背景图案 | 例: body<br>{Background-image: url (.jpg)} | 图片路径 |
| Background-repeat | 背景图案重复方式 | 例: body<br>{Background-repeat: repeat -y} | repeat -x、repeat -yno-repeat |
| Background-attachment | 设置滚动 | 例: body<br>{Background-attachment: scroll} | Scrollfixed |
| Background-position | 背景图案的初始位置 | 例: body<br>{Background-position: url (.jpg)<br>top center} | Percentage、Length、top、left、right、bottom 等 |

(1) 背景颜色属性

**例 3-32**  通过 css 设置背景颜色。

首先新建一个 3-32.htm 与 3-32.css 的文件,并将其放在同一目录中。

将 3-32.htm 与 3-32.css 文件用记事本方式打开，写入如下内容。

3-32.htm

```
<html>
  <head>
<title>我的文档</title>
    <link rel="stylesheet" type="text/css" href="3-32.css" />
  </head>
  <body>
    <div>这是灰色背景颜色的实例。</div>
</body>
</html>
```

3-32.css

```
div{
  background:gray;
  height:100px;
  width:400px;}
```

当以上步骤都完成后，使用浏览器打开 3-32.htm，最终显示结果如图 3-33 所示。

图 3-33　最终效果

该步骤就是完成使用 CSS 使页面为灰色，高为 100px，宽为 400px 的矩形背景。

（2）背景图片属性

例 3-33　通过 CSS 指定背景图片。

首先新建一个 3-33.htm 与 3-33.css 的文件，并将其放在同一目录中。

将 3-33.htm 与 3-33.css 文件用记事本方式打开，写入如下内容。

3-33.htm

```
<html>
  <head>
<title>我的文档</title>
    <link rel="stylesheet" type="text/css" href="3-33.css" />
  </head>
  <body>
```

```
  <div>这是背景图片的实例。</div>
</body>
</html>
```

3-33.css

```
div{
  background-image:url(images/image.jpg);
  height:100px;
  width:400px;}
```

建立一个名为 images 的文件包，放入一个名为 image.jpg 的文件。

当以上步骤都完成后，使用浏览器打开 3-33.htm，最终显示结果如图 3-34 所示。

图 3-34　最终效果

该步骤就是完成使用 CSS 建立一个高为 100px，宽为 400px，背景为 image.jpg 的矩形背景。

**2. 字体属性**

这是 CSS 中的最基本的属性，主要包括如表 3-5 所示的属性。

表 3-5　字体属性

| 属　　性 | 属性含义 | 属　性　值 |
|---|---|---|
| font-family | 使用什么字体 | 所有的字体 |
| font-style | 字体是否是斜体 | Normal、italic、oblique |
| font-variant | 字体是否用小体大写 | Normal、small-caps |
| font-weight | 定义字体的粗细 | Normal、bold、bolder、lighter |
| font-size | 定义字体的大小 | Absolute-size、relative-size、length 等 |

**例 3-34**　通过 CSS 指定字体样式 1。

首先新建一个 3-34.htm 与 3-34.css 的文件，并将其放在同一目录中。

将 3-34.htm 与 3-34.css 文件用记事本方式打开，写入如下内容。

3-34.htm

```
<html>
  <head>
<title>我的文档</title>
    <link rel="stylesheet" type="text/css" href="3-34.css" />
  </head>
  <body>
  <div>happy</div>
</body>
</html>
```

3-34.css

```
div{
font-style:Times New Roman;
font-weight:bold;
font-size:24pt;}
```

当以上步骤都完成后,使用浏览器打开 3-34.htm,最终显示结果如图 3-35 所示。

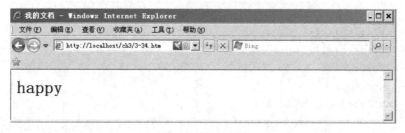

图 3-35　最终效果

该步骤就是完成使用 CSS 建立一个字体类型为 Times New Roman,加粗,字体大小为 24pt 的字 happy。

下面将通过另外一个例子,再次加强对 CSS 指定字体样式功能的学习。

**例 3-35**　通过 CSS 指定字体样式 2。

首先新建一个 3-35.htm 与 3-35.css 的文件,并将其放在同一目录中。

将 3-35.htm 与 3-35.css 文件用记事本方式打开,写入如下内容。

3-35.htm

```
<html>
  <head>
<title>我的文档</title>
    <link rel="stylesheet" type="text/css" href="3-35.css" />
  </head>
  <body>
  <div>happy</div>
</body>
</html>
```

3-35.css

```
div{
font:italic small-caps bold 36pt,Times New Roman;
}
```

当以上步骤都完成后,使用浏览器打开 3-35.htm,最终显示结果如图 3-36 所示。

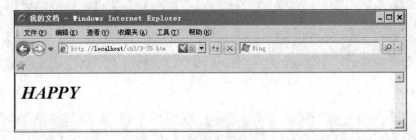

图 3-36　最终效果

其中 3-35.css 文件中的代码定义了 happy 的字体为 Times New Roman,并且是斜体、小体大写、粗体、36 号字。这段代码等同于如下代码。

```
div{
font-style:italic;
font-variant:small-caps;
font-weight:bold;
font-size:36pt;
font-family:Times New Roman;
}
```

需要注意的是:如果用<font>属性直接定义,一定要注意属性值的排放顺序。它的排放规则是按照 font-style、font-variant、font-weight、font-size、font-family 的顺序,其中没有定义的以默认值显示。

**3. 超链接属性**

网页默认的链接方式是这样的:未访问过的链接是蓝色文字并带蓝色的下划线,访问过的超链接是深紫色的文字并带深紫色的下划线。为了丰富超链接的变化,可用 CSS 进行超链接属性设置。

**例 3-36**　超链接属性设置。

首先新建一个 3-36.htm 与 3-36.css 的文件,并将其放在同一目录中。

将 3-36.htm 与 3-36.css 文件用记事本方式打开,写入如下内容。

3-36.htm

```
<html>
  <head>
<title>我的文档</title>
    <link rel="stylesheet" type="text/css" href="3-36.css" />
  </head>
```

```
<body>
    <a href="#">这个是链接的练习</a>
</body>
</html>
```

3-36.css

```
a:hover
{
  color:#000000;
  font-size:36px;
  font-weight:bold;
}
```

当以上步骤都完成后,使用浏览器打开 3-36.htm,最终显示结果如图 3-37 所示。

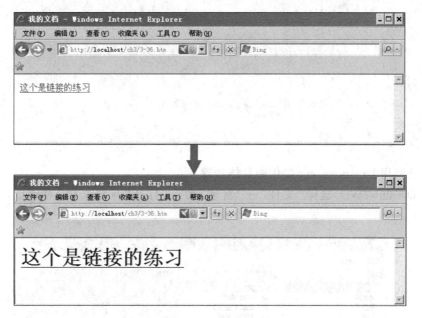

图 3-37　最终效果

图 3-37 的左半部分是鼠标未接触链接时的状态;当鼠标放在链接上时,则使字体颜色为黑色,字体大小为 36px,粗体。

通过上面的代码注释,读者会对链接的修饰效果有了一定的认识。

**4. 表格属性**

**例 3-37**　列固定宽度。

列固定宽度是表格 CSS 属性设定的基础,在本节中,本部分将学习 HTML 语言与 Dreamweaver 软件来设置表格的 CSS 属性。

由于是固定宽度布局,因此,可直接设置宽度属性 width 为 300px,设置高度属性 height 为 200px,如下代码所示。

```
<!DOCTYPE html PUBLIC "-//W3C//DTD XHTML 1.0 Transitional//EN" "http://www.
w3.org/TR/xhtml1/DTD/xhtml1-transitional.dtd">
<html xmlns="http://www.w3.org/1999/xhtml">
<head>
<meta http-equiv="Content-Type" content="text/html; charset=gb2312" />
<title>列固定宽度</title>
<style type="text/css">
<!--
#layout {
    background-color: #663399;
    height: 200px;
    width: 300px;
    border: medium solid #cc3300;
}
-->
</style>
</head>

<body>
<div id="layout">此处显示 id "layout" 的内容</div>
</body>
</html>
```

下面是使用 Dreamweaver 操作的具体步骤。

打开 Dreamweaver，选择"文件"→"新建"命令，打开"新建文档"对话框，如图 3-38 所示。

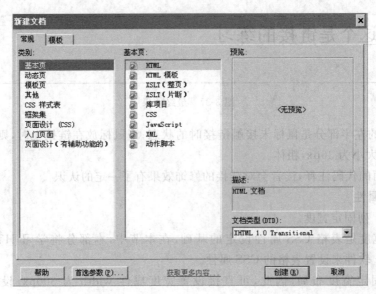

图 3-38　"新建文档"对话框

如图 3-39 所示,选择工具栏的"插入 div 标签"工具,在对话框的 ID 框中写入 id 的名称♯layout,然后在 CSS 面板中新建 CSS 样式,或者直接单击下边的"新建 CSS 样式"按钮。创建成功后会自动插入 id 名称,单击"确定"按钮即可看到 div 标签已经插入到页面中了(如果刚插入的 div 为未选中状态,在 css 面板中新建时则需手动输入 ID 名:♯layout)。

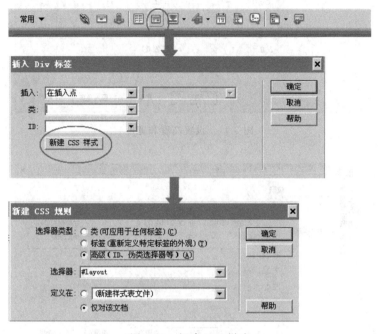

图 3-39　新建 CSS 样式

**注意**:此处选择器内请输入要定义的 id 名称。

CSS 样式设置如图 3-40、图 3-41 和图 3-42 所示。

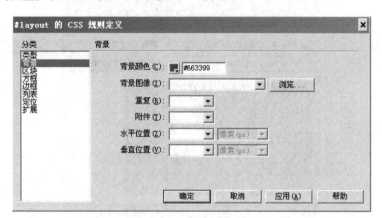

图 3-40　设置背景颜色

**注意**:虚线框内的部分为本例中需要设置的部分。

执行效果如图 3-43 所示。

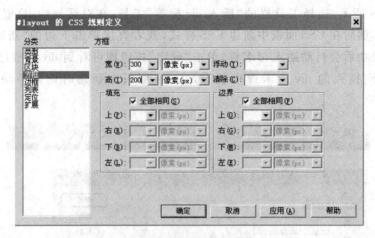

图 3-41　设置高度和宽度

图 3-42　设定列的固定宽度

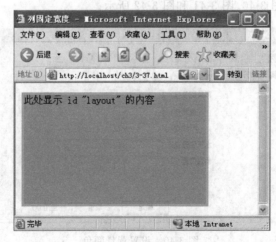

图 3-43　指定表格

　　最终制作成了一个宽为 300px，高为 200px，背景颜色为＃663399，边框颜色为＃CC3300 的表格。

## 思考题

思考题 3-1：html 语言的基本语法结构是什么？

思考题 3-2：版面控制标记有哪些？

思考题 3-3：分别控制文字内容以粗体、斜体、下划线、删除线、放大形式、缩小形式显示。

思考题 3-4：建立一个三行四列的表格。

思考题 3-5：给滚动字幕加超链接。

思考题 3-6：建立 select 下拉菜单。

思考题 3-7：如何创建 CSS 外部样式表。

思考题 3-8：通过 CSS 指定背景图片。

# 第 4 章 ASP 脚本语言

在 ASP 中可以使用的脚本很多,最为人熟知的是 VBScript 和 JavaScript。其实 ASP 具备管理不同语言脚本程序的能力,能够自动调用合适的脚本引擎以解释脚本代码和执行内置函数,只要能够提供合适的 ActiveX 脚本引擎就能使用任何脚本语言。本章将详细介绍 VBScript 和 JavaScript 脚本语言。

**本章主要内容:**
- VBScript 变量;
- VBScript 数组;
- VBScript 函数与过程;
- JavaScript 常量变量;
- JavaScript 流程控制。

## 4.1 VBScript 编程基础

VBScript 通常都是和 HTML 结合在一起使用,也就是说 VBScript 是融合在 HTML 或者 ASP 文件中。但使用 VBScript 有别于 HTML,它需要事先声明,尽管所有的脚本语言都一样,但是在使用之前必须都要先声明自己。

VBScript 的语言非常简洁,如果已经了解 Visual Basic 或 Visual Basic for Application,就会很快熟悉 VBScript。即使没有学过 Visual Basic,只要学会 VBScript,就能够使用所有的 Visual Basic 语言进行程序设计。

VBScript 有别于 Visual Basic 或 Visual C++ 程序语言的面向对象的特点,它是以对象为基础的。对象基础语言不仅支持对象的属性和成员函数,而且可以用来编写动作并反映出和对象相关的事件。在 VBScript 中,可以非常容易地使用 ASP 提供的内建对象。

同时,VB 开发人员在产品中允许免费使用 VBScript 源程序。Microsoft 为 32 位 Windows API、16 位 Windows API 和 Macintosh 提供 VBScript 的二进制实现程序。VBScript 与 Web 浏览器集成在一起,也可以在其他应用程序中作为 Web 通用脚本语言使用。

在 VBScript 中,只有一种数据类型称为 Variant。Variant 是一种特殊的数据类型,它可以根据不同的使用方式包含不同的信息。因为 Variant 是 VBScript 中唯一的数据类型,所以它也是 VBScript 中所有函数返回值的唯一数据类型。在 VBScript 中,Variant 数据类型由子类型构成,根据构成的子类型可以进一步区分存储在其中的数据类型的含义。Variant 数据类型包含的子类型如表 4-1 所示。

表 4-1 Variant 子类型

| 子 类 型 | 描 述 |
| --- | --- |
| Empty | 为初始化的 Variant,数值变量为 0,而对于字符串变量为空字符串 |
| Null | Variant 包含的无效数据 |

| 子 类 型 | 描 述 |
|---------|------|
| Boolean | True 或 False |
| Byte | 范围为 0～255 的整数值 |
| Integer | 范围为 -32 768～32 768 的整数值 |
| Currency | 范围为 -92 337 203 685 477.580 8～92 337 203 685 477.580 8 的值 |
| Long | 范围为 -21 474 823 648～21 474 823 647 的整数值 |
| Double | 双精度浮点数，负数范围为 -4.940 656 458 412 47D-324～ -1.797 693 134 862 32D308，正数范围为 4.940 656 458 412 47D-324～1.797 693 134 862 32D308 |
| Single | 单精度浮点数，负数范围为 -3.402 823E38～-1.401 298E-45，整数范围为 1.401 298E～3.402 823E308 |
| String | 可变长的字符串，最大长度可达 20 亿个字符 |
| Date(Time) | 代表日期，范围为 January1,100～December3,19999 |
| Object | 对象 |
| Err | 错误信息 |

## 4.1.1 常量

在程序设计中，一般把在程序生存期中不改变值的量定义为常量，如圆周率 π 的值恒为 3.141 59 等。

在 VBScript 中，可以通过关键字 Const 定义常量。Const 关键字定义一个常量并且给它赋以初值。例如：

```
Const PI=3.141 592 6
Const MyString="VBScript 的常量定义"
Const Today= #05-10-2010#
```

请注意，字符串文字包含在两个引号""之间。这是区分字符串型常量和数值型常量的最明显的方法。日期文字和时间文字包含在两个井号(♯)之间，并且要用上例中的表示法，♯Date-Month-Year♯。

定义常量时，为了与变量区别，以免在后面的程序中错误地对常量赋值，在常量命名时，应该采用一定的规则，比如加特定前缀 Con_或者变量名全部大写，以起到醒目的作用。

另外，VBScript 本身也定义了许多固有常量，如表 4-2 所示。

表 4-2 VBScript 固有常量

| 常 量 名 称 | 常 量 含 义 | 常 量 名 称 | 常 量 含 义 |
|-----------|-----------|-----------|-----------|
| True | 表示布尔"真"值 | VbCr | 表示回车 |
| False | 表示布尔"假"值 | VbCrLf | 表示回车/换行 |
| Null | 表示空值 | VbTab | 表示制表符 |
| Empty | 表示初始化之前的值 | | |

### 4.1.2　变量

变量是任何编程语言的基础,它可以作为应用程序中临时的存储空间,以实现对数据的各种操作。例如,可以创建一个名为 UserName 的变量来存储用户每次登录时的账号。每个变量在内存中都被单独分配一段空间,但变量的标识并不是通过它的内存地址来实现的,而是通过变量名。VBScript 中的变量不区分大小写,用来存储在程序运行过程中需要用到的数据。

**1. 变量命名规则**

变量用变量名来区分。VBScript 的变量命名必须遵循一定的规则:

- 变量名的最大长度不能超过 255 个字符。
- 变量名中不能含有任何标点符号。
- 变量名必须以字母开头。
- 变量名不能和 VBScript 中的关键字同名。
- 变量都有作用域,它由变量所在的声明位置决定,变量在被声明的作用域内必须是唯一的。

**2. 变量的声明**

VBScript 声明变量的方式有两种。一种是不用声明,直接使用,称为隐式声明。另一种是先声明后使用,称为显式声明。

(1) 隐式声明方式

VBScript 只有一种特殊的数据类型,即 Variant 类型,它可以随着变量被使用方式的不同而包含不同的数据信息,会根据不同的应用环境,将变量区别对待。因此,在使用变量前并不需要声明,可以直接使用。在程序运行过程中,当检查到这种变量时,系统会自动在内存中开辟存储区域以登记变量名。例如:

```
password="my name"
```

虽然这样直接定义使用非常方便,但是这样一来会影响程序的执行速度,同时会使编程人员养成不好的习惯。因此建议在使用变量时遵循"先定义,后使用"的原则。

(2) 显式声明方式

这是一种使用变量声明语句来声明变量的方式。变量声明语句有 Dim 语句、Public 语句和 Private 语句。显式声明可以在定义变量的时候为变量在内存中预留空间,登记变量名。当声明多个变量时,可以在同一条声明语句中,用逗号将多个变量分开。例如:

```
Dim nUserName
Dim sUserName,nUserID,sUserAddress
```

**3. 变量的作用域与存活期**

变量的作用域由声明它的位置决定。如果在过程中声明变量,则只有该过程中的代码可以访问或更改变量值,此时变量具有局部作用域并被称为过程级变量。如果在过程之外声明变量,则该变量可以被脚本中的所有过程识别,称为 Script 变量,具有脚本级作用域。

变量存在的时间称为存活期。Script 级变量的存活期从被声明的那一刻起,直到脚本运行结束。对于过程级变量,其存活期仅是该过程运行的时间,该过程结束后,变量随之消失。在执行过程时,局部变量是理想的临时存储空间。可以在不同过程中使用同名的局部变量,这是因为每个局部变量只被声明它的过程识别。

### 4.1.3　数组

当需要存储一组相关的值时,应该使用数组。数组是一种构造数据类型,它将多个类型相同的变量定义为统一的名字,通过下标来引用不同的变量。VBScript 中可以定义大小固定的数组,也可以定义长度可变化的动态数组。需要注意的是,数组需要事先用 dim 语句来声明,否则不能使用。

**1. 静态数组**

静态数组定义的语法为:

```
Dim 数组名(数组的上界)
```

例如:

```
Dim Stuname(50)
```

数组变量通过数组名称和下标进行引用,语法为:

```
数组名(下标)
```

例如:

```
Dim number(20)
number(0)="xiaoming"
number(1)="zhangsan"
```

上述代码定义了数组 number,并通过下标法引用数组元素。其中 number 是数组名,数组的下界为 0,上界为 20,数组元素从 number(0)到 number(20),共有 21 个元素。

在 VBScript 中也可以定义多维数组,定义的语法为:

```
Dim 数组名(第 1 维上界,第 2 维上界,…,第 n 维上界)
```

多维数组变量也是通过数组的名字和各维下标来引用的。例如,定义一个二维数组 ArrTwoDim(2,3):

```
Dim ArrTwoDim(2,3)
```

上面定义的二维数组包含 3 行 4 列共 12 个元素,每一维的下标都是从 0 开始的。该定义数组的第一个元素是 ArrTwoDim(0,0)。

VBScript 中数组最大维数可以达到 60 维。

**2. 动态数组**

动态数组是在脚本运行的过程中长度可以发生变化的数组。动态数组定义的语法为:

```
Dim 数组名()
```

例如:

```
Dim stuname()
ReDim stuname(2)
stuname(0)="小明"
stuname(1)="张三"
stuname(2)="李四"
ReDim Preserve stuname(3)
stuname(3)="刘佳"
```

动态数组在使用前必须用 ReDim 确定维数和每一维的大小。上例中定义了动态数组 stuname,并在使用该数组之前,将其大小声明为 3 个元素,随后使用 ReDim Preserve 方法将数组的大小扩充为 4 个,这种方法在扩充数组大小的同时还保留了数组原来的数值,因此只需为新增加的数组元素赋值即可。

需要注意的是,当将动态数组的大小调小的时候,会造成数据的丢失。使用 ReDim 语句,可以扩展或减缩一个数组任意多次。当从数据库中取出数据时,将会发现这个特性是很有用的。

### 4.1.4 运算符

VBScript 有一套完整的运算符,包括算术运算符、关系运算符、连接运算符和逻辑运算符。下面介绍它们的应用。

**1. 算术运算符**

① 加运算符＋。加运算符就是计算两个数之和。

② 减运算符－。减运算符对应着数学运算中的减法运算,用来计算两个数值的差或表示数值表达式的负值。

③ 乘运算符 ＊ 。乘运算符对应着数学运算中的乘法运算。

④ 除运算符/和\。除运算符对应着数学运算中的除法运算,但 VBScript 将除运算分成一般除法运算/和整除运算\。一般除法运算用于两个数值相除并返回以浮点数表示的结果。整除运算用于两个数相除并返回以整数形式表示的结果。例如,1/5 的运算结果为 0.2,而 1\5 运算结果为 0。

⑤ 取余运算符 mod。取余运算符用于两个数值相除并返回其余数。例如,M=10Mod 3,执行后 M 的值为 1。

⑥ 赋值运算符＝。赋值运算符就是将等号右边表达式的值赋给等号左边的变量。

**2. 逻辑运算符**

逻辑运算符通常也称为布尔运算符,专门用于逻辑值之间的运算。常用的逻辑运算符的功能和语法格式如表 4-3 所示。

表 4-3　VBScript 中的逻辑运算符

| 逻辑运算符 | 功　　能 |
| --- | --- |
| 取反（Not） | 对逻辑"真"取反结果为逻辑"假",反之为逻辑"真" |
| 逻辑与（And） | 如果两个表达式的值都为"真",结果才为"真";否则结果为"假" |

| 逻辑运算符 | 功　　能 |
|---|---|
| 逻辑或(Or) | 两个表达式中只要有一个为"真",结果就为"真";只有两个表达式都为"假",结果才为假 |
| 异或(Xor) | 如果两个表达式同时为"真"或同时为"假",则结果为"假";否则结果为"真" |
| 等价(Eqv) | 是异或运算取反的结果 |
| 蕴涵(Imp) | 当第一个表达式为"真",而第二个表达式为"假"时,结果为"假",否则结果为"真" |

**3. 连接运算符**

连接运算符用于将两个字符串相连,它包括两个运算符:＋和＆。

＋运算符用于字符串类型的操作,其作用是将两个字符串相连。例如:

"How"＋"are"＋"you"的运算结果为"Howareyou"。

但因为在使用＋运算符时,有可能无法确定是做加法还是做字符串连接。所以最好使用＆来进行字符串的连接工作。＆的作用就是将两个表达式按字符串相连。如果其中一个表达式不是字符类型,则将其强制转换成字符类型,然后再相连。

**4. 关系运算符**

关系运算符又叫比较运算符,VBScript 中含有普通语言所具有的一般关系运算符＜(小于)、＞(大于)、＜＝(小于等于)、＞＝(大于等于)、＝(等于)、＜＞(不等于)。它们进行的基本操作是先对两个操作数进行比较,再返回一个 True 或 False 值。这 6 个关系运算符既可以用于数值的比较也可以用于字符串的比较,用于字符串比较时是对对应字符的 ASCII 码进行比较。例如,10＝"10"、"vbscript"＝"VBscript"、"gate"＞＝"go"表达式的值为 False。7＜＞"7"、"vbscript"＝＝"vbscript"、"vbscript"＞"VBscript"、3＜8 表达式的值为 True。

在 VBScript 中还有一个特殊的运算符 is(对象引用比较),用于比较两个对象引用变量。其语法形式为:

```
result=object1 is object2
```

如果 object1 和 object2 都引用同一个对象,则 result 为"真",否则 result 为"假"。

例如,在下列代码中,使 A 引用的对象与 B 的对象相同。

```
Set A=B
```

那么 A is B 的值就为 True。

**5. 运算符的优先级**

当一个表达式含有多种运算时,计算机会按照一定的优先顺序对表达式求值,通常的运算顺序是:先进行函数运算,接着进行算术运算,然后进行关系运算,最后进行逻辑运算。需要说明的是,如果表达式中含有括号,则它的优先级是最高的。各种运算符的执行顺序如表 4-4 所示。

表 4-4　VBScript 中运算符的综合优先级

| 运算符及名称 | 优先级 | 运算符及名称 | 优先级 | 运算符及名称 | 优先级 |
|---|---|---|---|---|---|
| 括号(()) | 1 | 字符串连接(&) | 8 | 对象相等(Is) | 15 |
| 指数(^) | 2 | 恒等于(=) | 9 | 逻辑与(And) | 16 |
| 取负(一) | 3 | 不等于(<>) | 10 | 逻辑或(Or) | 17 |
| 乘和除(＊和/) | 4 | 大于(>) | 11 | 逻辑非(Not) | 18 |
| 整除(\) | 5 | 小于(<) | 12 | 逻辑异或(Xor) | 19 |
| 取模(Mod) | 6 | 大于或等于(>=) | 13 | 逻辑等价(Eqv) | 20 |
| 加和减(+和一) | 7 | 小于或等于(<=) | 14 | 逻辑蕴涵(Imp) | 21 |

## 4.1.5　函数与过程

### 1. 过程概述

在 VBScript 中,过程被分为两类,Sub 过程和 Function 过程。

(1) Sub 过程

Sub 过程是包含在 Sub 和 End Sub 语句之间的一组 VBScript 语句,执行操作但不返回值。Sub 过程可以使用参数(由调用过程传递的常数、变量或表达式)。如果 Sub 过程无任何参数,则 Sub 语句必须包含空括号()。

(2) Function 过程

Function 过程是包含在 Function 和 End Function 语句之间的一组 VBScript 语句。Function 过程与 Sub 过程类似,但是 Function 过程可以返回值。Function 过程可以使用参数(由调用过程传递的常量、变量或表达式)。如果 Function 过程无任何参数,则 Function 语句必须包含空括号()。Function 过程通过函数名返回一个值,这个值是在过程的语句中赋给函数名的。Function 返回值的数据类型总是 Variant。

### 2. VBScript 的函数

函数是将具体的功能或操作通过 Function 关键字进行封装的编程手段。当函数被其他程序或语句使用时,会返回一个值。

函数定义的语法格式如下。

```
[Private][Public] Function 过程名[(参数列表)]
    [语句组]
    函数名=表达式
    [Exit Function]
    [语句组]
End Function
```

函数定义完成后,就可以根据它的作用范围进行调用。调用函数的方法有两种。一种方法是直接将函数写在赋值语句=的右边。如果函数含有参数,要带上参数;对于没有参数的函数,也要在后面加上括号。另一种方法是使用 Call 语句进行调用。这是因为函数的返回值无法被赋给任何变量,所以它的函数值将会被忽略而不能使用。

## 4.1.6　结构流程控制语句

在 VBScript 中，默认时脚本中的代码总是按书写的先后顺序执行的。但在实际应用中，通常要根据条件的成立与否来改变代码的执行顺序，这时就要使用控制结构。

VBScript 中控制程序流程主要有两种形式：判定和循环结构。判定结构有三个基本语句：If…Then、If…Then…Else 和 Select…Case 判定树，循环逻辑则有四个基本语句：For…Next、Do…Loop、While…Wind 及 For Each…Next 循环，下面将分别介绍。

**1. 判定结构**

判定结构分为条件结构和选择结构两种。

（1）条件结构。条件结构分单行结构和块结构。

单行结构的语法是：

```
If <condition>Then [Else statement]
```

其中，condition 是条件表达式。如果 condition 为 True，则执行 Then 后面的语句；否则执行 else 后面的语句；如果省略 else 部分，则执行下一条语句。

块结构的语法是：

```
If <condition1>Then
   [statement1]
[Else If <condition2>Then
    [statement2]]
    ⋮
[Else
    [statement]]
End If
```

VBScript 先测试 condition1。如果为 false，再测试 condition2，以此类推，直到找到一个为 true 的条件，就执行相应的语句块，然后执行 End if 后面的语句。如果条件都不是 true，则执行 else 语句块。

**例 4-1**　条件结构举例。

```
<HTML>
  <HEAD><TITLE>条件结构</TITLE>
  <SCRIPT LANGUAGE="VBScript">
  <!--
    Score=InputBox("请输入成绩","成绩输入")
      If Score>=60 then
          Msg="成绩合格"
      Else
          Msg="成绩不合格"
      End If
  MsgBox "你的"&Msg
  -->
```

```
</SCRIPT>
</HEAD>
<BODY></BODY>
</HTML>
```

执行结果如图 4-1 所示。

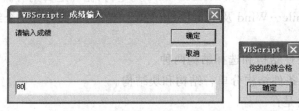

图 4-1　例 4-1 的执行结果

（2）选择结构。块结构的条件语句结构比较烦琐，用选择结构替代块结构更加易读。选择结构的语法是：

```
Select Case testexpression
  [Case expressionlist1
    [statement1]]
[Case expressionlist2
    [statement2]]
    ...
    [Case Else
     [statement]]
     End Select
```

VBScript 先计算测试表达式的值，然后将表达式的值与每个 Case 的值进行比较。若相等，就执行与该 Case 相关的语句块。如果在一个列表中有多个值，就用逗号把值隔开。如果不止一个 Case 与测试表达式匹配，那么只对第一个匹配的 Case 执行相关联的语句块；如果列表中没有一个值与测试值相匹配，则执行 Case Else 子句中的语句。

**例 4-2**　使用选择结构根据输入的不同成绩等级显示不同信息。

```
<HTML>
  <HEAD><TITLE>选择结构</TITLE>
<SCRIPT LANGUAGE="VBScript">
  <!--
    grade=InputBox("请输入等级(优、良、中、差)","成绩等级")
    Select Case grade
      Case "优"
      Msgbox"你的成绩在 90~100 之间,优秀!"
      Case "良"
      Msgbox"你的成绩在 80~90 之间,良好!"
      Case "中"
```

```
        Msgbox"你的成绩在 70~80 之间,良好!"
        Case "差"
        Msgbox"你的成绩低于 60,不及格!"
     End select
-->
</SCRIPT>
</HEAD>
<BODY></BODY>
</HTML>
```

执行结果如图 4-2 所示。

图 4-2　例 4-2 的执行结果

### 2. 循环结构

循环结构允许重复执行一行或数行代码。在 VBScript 中,提供了三种不同风格的循环结构,即 Do 循环、For 循环和 For Each 循环。

(1) Do 循环。Do 循环用于重复执行一个语句块,重复次数不定。Do 循环的语法格式有以下两种。

- 第一种

```
Do [While|Until 循环条件]
    <循环体>
    [Exit Do]
Loop
```

- 第二种

```
Do
    <循环体>
    [Exit Do]
Loop [While|Until 循环条件]
```

以上两种格式可以完成相同的功能,但在执行过程上有一定的区别。第一种格式是先判断循环条件,然后再根据循环条件的值来决定是否执行循环体。而第二种格式是至少先执行一次循环体,再判断循环条件,根据循环条件的值决定是退出循环还是继续执行下一次循环。所以,无论条件是否成立,第二种格式都要执行一次循环体。

对于包含 While 关键字的 Do 循环,在循环条件为真或不为 0 时,一直重复执行循环体,直到不满足循环条件时退出 Do 循环。而对于包含 Until 关键字的 Do 循环,在循环条件不为真或为 0 时,一直重复执行循环体,直到循环条件为真或不为 0 时才退出 Do 循环。如果需要在循环结束前主动结束循环，可以使用 Exit Do 语句。

**例 4-3** Do While…Loop 循环举例。

```
<HTML>
  <HEAD><TITLE>Do While…Loop 循环</TITLE>
<SCRIPT LANGUAGE="VBScript">
  <!--
    Mess=InputBox("请输入"你好"的英文")
    Do While UCase(Mess)<>"HELLO"
    Msg="输入错误"& chr(13)& chr(10)& "请重新输入"
    Mess=InputBox(Msg)
    Loop
    MsgBox "很好!输入正确!"
-->
</SCRIPT>
</HEAD>
<BODY></BODY>
```

</HTML>执行结果如图 4-3 所示。

图 4-3　例 4-3 的执行结果

**例 4-4** 使用 Do…Loop While 循环输出小于 5 的数字。

```
<HTML>
  <HEAD><TITLE>Do…Loop While 循环</TITLE>
<SCRIPT LANGUAGE="VBScript">
  <!--
    Do
    Mess=InputBox("请输入小于 5 的数字")
  Loop While Mess>5
-->
</SCRIPT>
</HEAD>
<BODY></BODY>
</HTML>
```

执行结果如图 4-4 所示。

（2）For 循环。当不知道循环要执行多少次时，最好用 Do 循环。如果知道循环执行多少次，则最好用 For 循环。与 Do 循环不同，For 循环含有一个计数变量，每重复一次循环，

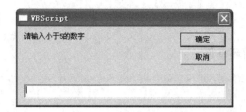

图 4-4　例 4-4 的执行结果

计数变量的值就会增加或减少。For 循环的语法为：

```
For Counter=Start To End[Step Increment]
Statements
Next[Count]
```

执行 For 循环时，先将 Counter 设为 Start，并测试 Counter 是否大于 End（若 Increment 为负，则测试 Counter 是否小于 End）。若是，则退出循环，否则执行循环中的语句。

Counter、Start、End、Increment 为数值型。如果 Increment 为负，那么 Start 必须大于 End。如果省略 Step 子句，那么 Increment 默认值为 1。

**例 4-5**　使用 For Next 循环求 1 加到 5 的总和。

```
<HTML>
<HEAD>
<TITLE>For Next 循环</TITLE>
<SCRIPT LANGUAGE="VBScript">
    <!--
    Dim Total,i
    '计算 1 加到 5 的总和
    Total=0
    For i=1 to 5
      Total=Total+i
    Next
    MsgBox "1 加到 5 的总和为"&Total
-->
</SCRIPT>
</HEAD>
<BODY></BODY>
</HTML>
```

执行结果如图 4-5 所示。

（3）For Each 循环。For Each 循环与 For 循环类似，但 For Each 循环只对数组或对象集合中的每个元素重复一组语句，而不是重复一定的次数。如果不知道一个集合有多少元素，则用 For Each 循环非常方便。For Each 循环的语法为：

图 4-5　例 4-5 的执行结果

```
For Each Element In Group
```

```
Statements
Next Element
```

**例 4-6**  For Each 循环举例。

```
<HTML>
<HEAD>
<TITLE>For Each 循环</TITLE>
<script language="vbscript">
Dim array(10),i,elemt,sum
sum=0
For i=0 to 10
array(i)=i
Next
For Each Elemt In array
sum=sum+elemt
Next
document.write(sum)
</script>
</HEAD>
<BODY></BODY>
</HTML>
```

执行结果如图 4-6 所示。

（4）While Wend 循环

这种循环和 Do Loop 循环完全一样，它的语

法为：

```
While 循环条件
    Statements
Wend
```

图 4-6  例 4-6 的执行结果

执行时会先测试条件的返回值，若条件的返回值为

False，会跳出循环；若条件的返回值为 True，则执行程序代码，然后执行到 Wend 时，又会跳回循环的开头，再测试条件的返回值；如果条件的返回值为 True，就继续执行循环，若条件的返回值为 False，则跳出循环，如此继续下去。

### 4.1.7  VBScript 脚本编程实例

本实例综合运用前面所学相关 VBScript 知识完成冒泡排序，该冒泡排序程序命名为 sort.asp。sort.asp 代码如下。

```
<%
'定义冒泡排序的函数
Function Sort(ary)
Dim KeepChecking,I,FirstValue,SecondValue
```

```
KeepChecking=TRUE
Do Until KeepChecking=FALSE
KeepChecking=FALSE
For I=0 to UBound(ary)                    '循环遍历数组
  If I=UBound(ary) Then Exit For
    If ary(I) >ary(I+1) Then              '若前一个值小于后一个值,则实现转换
      FirstValue=ary(I)
      SecondValue=ary(I+1)
      ary(I)=SecondValue
      ary(I+1)=FirstValue
      KeepChecking=TRUE
  End If
Next                                      '结束 for 循环
Loop
Sort=ary
End Function
Dim Myarray
'初始化数组
Myarray=Array(12,10,25,78,45)
Myarray=Sort(Myarray)                     '调用 sort 函数进行排序
'排序测试
For M=0 To Ubound(Myarray)
    Response.Write Myarray(M) & "<br>" & vbCRLF
Next
%>
```

sort.asp 执行结果如图 4-7 所示。

图 4-7　排序后的结果

## 4.2　JavaScript 编程基础

### 4.2.1　基本语法规则

　　JavaScript 脚本语言的编程与 C++ 非常相似,它只是去掉了 C 语言中有关指针等容易

产生的错误功能,并提供了功能强大的类库。对于已经具备 C++ 或 C 语言的人来说,学习 JavaScript 脚本语言非常容易。

JavaScript 脚本语言和其他语言一样,有其自身的基本数据类型、表达式和算术运算符以及程序的基本框架结构。JavaScript 有 4 种基本的数据类型:数值(整数和实数)、字符串型(用""号括起来的字符或数值)、布尔型(用 True 或 False 表示)和空值(null)。JavaScript 的基本类型中的数据可以是常量,也可以是变量。由于 JavaScript 采用弱类型的形式,因而一个数据的变量或常量不必首先声明,而是在使用或赋值时才确定其数据类型的。当然也可以先声明该数据的类型,它是通过在赋值时自动说明其数据类型的。JavaScript 的数据类型分常量和变量两类。

### 4.2.2 常量和变量

#### 1. 常量

(1) 整型常量

JavaScript 的常量通常又称为字面常量,它是不能改变的数据。其整型常量可以使用十六进制、八进制和十进制表示其值。

(2) 实型常量

实型常量是由整数部分加小数部分表示,如 12.32、193.98。可以使用科学或标准方法表示,例如 6e8、5e6 分别用来表示 600 000 000 和 5 000 000。其中的 e 可以小写也可以大写。

(3) 布尔常量

布尔常量只有两种状态:True 或 False。它主要用来说明或代表一种状态或标志,以说明操作流程。它与 C++ 是不一样的,C++ 可以用 1 或 0 表示其状态,而 JavaScript 只能用 True 或 False 表示其状态。

(4) 字符型常量

使用双引号括起来的一个或几个字符,如"Hello"、"123456"、"1xxv90"等。

(5) 空值

JavaScript 中有一个空值 NULL。如果试图引用没有定义的变量,则返回 NULL 值。

(6) 特殊字符

与 C 语言相同,JavaScript 中同样是以反斜杠\开头,后跟不可显示的特殊字符,通常称为控制字符。

#### 2. 变量

变量的主要作用是存取数据、提供存放信息的容器。对于变量必须明确变量的命名、变量的类型、变量的声明及变量的作用域。

JavaScript 中的变量命名同其计算机语言非常相似,这里要注意两点:

(1) 必须是一个有效的变量,即变量以字母开头,中间可以出现数字,如 hello1。除下划线_作为连字符外,变量名不能有空格、+、−、、或其他特殊符号。

(2) 不能使用 JavaScript 中的关键字作为变量。在 JavaScript 中定义了 40 多个关键字,这些关键字是 JavaScript 内部使用的,不能作为变量的名称。如 var、int、double、true 不能作为变量的名称。在给变量命名时,最好把变量的意义与其代表的意思对应起来,以免出现错误。

在 JavaScript 中,变量可以用命令 var 声明。

例如:

```
var temp;
```

该例子定义了一个 temp 变量。但没有赋予它的值。

```
var temp1="how do you do!"
```

该例子定义了一个 temp1 变量,同时赋予了它的值。

在 JavaScript 中,变量可以不作声明,而在使用时再根据数据的类型来确定变量的类型。例如:

```
x=10
y="289"
z=True
num=325.1
```

其中 x 为整型,y 为字符串,z 为布尔型,num 为实型。

JavaScript 变量可以在使用前先作声明,并可赋值。通过使用 var 关键字对变量作声明。对变量作声明的最大好处就是能及时发现代码中的错误。因为 JavaScript 是采用动态编译的,而动态编译不易发现代码中的错误,特别是变量命名的方面。对于变量还有一个重要之处,那就是变量的作用域。

在 JavaScript 中同样有全局变量和局部变量。全局变量定义在所有函数体之外,其作用范围是整个函数;而局部变量定义在函数体之内,只对该函数是可见的,而对其他函数则是不可见的。

### 4.2.3　流程控制语句

JavaScript 的流程控制语句,主要包括条件控制语句和循环控制语句。

**1. 条件控制语句**

条件控制语句使用逻辑方式判断语句的执行顺序,判断条件通常是一个表达式,如果表达式的值为"真",将采用一种执行方式;如果表达式的值为"假",将采用另外的执行方式。这种控制方法就像是一个岔路口,必须根据一定的目的或方式选择行驶的道路。

(1) If 语句

If 语句是 JavaScript 中最基本的条件控制语句。If 语句是一种单一选择的语句,基本的语法规则如下。

```
If (expression){
  Statement1;
  } Else {
    Statement2;
  }
```

其中 expression 是一个条件表达式,当程序执行到此处,测试该条件是否为真。若为真,则执行语句体 1;否则执行语句体 2。

**例 4-7** If 语句举例。

```
<HTML>
<HEAD>
<TITLE>If 语句</TITLE>
</HEAD>
<BODY>
<script language="javascript">
<!--
hour=13;
if (hour<12)
  document.write("Good morning");
else if (hour<18)
  document.write("Good afternoon");
else
  document.write("Good evening");
-->
</script>
</BODY>
</HTML>
```

执行效果如图 4-8 所示。

图 4-8　例 4-7 的执行结果

（2）Switch 语句

Switch 语句可以根据一个变量的不同取值而采取不同的处理方法，这样的语句叫多重分支语句。其结构如下。

```
Switch(expression)
{
  Case condition 1: statement 1;
    Break;
  Case condition 2: statement 2;
    Break;
  ⋮
  Case condition n-1: statement 1;
```

```
  Break;
 Default: statement n;
}
```

从 Switch 语句的基本语法规则中可以看出，case 语句结束后都伴随着一个 Break 语句，Break 语句的含义是运行到这里的时候跳出循环。Switch 语句经常使用 Break 语句控制脚本的运行，表示这个 case 语句后的代码运行结束后，就跳出循环，执行 Switch 语句后面的代码。

**例 4-8**　Switch 语句举例。

```
<HTML>
<HEAD><TITLE>Switch 语句</TITLE></HEAD>
<BODY>
<script language="javascript">
For(i=1;i<=10;++i)
{Switch(i){
  Case 1:
    val="one";
    Break;
  Case 2:
    val="two";
  Break;
  Case 3:
    val="three";
    Break;
  Case 4:
    val="four";
    Break;
  Case 5:
    val="five";
    Break;
  Case 6:
    val="six";
    Break;
  Case 7:
    val="seven";
    Break;
  Case 8:
    val="eight";
    Break;
  Case 9:
    val="nine";
    Break;
  Case 10:
    val="ten";
```

```
   Break;
  Default:
   val="unknown"}
document.writeln(val+"<br>");
}</script></BODY></HTML>
```

执行结果如图 4-9 所示。

图 4-9　例 4-8 的执行结果

## 2. 循环控制语句

循环控制语句的出现是为了能多次执行某些语句。在使用循环控制语句时,对循环条件的控制和对循环次数的控制是两个十分重要的要素。

(1) For 循环语句

```
For(initialization,condition,increment) statement;
```

For 循环的三个参数之间用逗号分隔:

- 第一个参数(initialization)指定循环控制变量,并置初值,它只在循环开始时执行。
- 第二个参数(condition)是条件判断部分,只有它为真时才执行循环中的语句。
- 第三个参数(increment)是增量部分,每一次循环重复时都要执行该语句。
- Statement 称作循环体,它可以是一条语句或一对大括号括起来的一个语句块。

**例 4-9**　使用 For 循环实现 6 个 3 连续相加。

```
<HTML>
<HEAD>
<TITLE>for 语句</TITLE>
</HEAD>
<BODY>
<script language="javascript">
sum=0;
For(i=0;i<6;i++)
sums=3;
```

```
document.write(sum);
</script>
</BODY>
</HTML>
```

执行结果如图 4-10 所示。

图 4-10　例 4-9 的执行结果

（2）While 循环语句

While 循环语句的一般形式为：

```
While (Condition)Statement;
```

当 While 语句括号中的条件表达式（Condition）为真时就执行循环体 Statement，当条件为假时，不执行循环体而转到循环体后面的第一行开始执行。

**例 4-10**　使用 While 循环输出数字 0～5。

```
<HTML>
<HEAD><TITLE>WHILE 循环</TITLE></HEAD>
<BODY>
<script type="text/javascript">
i=0
while (i<=5)
{
document.write("数字是"+i)
document.write("<br>")
i++
}
</script>
</BODY>
</HTML>
```

执行结果如图 4-11 所示。

（3）For…In 循环

这种循环主要用来对对象的每一个属性进行操作。在 JavaScript 中，把数组作为对象处理，数组元素实际上是数组对象的属性，我们可以用 For…In 循环访问数组元素。例如：

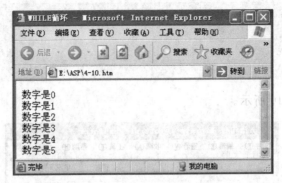

图 4-11  例 4-10 的执行结果

```
For (i in cost)
cost[i]+=1;
```

这个循环使用一个下标变量(i),对于循环的每次重复,变量被设置为对象的下一个属性,这个循环使 cost 数组的每个元素加 1。

### 4.2.4  函数

JavaScript 的函数是结构化的可重用的代码块。函数是独立的代码块,能够被用在多种场合,一个普通的函数可以接受来自外界的信息,在函数体内对信息进行处理,然后将处理结果返回给外界。一个正确编写的函数在获得相同参数时,计算出的结果也应该是相同的。

JavaScript 的函数也是十分灵活,这表现在它有多种定义方式,用户可以根据需要定义各种函数,而函数、返回值甚至是函数体都不是必需的,一个缺少函数体的函数仍然是一个正确的函数,只是这个函数不完成任何任务。函数的使用方式也是多种多样的。正是因为函数的灵活性,在使用函数的时候要特别注意,这里有几条建议:

(1) 在脚本的开始就定义所有使用到的函数。尽管在同一个脚本中,可以先引用函数,再定义函数,但一般情况下建议函数被调用前就得到定义。

(2) 尽量为函数取一个有意义的名字。虽然诸如 x 等的名字也是合法的函数名,但是一般的建议是能够看到函数名就大概了解这个函数的主要功能是什么,这是一个很好的编程习惯。

(3) 尽量编写独立的函数。这是因为 JavaScript 是完全基于对象的编程语言,函数也被看做是一种对象,尽量从参数中得到信息,利用返回值返回信息。

**1. JavaScript 函数的定义格式**

JavaScript 函数的定义格式如下:

```
Function 函数名(参数表)
{
    函数体;
    Return <表达式>;
}
```

说明：

（1）当调用函数时，所用变量或字面量均可作为变元传递。函数由关键字 Function 定义。函数名就是自己定义的函数的名字。参数表是传递给函数使用或操作的值，其值可以是常量、变量或其他表达式。

（2）通过指定函数名（实参）来调用一个函数必须使用 Return 将值返回。函数名对大小写是敏感的。

**2. 函数中的形式参数**

在函数的定义中，函数名后有参数表，这些参数变量可能是一个或几个。在 JavaScript 中可以通过 Arguments. Length 来检查参数的个数。

**例 4-11**　在脚本中定义函数。

```
<HTML>
<HEAD>
<TITLE>在脚本中定义函数</TITLE>
<script language="javascript">
<!--
Function displayTaggedText(tag,text)
{
    document.write("<"+tag+">");
    document.write(text);
    document.write("</"+tag+">");
}
</script></HEAD>
<BODY>
<script language="javascript">
displayTaggedText("H1","this is a level1 heading");
displayTaggedText("p","this is a paragraph");
</script>
</BODY>
</HTML>
```

执行结果如图 4-12 所示。

图 4-12　例 4-11 的执行结果

### 4.2.5 面向对象编程

JavaScript 是一种面向对象的程序设计语言，对象是面向对象技术中的一个主要概念。对象是一种用户数据类型，它可以把数据与作用于数据的函数联系在一起，对象中的数据项是它的属性，函数是它的方法。JavaScript 将数组和字符串都作为对象处理。

**1. 使用对象**

对象中的数据项是对象的属性，属性可以是字符串或其他对象，每个属性都有一个名字。例如，字符串是 JavaScript 的内置对象，不需要说明它是一个字符串对象。任何一个包含字符串的变量即是一个字符串对象。字符串对象只有一个属性 Length，指出当前字符串的长度。

```
Var mess="vfp98"
Var len=mess.Length
```

上面我们定义了一个字符串变量，并引用了字符串对象的属性。引用属性的方法是对象名后跟需要引用的属性名，中间用.符号将它们连接起来。

**2. 事件**

在面向对象的环境中，事件通常用来响应用户的操作，引发执行一段程序。在 JavaScript 中，事件包含于 Web 页中，当用户单击按钮、链接或将鼠标移到页面中的某一位置都会触发一个事件。

每个对象都可以响应一些事件，下面列出了一些 JavaScript 中常用的事件。

- OnClick：当用户单击某一项时发生。
- OnSubmit：当用户单击 Submit 类型的按钮时发生。
- OnMouseOver：当鼠标指针移到某一项上时发生。
- OnBlur：当页面中的对象失去焦点时发生。
- OnFocus：当页面中的对象获取焦点时发生。
- OnLoad：当页面或图像加载完成时发生。
- OnUnLoad：当退出页面时发生。

**3. 数组（Array 对象）**

数组对象是 JavaScript 的内置特性，可以创建一个新的 Array 对象来定义一个数组，定义数组时必须使用关键字 New：

```
Var stu=new Array(30)
```

**注意**：JavaScript 对字符大小写敏感，Array 中的第一个字符 A 必须大写。

这个例子创建了一个有 30 个元素的数组，数组下标从 0 到 29。可以通过数组下标来使用数组的元素。

（1）属性

数组只有一个属性 Length，指出数组的大小，即数组元素的个数。

（2）方法

数组对象有 3 个方法。

- join()：连接数组的所有元素，元素之间用逗号分隔合成一个字符串。

- reverse()：返回一个翻转了的数组的副本，数组本身不改变。
- sort()：返回一个排了序的数组的副本，数组本身不改变。

**例 4-12**　使用数组对象。

```
<HTML>
<HEAD>
<TITLE>使用数组对象</TITLE>
</HEAD>
<BODY>
<script language="javascript">
var my_array=new Array();
for (i=0;i<10;i++)
{
    my_array[i]=i;
}
x=my_array[4];
document.write (x)
</script>
</BODY>
</HTML>
```

执行结果如图 4-13 所示。

**4. 字符串对象**

字符串对象是 JavaScript 的内置对象，字符串变量实际上就是 String 对象，不必像数组对象那样用关键字 New、Array 声明。

（1）属性

String 对象只有一个属性 Length，指出字符串的长度。该属性只可引用读取值，而不能通过赋值语句改变。

图 4-13　例 4-12 的执行结果

（2）方法

String 对象的方法返回修改后的字符串的副本，而不改变字符串本身。

- To Upper Case()：将字符串中的内容全部转换为大写。
- To Lower Case()：将字符串中的内容全部转换为小写。
- To String()：用于非字符串对象，转换为字符串。

**例 4-13**　使用字符串对象。

```
<HTML>
<HEAD>
<TITLE>使用字符串对象</TITLE>
</HEAD>
<BODY>
<script language="javascript">
```

```
var mystring="I am xiaoming"
a=mystring.charAt(7)
b=mystring.indexOf("am")
document.write(a)
document.write ("<br>")
document.write (b)
</script>
</BODY>
</HTML>
```

执行结果如图 4-14 所示。

**5. Window 对象**

对于每个打开的浏览器窗口都存在一个 Window 对象。Window 对象的属性描述了窗口的文档及有关窗口的信息。

图 4-14　例 4-13 的执行结果

(1) 属性

Window 对象有各种属性指明窗口的信息。

- Name：存储了当前窗口的名字。
- Status：存储了状态信息，该信息显示在浏览器窗口底部。
- Location：存储了在窗口中的页面位置。

(2) 方法

Window 对象的方法比较多，可以执行打开，关闭窗口及显示对话框等操作。

- Open()：打开一个新的浏览器窗口，其一般形式如下：

```
nameofWindow=Window.Open(URL,WindowsName,Featurelist)
```

Open()函数有三个参数：

URL：这是一个统一定位符，指定的 Web 页将加载到新打开的窗口。如果 URL 为空，则窗口将不加载任何页面。

- WindowName：给新创建的窗口指定一个名字，它将被赋给 Window 对象的 name 属性。同时 Open()函数将这个值返回给 nameofWindow 变量，以后通过这个名字使用新创建的窗口对象的属性和方法。
- FeatureList：窗口的特性设置，如 Toolbar、Status、Location 等，这些特性可设置为 Yes 或 No，使新创建的窗口中显示或隐藏工具条、状态条和定位器。窗口的特性还包括 Width 和 Height，给它们分别赋值以设定窗口的宽度和高度。

(3) 事件

Window 对象可以响应的事件较多，下面列出较常见的事件，其他事件用户在有需要时可在 Script Wizard 中查看。

- OnLoad：当窗口文档加载完成时发生。
- OnBlur：当窗口失去焦点时发生。

- OnFocus：当窗口获取焦点时发生。
- OnUnload：当取代当前窗口文档时发生。

### 4.2.6　文档对象模型

#### 1. 认识文档对象模型

文档对象模型以对象形式描述 HTML 页面和 Web 浏览器的层次结构，使 JavaScript 能够访问 Web 页上的信息，并可以访问诸如网页地址等特殊信息。通过访问或设置文档对象模型中对象的属性并调用其方法，可以使程序按照一定的方式显示 Web 页面，并且与用户的动作进行交互。

JavaScript 的文档对象模型如图 4-15 所示。

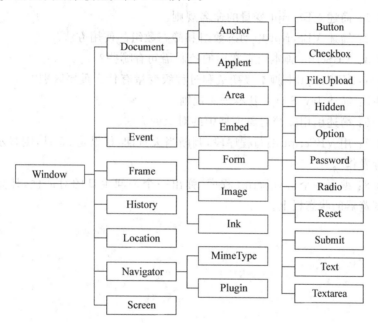

图 4-15　文档对象模型

在这个层次结构中，最高层的对象是窗口对象（Window），它代表当前的浏览器窗口，它包括文档（Document）、事件（Event）、历史（History）、地址（Location）、浏览器（Navigator）和屏幕（Screen）对象；在文档对象之下包括表单（Form）、图像（Image）和链接（Link）等多种对象；在浏览器对象之下包括 MIME 类型（MimeType）对象和插件（Plugin）对象；在表单对象之下还包括按钮（Button）、复选框（Checkbox）和文件选择框（FileUpload）等多种对象。

#### 2. 引用文档对象模型中的对象

在文档对象模型的层次结构中，所有下层对象都是其上层对象的子对象。而子对象其实就是父对象的属性，所以引用子对象的方式，与引用对象的一般属性是相同的。例如引用 Document 对象，使用以下的类似格式：

```
Window.Document.write("Hello");
```

由于 Window 对象是默认的最上层对象，因此引用它的子对象时，可以不使用 Window，也就是可以直接用 Document 引用 Document，如：

```
Document.write("hello");
```

当应用较低层次的对象时，要根据对象的包含关系，同样使用成员引用操作符(.)一层一层地引用对象。例如文档中有一个表单 Form1(其 Name 属性为 Form1，或者其 ID 属性为 Form1)，且表单中有一个文本输入框 yourname，那么引用这个对象的格式如下：

```
Document.Form1.yourname
```

## 思考题

思考题 4-1：简述 VBScript 变量的命名规则。

思考题 4-2：简述 VBScript 中动态数组和静态数组的使用方法。

思考题 4-3：VBScript 脚本语言常用的控制语句有哪些？

思考题 4-4：VBScript 中脚本级变量和过程级变量有什么重要区别？

思考题 4-5：简述 JavaScript 基本语法规则。

思考题 4-6：简述引用文档对象模型中的对象的方法。

思考题 4-7：用 VBScript 编写程序段，判断当天日期，如果是 25 日，则显示"请注意，明天可能有病毒发作"。

思考题 4-8：编写一个 JavaScript 程序，弹出一个询问生日的对话框，计算出用户的星座并显示在浏览器的状态栏上。

# 第5章　ASP 的内部对象

ASP 程序中除了可以使用 HTML 和脚本语言 VBScript 与 JavaScript 之外,还可以使用 ASP 的内部对象和组件。这些组件和内部对象在 ASP 编程中起着十分重要的作用。使用这些内部对象,能更容易地获得通过浏览器发送的请求信息,响应浏览器的处理请求,存储用户信息,从而使开发工作更方便、容易。

**本章主要内容:**

- Request 对象;
- Response 对象;
- Server 对象;
- Session 对象;
- Application 对象。

## 5.1　使用 Request 对象从客户端获取信息

Request 对象用于在 Web 服务器端收集用户通过 HTTP 协议传送的所有信息,如 HTML 表单用 POST 或 GET 方式所提交的数据、存储在客户端的 Cookies 数据等。

Request 对象的语法如下。

```
Request[.collection|property|method](variable)。
```

其中,collection、property、method 分别表示 Request 对象的集合、属性和方法,这三个参数只能选择其中之一,也可以什么都不选。variable 是一些字符串,这些字符串指定要从集合中检索的项目或作为方法与属性的输入。

### 5.1.1　Request 对象的属性

Request 只提供一个只读属性 TotalBytes,它返回的是一个浏览器发送的字节数。其语法是:

```
myvar=Request.TotalBytes。
```

### 5.1.2　Request 对象的方法

Request 对象只提供一种方法 BinaryRead,用来获取从一个 Post 请求发送到服务器的二进制信息。其语法为:

```
myvar=Request.BinaryRead(Count)
```

其中,Count 是存放进数组 myBinArray 的字节数。可以和 TotalBytes 属性相结合使用,用二进制读取所有提交的信息,其语法如下。

```
myvar=Request.BinaryRead(Rquest.TotalBytes)
```

### 5.1.3 Request 对象的数据集合

在 ASP 中,对于客户端信息的获取,是通过 Request 对象数据集合来实现的,其语法格式如下。

```
Request[.collection]("variable")
```

其中的 collection 指定 Request 对象的数据集合,variable 指定变量名。Request 对象提供了 5 个数据集合,用于获取客户端不同类型的信息。

- Form:表示页面表单中的所有数据的集合。
- QueryString:表示查询字符串的所有值的集合。
- Cookies:表示浏览器客户端的 Cookies 数据的集合。
- ServerVariables:表示环境变量的数据集合。
- ClientCertificate:表示所有客户证书的数据集合。

下面,将对各个数据集合的相关属性及使用情况进行详细介绍。

#### 1. Form 数据集合

Form 集合通过使用 POST 方法的表格,检索发送到 HTTP 请求正文中的表格元素的值。语法格式为 Request. Form(element)[(index)|Count]。参数功能如下。

- 参数 element 指定集合要检索的表格元素的名称。
- 参数 index 是可选的,使用该参数可以访问多个参数值中的一个,它可以是 1 到 Request. Form(parameter). Count 之间的任意整数。

Form 集合按请求正文中参数的名称来索引。Request. Form(element)的值是请求正文中所有 element 值的数组。通过调用 Request. Form(element). Count 来确定参数中值的个数。如果参数未关联多个值,则计数为 1;如果找不到参数,计数为 0。如果需要引用有多个值的表格元素中的单个值,必须只读 index 值。

**例 5-1** 建立一个 HTML 表单输入页面,要求输入用户名和密码。

```
<HTML>
<BODY>
<FORM method="POST" action="5-1.asp">
<h2 align="center">请输入您的用户名和密码</h2>
<P align="center">用户名: <INPUT type="text" name="Username" size="20"></P>
<P align="center">密 码: <INPUT type="password" name="Userpass" size="20"></P>
<P align="center"><INPUT type="submit" value="确定">
  <INPUT type="reset" value="取消">
</FORM>
</BODY>
</HTML>
```

输入页面的显示效果如图 5-1 所示。

Form 中必须有一个 Action＝5-1. asp,当单击"确定"按钮后,表单中的数据便会提交给 5-1. asp 文件处理。5-1. asp 文件的代码如下。

图 5-1　HTML 表单页面

```
<HTML>
<BODY>
<center><h2>
<font color="blue"><%=request.form("Username")%></font>欢迎你</h2></center>
</BODY>
</HTML>
```

**2. QueryString 数据集合**

QueryString 数据集合检索 HTTP 查询字符串中变量的值。HTTP 查询字符串由问号后面的值指定。其格式为：

URL 地址?QueryString

当传递多个 QueryString 时，用 & 作为参数间的分隔。例如：

http://www.wangye.com/exam.asp?name=cc&sex=男

在访问 http://www.wangye.com/exam.asp 文件的同时，向该文件传递了 name 和 sex 两个 QueryString 参数。

QueryString 数据集合使用时与 Form 数据集合没有太大的区别，主要的区别就是 QueryString 可通过取得 HTTP 的附加参数来传递数据，而 Form 是通过表单来传递数据。

当 Form 使用 Get 方法向 ASP 文件提交数据时，Form 中的数据被保存在 QueryString 集合中，一起被提交到 Web 服务器指定文件中。QueryString 数据集合通常使用 Get 方法。

QueryString 数据集合的语法格式如下。

Request.QueryString(variable)[(index)|.count]

其中，variable 是指 HTTP 查询字符串指定要检索的变量名。count 是从 1 到 Request. QueryString(variable).count，它返回相同变量的个数，如没有相同的名称，则返回 1；如没有该名称，则返回 0。index 是可选参数，用来检索变量的多个相同值中的某一个值。这个值是 1 到 Request.QueryString(variable).count 之间的任何整数，即指定符号? 后相同名称的下标，可以在? 后面用 & 连接两个不同的参数。如果没有指定 index 参数，引用多个 QueryString 变量中的某个变量时，返回的整数是用逗号分隔的字符串。

**例 5-2** QueryString 数据集合应用举例。

```
<HTML>
<HEAD></HEAD>
<BODY>
<P><a href="5-2.asp?name=cc&sex=男">显示字符串</a></p>
</BODY>
</HTML>
```

将以上代码段以文件名 5-2.htm 存盘,执行结果如图 5-2 所示。在图 5-2 中,单击其中的超链接,将为 5-2.asp 传递 name 和 sex 的变量,并自动转去执行 5-2.asp 代码段。

图 5-2　5-2.htm 的执行结果

5-2.asp 的代码如下。

```
<%@ language=JavaScript%>
<HTML>
<HEAD></HEAD>
<BODY>
<%
Response.write("你的姓名: "+Request.QueryString("name")+"<br>");
Response.write("你的性别: "+Request.QueryString("sex")+"<br>");
%>
</BODY>
</HTML>
```

执行结果如图 5-3 所示。

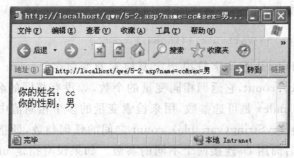

图 5-3　5-2.asp 的执行结果

### 3. Cookies 数据集合

Cookies 主要用于在客户端记录客户的信息,一般的 Cookies 值均是以纯文本格式存在的。Request 对象的 Cookies 数据集合则主要用于获取记录在客户端的 Cookies 数据。

Cookies 数据集合的语法为:

```
Request.Cookies(CookiesName)[(Key)|.Attribute]
```

其中,参数 CookiesName 表示所要获取的 Cookies 的名称。参数 Key 用于从 Cookies 字典中检索指定关键字的值。参数 Attribute 表示所获取的 Cookies 的属性值。一般来说,对于每一个 Cookies,均包含 Domain、Expires、HasKeys、Path 以及 Secure 等属性。但对 Request 对象的 Cookies 数据集合而言,它仅包含 HasKeys 属性。HasKeys 属性是一个只读属性,其值为 True 或 False,表示在指定的 Cookies 下是否具有子关键字。

Request 对象的 Cookies 数据集合通常与 Response 对象的 Cookies 数据集合结合使用,后者用于创建相应的 Cookies,而前者则用于获取所创建的 Cookies 的值。

### 4. ServerVariables 数据集合

ServerVariables 数据集合主要用于帮助客户端取得服务器端的环境变量信息,如发送到客户端的所有 HTTP 头信息、构成请求的 HTTP 方法、当前页面在服务器上的真实路径以及服务器的 IP 地址和服务器的 IIS 版本等。

ServerVariables 数据集合的语法为:

```
Request.ServerVariables(Server Environment Variable)
```

其中,Server Environment Variable 指定了某个环境变量的名称,常用的环境变量如表 5-1 所示。

表 5-1  ServerVariables 环境变量

| 变　　量 | 说　　明 |
| --- | --- |
| REMOTE_ADDR | 发出请求的远端主机的 IP 地址 |
| REMOTE_HOST | 发出请求的主机名称 |
| REQUEST_METHOD | 发出 Request 请求的方法(对于 HTTP 可以是 GET、POST、HEAD 或其他方法) |
| SERVER_NAME | 服务器的名称、DNS 别名或 IP 地址以及指定的 URL 地址 |
| SERVER_PORT | 数据请求的端口号 |
| SERVER_PROTOCOL | 请求信息的协议名称及版本 |
| SERVER_SOFTWARE | 服务器运行的软件名称及版本 |

由于 ServerVariables 数据集合中的环境变量较多,读者需要时可查阅相关技术文档资料。

**例 5-3**　编程实现如何拒绝某个客户机的访问。

```
<%
Dim ip
```

```
ip=Request.ServerVariables("REMOTE_ADDR")
if ip="127.0.0.1" then
  Response.Write "谢谢访问"
else
  Response.Write "拒绝访问"
End if
%>
```

### 5.1.4　用 Cookies 记住访问者的名字

Cookies 的使用很广泛，下面这个实例使用 Cookies 实现用户自动登录的功能，也就是说用 Cookies 来记住访问者的名字。这是一个包含 Cookies 读、写的综合实例。

```
<%
name=Request.Cookies("username")
pass=Request.Cookies("username")
%>
<HTML>
<BODY>
<FORM method="POST" action="Cookieswrite.asp">
<h4 align="center">欢迎访问,请输入您的用户名和密码</h4>
<P align="center">用户名: <INPUT type="text" name="Username" size="10" value=
<%=name%>></P>
<P align="center">密   码: <INPUT type="password" name="Userpass"
size="10" value=<%=pass%>></P>
<P align="center"><INPUT type="submit" value="确定">
  <INPUT type="reset" value="取消">
</FORM></BODY>
</HTML>
```

Cookieswrite. asp,代码如下。

```
<%
username=Request.form("username")
userpass=Request.form("userpass")
Response.Cookies("username")=username
Response.Cookies("username").Expires=Date()+7
Response.Cookies("userpass")=userpass
Response.Cookies("userpass").Expires=Date()+7
%>
```

执行结果如图 5-4 和图 5-5 所示。

图 5-4　初次登录界面

图 5-5　自动登录

## 5.2　用 Response 对象向客户端输出信息

　　Response 对象是 ASP 内置对象中直接向客户端发送数据的对象。Request 请求对象与 Response 响应对象形成了客户请求/服务器响应的模式。Response 对象用于动态响应客户端请求，并将动态生成的响应结果返回给客户端浏览器。它既可以将客户端重定向到一个指定的页面中，也可以设置客户端的 Cookies 值。Response 对象提供了 Write、Redirect、Clear、Flush 和 End 等方法，并且 Response 对象还提供 Buffer、Expires、Status 和 ContentType 等属性，以实现各种功能。

　　Response 对象的语法为：

```
Response.collection|property|method
```

其中，collection、property、method 分别表示 Response 对象的集合、属性和方法。对于这三个参数，只能选择其中之一。

### 5.2.1　Response 对象的属性

　　Response 对象的属性共有 9 个，属性名称及功能如表 5-2 所示。

表 5-2　　Response 对象的属性名称及功能

| 属　　性 | 功　　能 |
| --- | --- |
| Buffer | 指定页面的输出是否被缓冲 |
| CacheControl | 控制是否允许代理服务器缓存页面 |
| Charset | 将字符集名称添加到 Response 对象的 ContentType 标题后 |
| ContentType | 指定所响应的 HTTP 内容类型 |
| Expires | 浏览器中所缓存页面的超时时间间隔 |
| ExpiresAbsolute | 指定浏览器缓存页面的具体超时日期和时间 |
| IsClientConnected | 表明客户端是否与服务器端保持连接 |
| Pics | 用于设置页面的 Pics 标签,Pics 标签可以指明页面的内容级别 |
| Status | 用于传递 Web 服务器 HTTP 响应的状态 |

　　Response 对象的常用属性有 Buffer、CacheControl、Expire、ExpiresAbsolute 和 IsclientConnected。

### 1. Buffer 属性

　　Buffer 属性是 Response 对象较常用的属性之一,它主要用来控制是否输出缓冲页,也就是控制何时将输出信息送至请求浏览器。Buffer 属性的取值可以是 True 或 False,若取 True 则表示使用缓冲页,取 False 则表示不使用缓冲页。

　　若 Web 服务器输出使用缓冲页,则只有当前页的所有服务器脚本处理完毕或是调用了 Flush 或 End 方法,才将数据传送至客户端;反之,数据在当前页的所有服务器脚本处理的同时传送至客户端。对于一个页面来说,处理起来如果需要花很长时间,则使用缓冲和不使用缓冲有明显的区别,若处理的时间很短,则不明显。

### 2. CacheControl 属性

　　CacheControl 属性用来控制是否允许代理服务器缓存页面。若允许代理服务器缓存页面,则应用程序可以通过代理服务器发送页面给用户,代理服务器代替用户浏览器从 Web 站点请求网页。代理服务器缓存 HTML 页使相同页的重复请求能够快速有效地返回给浏览器,并且可以减轻网络和 Web 服务器的负荷。

　　尽管缓存对 HTML 页都能很好地运行,但对包含动态生成信息的 ASP 页则不尽如人意。例如,像股市行情或汛期洪峰水位预报等需要提供即时信息,这时使用缓存页并不合适。

　　默认情况下,CacheControl 属性取值为 Private,表示禁止代理服务器缓存 ASP 页。要允许缓存,可将 CacheControl 属性值设为 Public。

### 3. Expire 属性

　　Expire 属性取值为整数,用来确定在浏览器上缓冲存储的页面距离过期还有多少时间(以分钟为单位)。如果用户在某个页面过期之前返回该页,就会显示缓冲区中的页面,否则将从服务器重新读取该页面。

这是一个较实用的属性。当客户通过 ASP 的登录页面进入 Web 站点后,应该利用该属性使登录页面立即过期(如设置 Response. Expire＝0),以确保安全。

**4．ExpiresAbsolute 属性**

ExpiresAbsolute 属性指定缓存于浏览器中页面的确切到期日期和时间(Expires 属性指定的是相对过期时间)。在未到期之前,若用户返回到该页,该缓存中的页面就显示。如果未指定时间,该主页在当天 24:00 到期。如果未指定日期,则该主页在脚本运行当天的指定时间到期。如下述代码指定页面在 2003 年 6 月 20 日上午 10:00:30 到期。

```
<%Response.ExpiresAbsolute=#July 8,2010 13:00:10#%>
```

**5．IsclientConnected 属性**

IsclientConnected 属性用于确定客户端浏览器在服务器最后依次处理 Response. Write 命令后,是否与 Web 服务器保持连接。可以利用这个属性检测浏览器和服务器端是否仍然连接,来控制脚本是否停止执行。当然,IsclientConnected 属性仅仅在上一个 Response. Write 调用时浏览器仍处于连接状态才有效。如果运行了一个运行时间很长的脚本程序而没有输出任何内容,那么这个属性也就不会产生作用。

## 5.2.2 Response 对象的方法

Response 对象有 8 个方法,方法名称及功能如表 5-3 所示。

表 5-3 Response 对象的方法名称及功能

| 方 法 名 称 | 功 能 |
| --- | --- |
| AddHeader | 向所输出的 HTML 页面添加自定义 HTTP 头 |
| AppendTOLog | 在 Web 服务器的日志文件中追加记录 |
| BinaryWrite | 按字节格式向客户端浏览器输出数据,不进行任何字符集的转换 |
| Clear | 清除服务器中缓存的 Web 页面数据 |
| End | 停止处理.asp 文件并返回当前的结构 |
| Flush | 立即发送缓冲中的数据 |
| Redirect | 对当前页面进行重定向,尝试连接另外一个 URL |
| Write | 直接向客户端浏览器输出数据 |

Response 对象的常用方法有以下几种。

**1．Write 方法**

使用 Response 对象的 Write 方法可以将指定的字符串信息输出到客户端。Write 方法是 Response 对象常用的响应方法。其基本的语法格式为:

```
Response.Write variant
```

其中,variant 是输出到浏览器的变量数据或字符串。

**例 5-4** 利用 Write 方法输出一个 2 行 1 列的表格,在表格第一行显示指定的字符串,在第二行调用 Data()函数显示当前系统日期。其实现代码如下:

```
<%
  Dim String
  Response.write"<table border=1 width=300><tr><td>"
  String="使用 Write 方法输出数据："
%>
<%=String%>
<%
  Response.write"</tr></td>"
  Response.write"<tr><td>"
  Response.write"<B>"
  Response.write"当前系统日期为"& Date()
  Response.write"</B>"
  Response.write"</tr>
</td>"
  Response.write"</table>"
%>
```

例 5-4 代码的执行结果如图 5-6 所示。

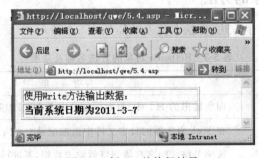

图 5-6 例 5-4 的执行结果

**2. Flush 方法**

Response 对象的 Flush 方法用于将缓冲区内容立即发送给客户端浏览器。在使用这一方法时，Response 对象的 Buffer 属性应设置为 True，否则将导致运行时错误。其基本语法格式为：

```
Response.Flush
```

根据实际情况判断在某个条件成立时，可以使用 Response 对象的 Flush 方法将已经完成的页面发送到客户端。

**3. Clear 方法**

Response 对象的 Clear 方法用于清除任何缓冲的 HTML 输出，即清除缓冲区。只有当 Buffer 属性设置为 True 时，即缓冲区有内容时，才能执行 Clear 方法，否则将导致运行错误。其基本语法格式为：

```
Response.Clear
```

调用 Response 对象的 Clear 方法可以从缓冲区中清除任何现存的缓冲页面内容，但不会清除响应的 HTTP 头。

**例 5-5**　使用缓冲输出。

通过 Response 对象的 Buffer 属性启用缓冲，然后用循环语句输出 1 到 10 之间的数字，当数字为 5 时使用 Flush 方法立即输出缓冲区中的内容，最后用 Clear 方法清空缓冲区中的所有内容。其实现代码如下。

```
<%@ Language="VBScript" %>
<%Response.Buffer=True %>
<HTML>
<HEAD>
<TITLE>使用缓冲输出</TITLE>
</HEAD>
<BODY>
<%
  Dim j
  For j=1 to 10
    Response.write j &"<br>"
    If i=5
  Then
    Response.flush()
  Next
  Response.clear()
%>
</BODY>
</HTML>
```

**4. Redirect 方法**

Redirect 方法可以将客户端浏览器重定向到另一个 Web 页面。如果需要在当前网页转移到一个新的 URL，而不用经过用户去单击超链接，就可以使用该方法使用户浏览器直接重定向到新的 URL。其基本语法格式为：

```
Response.Redirect URL
```

其中 URL 是资源定位符，表示浏览器重定向的目标页面。

**例 5-6**　网页重定向。

```
<%
  If Datepart("yyyy",now())<>"2010"
  Then
    Response.write"欢迎访问！"
    Response.redirect "link.asp"
  End If
%>
```

文件 link.asp 的代码如下。

```
<%
 Response.write"欢迎访问转向内容！"
%>
```

程序执行结果如图 5-7 所示。

**5. End 方法**

若希望 Web 服务器停止执行脚本而返回
当前的结果，就可以采用 End 方法。其基本语
法格式如下。

图 5-7　例 5-6 的执行结果

```
Response.End
```

如 果 Response. Buffer 已 经 被 设 置 为
True，则调用 Response. End 会立即将缓冲区
中的数据输出到客户端浏览器并清除缓冲区。使用该方法可以强制结束 ASP 程序的执行。

例如：

```
<%
 Response.write"内容 1"
 Response.End
 Response.write"内容 2"
%>
```

此时在网页上的显示为：内容 1，Response. End 后面的内容被强制结束。

## 5.2.3　Response 对象的数据集合

Response 对象的数据集合只有一个，即 Cookies。Cookies 是一种将数据传送到客户浏
览器的文本句式，并将数据保存在客户端硬盘上，可以用来在某个 Web 站点会话之间持久
地保存数据。Response 对象和 Request 对象的数据集合中都可以包括 Cookies 集合。
Response 对象负责设置 Cookies，并将 Cookies 发送到客户端；Request 对象就负责读取
Cookies，并发送到服务器端。

通过使用 Response 对象的 Cookies 数据集合，可以在客户端定义 Cookies 变量，其基
本语法格式为：

```
Response.Cookies(Cookiesname)[(Key)|attribute]=value
```

其中，参数 Cookiesname 用于创建或设置 Cookies 的名称。参数 value 用来指定分配给
Cookies 的值。参数 Key 为可选项。如果不指定 Key，则创建一个单值 Cookies；如果指定
Key，则创建一个 Cookies 字典，而且该 Key 将被置为 value。attribute 是可选参数，用于指
定 Cookies 自身的信息，包括过期时间、有效范围等。该参数可用的值有：

- Expires：仅可写入，指定该 Cookies 到期的时间。
- Domain：仅可写入，指定 Cookies 的有效网域。
- Path：仅可写入，指定 Cookies 的有效路径。

- Secure：仅可写入，设置该 Cookies 的安全性。
- HasKeys：仅可写入，判定指定的 Cookies 是否包含关键字

## 5.3   Request 与 Response 的综合实例

在 ASP 中，Request 和 Response 这两个对象的使用非常频繁，只有熟练掌握好这两个对象，才能很好地进行 ASP 程序设计。本综合实例利用 Response 和 Request 对象创建用户登录页面，并实现用户验证，让读者进一步熟悉这两个对象的用法。

### 1. 创建基本登录页面

登录页面 login. asp 的代码如下。

```
<HTML>
<head>
<title>用户登录</title>
</head>
<body>
<center>
<form action="userdeal.asp" method="post">
<p>
<B>请选择用户名并输入密码</B>
</p>
<HR>
用户名:<input type="text" name="username" value=
<%=Request.QueryString("username")%>>
<br>
密  码:<input type="password" name="userpassword">
<br>
<input type="submit" name="submit" value="登录">
</body>
</HTML>
```

login. asp 显示界面如图 5-8 所示。

图 5-8   用户登录界面

**2. 用户、密码正确性校验**

userdeal.asp 程序如下。

```
<%
'设置提示信息
strNo="用户名或密码为空,请输入正确的用户名和密码!"
strBadName="对不起!输入的用户名不存在!"
strBadPass="对不起!输入的密码错误!"
'取得网页表单的值
strName=Request.Form("Username")
strPass=Request.Form("Userpass")
'是否输入用户名和密码
If strName="" or strPass="" Then
'strName=""
Response.Redirect "userlogin.asp?msg=" & strNo & "&UserName=" & strName
End If
'检查密码
If strname="guest" or strname="admin" Then
'密码正确,找到用户
If strname="guest" and strPass="001" Then
'进入网站的网页
Response.Redirect "main.asp?user=guest"
Else If strname="admin" and strPass="002" Then
  Response.Redirect "main.asp?user=admin"
  Else
  '密码错误
Response.Redirect "userlogin.asp?msg="& strBadPass & "&Username=" & strName
    End If
  End If
Else
'用户错误
strName=""
Response.Redirect "userlogin.asp?msg=" & strBadName & "&UserName=" & strName
End If %>
```

用户名和密码为空时的登录界面如图 5-9 所示。如果用户通过了登录验证,将转向 main.asp 页面,代码如下。

```
<%
user=Request.QueryString("user")
Response.write "<H3>欢迎 " & user &" 访问本网站!</H3>"
%>
```

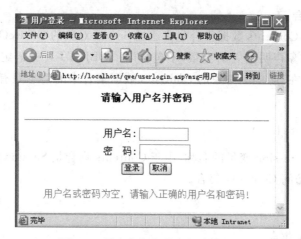

图 5-9 用户名和密码为空时的界面

## 5.4 Session 对象

虽然 HTTP 协议能够高效地完成服务器和浏览器之间的通信任务,但这种无状态协议不可避免地有其不足之处。当用户在多个页面之间浏览的时候,不能保留用户的信息;而当用户从一个页面通过超链接跳转到另外一个页面的时候,我们不能分辨出这是同一个用户。

Session 对象的引入较好地弥补了这种不足。Session 对象可以保存用户特定的个人信息,其中包括用户是否喜欢浏览纯文本的页面,用户喜欢的颜色是粉红色还是天蓝色等。Session 对象能够跟踪访问者的习惯,可以根据其中的记录,对网站进行更有效地完善和改进,使得网站的定位更加准确。

一个用户从访问 ASP 应用程序中的页面到离开该应用程序这段期间,称为会话。当用户第一次请求应用程序中的页面时,Web 服务器会自动为该用户创建一个 Session 对象,这个 Session 对象会一直保持直到会话的结束。可以在 Session 中创建变量并进行读取,在 Session 对象中创建的变量,称为会话变量。其中创建的可以是简单数据类型的变量,也可以是对象和数组。

Session 依赖于 Cookies,当一个访问者将 Cookies 关闭,或者浏览器不支持该 Cookies 时,则一个会话将无法被启动,所以它也就无法访问一个 Session 对象。

Session 对象经常用于鉴别客户身份的程序中,其基本语法格式为:

Session.collection|property|method

其中,collection、property、method 分别表示 Session 对象的集合、属性和方法,这三个参数只能选择其中之一。

### 5.4.1 Session 对象的集合

Session 对象包含 Contents 和 StaticObjects 两个集合。在 Contents 集合中包含的是 Session 对象的没有用<OBJECT>标签定义的对象和变量,而在 StaticObjects 集合中包含的是 Session 对象中用<OBJECT>标签定义的对象。

115

**1. Contents 集合**

Session 对象的 Contents 数据集合包含通过 Server 对象的 CreateObject 方法创建的对象和通过 Session 对象声明建立的变量,不包含以<OBJECT>标记定义的对象。Session 对象存在期间,存储在 Session 对象的 Contents 数据集合中的信息是有效的。其基本语法格式为:

```
Session.Contents(Key)
```

其中,Key 用于指明 Session 变量的名称,由于 Contents 集合是 Session 的默认集合,所以也可通过下面的形式访问 Contents 集合。

```
Session(Key)
```

**2. StaticObjects 集合**

StaticObjects 集合包含在 Global. asa 文件中使用<OBJECT>标记创建的所有 Session 级对象和变量。Global. asa 是一个非常重要的文件,可以在该文件中指定事件脚本,并声明具有会话和应用程序作用域的对象。利用<OBJECT>标记创建对象的基本语法格式为:

```
<OBJECT SCOPE=Scope RUNAT=Server
ID=Identifier {PROGID="progID"|CLASSID="ClassID"}>
```

其中,SCOPE 说明该对象的使用范围,在 Global. asa 中有两个取值: Application 和 Session。当指定为 Session 时,就创建了一个 Session 对象;ID 用于指定创建对象实例时的名字;PROGID 是与类标识相关的标识;CLASSID 用于指定 COM 类对象的唯一标识。下面创建一个名为 FSO 的 Session 对象。

```
<OBJECT SCOPE=Session RUNAT=Server
ID="FSO" PROGID="ADODB.Connection"></OBJECT>
```

利用 Session 对象的 StaticObject 集合,可以访问由<OBJECT>标记创建的所有对象,其基本语法格式为:

```
Session.StaticObjects(key)
```

其中,Key 指定对象变量的名称。

## 5.4.2　Session 对象的属性

Session 对象共有 CodePage、LCID、SessionID 及 Timeout 四个属性。

**1. CodePage 属性**

可读/写的 CodePage 属性包含了一个整数用于定义编码文件,通过该文件显示浏览器中包含的 Web 文件内容。这个编码文件内容是一个字符集的整数值,不同的语言及区域使用不同的编码文件。例如,ANSI 编码文件 1252 可用于美式英语及大多数的欧洲语言中,而编码文件 936 可用于简体中文中。

该属性的基本语法格式为:

```
Session.Codepage=long
```

一个单独 ASP 的特定编码文件可以设定在 ASP 的处理命令＜％@…％＞中，该语句将覆盖 Session 中 CodePage 属性的设置。其语句为：

```
<%LANGUAGE='VBScript'%CODEPAGE='1252'%>
```

**2. LCID 属性**

该属性限定发送到浏览器文件的区域标记，LCID 是唯一确定各个区域的国际标准的通用缩写。例如，十六进制值 0409 代表美国，则其货币符号默认使用 $。该属性的基本语法格式为：

```
Session.LCID=long
```

一个文件的 LCID 可以在打开的 ASP 处理命令＜％@…％＞中进行设置，该设置将覆盖 Session 中 LCID 属性的设置。其语句为：

```
<%LANGUAGE='VBScript' LCID='1033'%>
```

**3. SessionID 属性**

SessionID 属性是只读属性，返回当前会话的 Session 标记，当开始一个会话时，会通过服务器创建该属性。在其上层的 Application 对象范围内，它是唯一的，所以可以在开始一个新的应用程序时，重新使用它。其基本语法格式为：

```
string=Session.SessionID
```

因为 SessionID 属性只能保证在一个应用程序中是唯一的，如果打算长久保存这些 ID(比如保存到数据库中)，则会出现一些不安全因素，从而导致一个用户可以看到另一个用户的 Session 信息。

**4. Timeout 属性**

该属性为 Session 对象以分钟为计量单位限定超时的时间，如果在限定的超时时间内没有刷新该文件或请求一个新的文件，会话将终止。需要时它可以在一个单独的文件内进行改变。

该属性的基本语法格式为：

```
Session.Timeout[=nMinutes]
```

ASP 3.0 中默认的超时时间是 10 分钟(ASP 2.0 中是 20 分钟)，然而设置更短的超时时间可以使访问量非常大的站点减少服务器上用户会话消耗的内存。但是将该属性设置的时间太短，可能出现如下问题：当依赖会话变量处理用户的数据时，如果用户还没有一个特定的表单需要处理，时间太短会使用户会话变量丢失，并且会导致各种问题。

## 5.4.3　Session 对象的方法

Session 对象的方法允许我们在用户级会话空间中删除一些值，并根据需要终止会话。Session 对象只提供了 Abandon 方法。

Abandon 方法结束当前用户的会话，一旦当前文件结束运行，则将销毁当前的 Session

对象。但即使调用了 Abandon 方法，也仍然保存该文件当前的会话变量。也就是说，Abandon 方法只是删除所有存储在 Session 对象中的对象和变量，并释放它们所占用的资源，而不能取消 Session 对象本身。另外，该用户请求的下一个 ASP 文件将开始一个新的会话，并使用在 global.asa（如果存在）文件中定义的默认值来创建一个新的 Session 对象。

Abandon 方法的基本语法格式为：

```
Session.Abandon()
```

### 5.4.4  Session 对象的事件

通过 Session 对象的 OnStart 事件和 OnEnd 事件编写脚本可以在会话开始和结束时执行指定的操作。编写这些事件过程的脚本代码时，必须使用 SCRIPT 标记并将 RUNAT 属性设置为 Server，而不能使用一般的 ASP 脚本定界符＜％和％＞；这些事件过程的脚本代码必须包含在一个名为 global.asa 的文件中，而该文件必须存放在应用程序的根目录中。

这里所说的应用程序是指 Web 站点中的一个虚拟目录及其下面的所有文件夹和文件。例如，如果将一个文件夹设置为虚拟目录，该虚拟目录下的所有文件夹和文件就构成了一个应用程序，而该文件夹就是这个应用程序的根目录。

#### 1. Session_OnStart 事件

当会话开始时发生 Session_OnStart 事件。因为 Session 对象仅用于保存单个用户的信息，所以，如果在某段时间内有 100 个用户访问 Web 服务器，那么 Session 对象的 OnStart 事件就会发生 100 次。如果希望在创建会话时就执行一段脚本，将这段脚本放在 Session_OnStart 事件过程中即可。其基本语法格式为：

```
<SCRIPT LANGUAGE=ScriptLanguage RUNAT=Server>
  Sub Session_OnStart
  '事件的处理程序代码
  End Sub
```

#### 2. Session_OnEnd 事件

Session_OnEnd 事件对应于 Session 对象的结束事件，当超过 Session 对象的 TimeOut 属性所指定的时间仍没有请求或者程序中使用了 Abandon 方法，该事件被触发。其基本语法格式为：

```
<SCRIPT LANGUAGE=ScriptLanguage RUNAT=Server>
  Sub Session_OnSEnd
  '事件的处理程序代码
  End Sub
```

### 5.4.5  应用实例：用户登录模块

本实例功能是通过 session 对象共享数据。首先新建一个网页文件，并命名为 session1.asp，在该文件中首先判断用户是否已经登录。如果已登录，则直接进入 session2.asp 文件；如果没有登录，则显示登录界面。实现代码如下。

```
<%
response.buffer=true
%>
<html>
<head>
<title>Session 示例</title>
</head>
<%
if request.form("B1") <>"" then    'request.form("B1")不为空,表示是用单击了提交按钮
    if request.form("T1") ="www" and request.form("T2") ="www" then
                                 '如果用户输入的用户名和密码都是 www,则表示登录成功
    session("login")="success"'用 session 表示登录成功
        response.write request.form("T1")
        response.redirect "session_2.asp"
    end if
end if
if session("login")="" then       '没有登录或者登录不成功
%>
<p>请登录后再链接到其他网页</p>
<form method="POST" action="session_1.asp">
<p>用户名:<input type="text" name="T1" size="20"></p>
<p>密   码:<input type="text" name="T2" size="20"></p>
<input type="submit" value="提交" name="B1"><input type="reset" value="重置"
name="B2"></p>
</form>
<%end if %>
</body>
</html>
```

执行结果如图 5-10 所示。

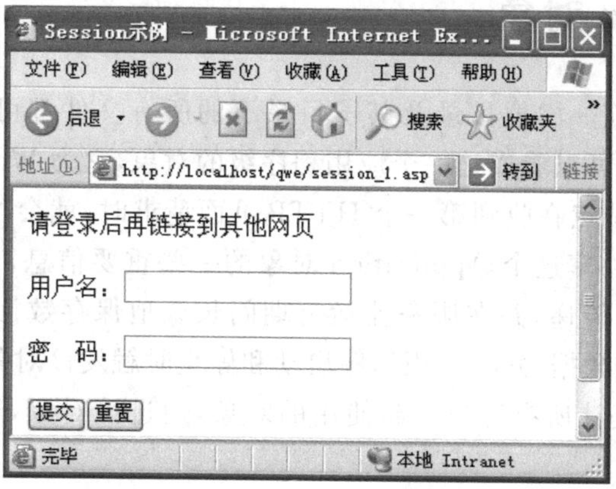

图 5-10　用户登录界面

Session2.asp 文件首先判断用户是否已经登录。如果已经登录,则提示登录成功;如果

没有登录,则显示用户还没有登录,其代码为:

```
<%
response.buffer=true
%>
<html>
<head>
<title>Session 示例</title>
</head>
<%
if session("login")<>"success" then
    response.write "唉,你还没有登录呢!"
else
    response.write "你已经成功登录了哦!"
end if
%>
</body>
</html>
```

其没有登录情况下的显示结果如图 5-11 所示。

图 5-11　没有登录情况下的界面

## 5.5　Application 对象

在 Web 服务器中同一虚拟目录及其子目录下的所有文件都可以认为是 Web 应用程序,而 Application 对象可以看成是一个应用程序级的对象,它为 Web 的应用程序提供了全局变量。当一个 Web 站点在收到第一个 HTTP 页面请求时,就会产生一个 Application 对象,所有的用户都可以共享这个 Application 对象的一些重要信息,也可以用它在不同的应用程序之间进行数据的传递,并在服务器运行期间长久地保存数据。同时,Application 对象还可以访问应用层的数据,并在应用程序启动和停止时触发该对象的事件。

Application 对象是让所有客户一起使用的对象,通过该对象,所有客户都可以存取同一个 Application 对象。

Application 对象不像 Session 对象存在有效期的限制,它是一直存在的,从该应用程序启动直到该应用程序停止。如果服务器重新启动,那么 Application 中的信息就丢掉了。

Application 对象和 Session 对象有很多相似之处,它们的功能都是在不同的 ASP 页面之间共享信息。二者的区别主要有两点：

（1）应用范围的不同。Application 对象是针对应用程序的所有用户，可以被多个用户共享。从一个用户那里接收到的 Application 变量可以传递给其他用户。而 Session 对象针对的则是单一用户，某个用户无法访问其他用户的 Session 变量。

（2）存活时间的不同。由于 Application 变量可由多个用户共享，因此不会因为某个用户，甚至全部用户的离开而消失，一旦建立了 Application 变量，它就会一直存在，直到网站关闭。而 Session 变量会随着用户离开网站而被自动删除。

Application 对象的基本语法格式为：

```
Application.collection|method
```

其中，collection、method 分别表示 Application 对象的集合和方法，这两个参数只能选择其中之一。

## 5.5.1　Application 对象的集合

Application 对象的集合和 Session 对象一样，也具有 Contents 和 StaticObject 集合，可以用来访问存储于全局应用程序空间中的变量和对象。

### 1. Contents 数据集合

Contents 集合是没有使用<OBJECT>定义的存储于 Application 对象中的所有变量的一个集合。其基本语法格式为：

```
Application.Contents(variable)
```

其中，variable 参数是 Application 变量的名称。由于 Contents 数据集合是 Application 所默认的集合，因此也可写为以下形式。

```
Application(variable)
```

如：

```
Application("xm")="张三"
Application("xb")="男"
```

例 5-7　使用 Application 对象的 Contents 数据集合设计一个访问计数器。

```
<HTML>
<HEAD><TITLE>Application 对象举例</TITLE></HEAD>
<BODY>
<%Application("cout1")=Application("cout1")+1%>
Response.Write "你是本站第"&Application("cout1")&"个访问者"
<font size=6 color=red>谢谢你的访问!</font>
</BODY>
</HTML>
```

每当刷新网页或在客户端浏览器访问该页面时，访问的数量会自动加 1。

### 2. StaticObjects 数据集合

StaticObjects 数据集合包含所有在 Application 对象范围中使用<OBJECT>标记创

立的对象。可以使用该集合确定某对象的指定属性的值或遍历及检索所有静态对象的所有属性。其基本语法格式为：

```
Application.StaticObjects(variabile)
```

其中 variable 指定对象变量的名称。

在 Global.asa 中，当利用<OBJECT>标记创建 Application 对象时，需指定 SCOPE 的值为 Application，即

```
<OBJECT SCOPE=Application RUNAT=Server
ID="FSO" PROGID="ADODB.Connection"></OBJECT>
```

### 5.5.2  Application 对象的方法

多用户共享 Application 对象会产生数据共享同步的问题。对于同一个数据，多个用户可能同时修改该数据，从而发生矛盾冲突。所以使用 Application 对象的 Lock 方法来禁止其他用户修改 Application 对象的属性，以确保在同一时刻只有一个用户可以修改和存取 Application 对象集合中的变量值，此方法称为"加锁"。其基本语法格式为：

```
Application.Lock
```

使用 Application 对象的 Lock 方法对共享数据加锁后，如果长时间不释放共享资源，可能会产生很严重的后果。用户可以使用 Application 对象的 UnLock 方法来解除锁定，这样可以保证在没有程序访问的情况下允许有一个用户使用 Application 对象的共享资源，此方法称为"开锁"。其语法格式为：

```
Application.UnLock
```

所以针对多用户状态下，修改 Application 变量的前后都应该进行加锁和解锁的操作，这样就保证多个用户同时操作 Application 变量的可能。

**例 5-8**  利用 Lock 和 UnLock 方法修改例 5-9 中的程序。

```
<HTML>
<HEAD><TITLE>Application 对象举例</TITLE></HEAD>
<BODY>
<%Application.Lock
Application("cout2")=Application("cout2")+1
Application.UnLock
%>
Response.Write "你是本站第"&Application("cout1")&"个访问者"
<font size=6 color=red>谢谢你的访问!</font>
</BODY>
</HTML>
```

修改后的程序中使用了 Lock 方法对 Application 变量进行锁定，这样确保只有当前用户可以修改或者访问 cout2 变量，访问该页面的其他用户将无法修改该 Application 变量的值。当显式调用 UnLock 方法，或者到达该页面结尾时，当前用户将失去对该 Application

变量的控制权，该控制权会传递给访问该页面的其他用户。

### 5.5.3　Application 对象的事件

#### 1. Application_OnStart 事件

Application_OnStart 事件在首次创建新的会话事件之前被触发。换言之，当 Web 服务器启动运行并接受对应用程序所包含的 ASP 文档的请求时就将触发 Application_OnStart 事件。Application_OnStart 事件不会像 Session_OnStart 事件那样在每一个新的客户请求时都被触发，Application_OnStart 事件只触发一次，即在第一个客户对应用程序页面的第一次请求时被触发。

Application_OnStart 事件被触发时所需运行的脚本程序必须写在 Global.asa 文件之中，该事件脚本的基本语法格式为：

```
<SCRIPT LANGUAGE=ScriptLanguage RUNAT=Server>
Sub Application_OnStart
…  '事件处理代码
End Sub
</SCRIPT>
```

#### 2. Application_OnEnd 事件

Application_OnEnd 事件在应用程序退出时或者服务被终止时被触发，并且总在 Session_OnEnd 事件之后发生。Application_OnEnd 事件脚本也必须写在 Global.asa 文件中，且只有 Application_OnEnd 对象和 Server 对象可用在该脚本代码中。

Application_OnEnd 事件脚本的语法格式为：

```
<SCRIPT LANGUAGE=ScriptLanguage RUNAT=Server>
Sub Application_OnEnd
…  '事件处理代码
End Sub
</SCRIPT>
```

### 5.5.4　Global.asa 文件

Global.asa 文件是一个用来初始化 ASP 程序的全局配置文件，可以用它来定义 Application 对象和 Session 对象事件的脚本，声明具有 Application 和 Session 作用域的对象实例。

对于一个 Web 站点，可以把站点内的所有文件看成是一个应用程序，每一个应用程序可以有一个 Global.asa 文件，该文件用来存放 Session 对象和 Application 对象事件的程序。当 Session 或 Application 被第一次调用或结束时，就会运行 Global.asa 文件中对应的程序。如当第一次启动服务器或关闭服务器时，就会启动该文件中的 Application_OnStart 和 Application_OnEnd 事件；当一个客户登录该应用程序后，就会启动 Session_OnStart 事件；当一个客户离开该应用程序后，就会启动 Session_OnEnd 事件。

Global.asa 文件的基本语法格式为：

```
<OBJECT SCOPE=Scope RUNAT=Server
   ID=Identifier PROGID="progID">
</OBJECT>
<SCRIPT LANGUAGE="VBScript" RUNAT="Server">
Sub Application_OnStart
...                           '事件处理代码
End Sub
Sub Application_OnEnd
...                           '事件处理代码
End Sub
</SCRIPT>
Sub Session_OnStart
...                           '事件处理代码
End Sub
Sub Session_OnEnd
...                           '事件处理代码
End Sub
</SCRIPT>
```

该文件比较特殊,需要注意以下几点。

- 每一个 Web 站点可能由很多文件或文件夹组成,但只能有一个 Global. asa 文件,而且名字必须命名为 Global. asa。
- 该文件必须被放到 Web 服务器主目录下的根目录中。
- <SCRIPT LANGUAGE="VBScript" RUNAT="Server">是 ASP 的另一种写法,表示默认所选用的语言为 VBScript,并且在服务器端执行。在 Global. asa 中必须这样写,而不能写成<%…%>的形式。
- 在 Global. asa 中不能包含任何输出语句,如 Response. Write。因为该文件只是被调用,根本不会显示在页面上,所以不能输出任何显示内容。
- 语法中给出了 4 个事件,可以只用其中几个。
- 对一个应用程序来说,也可以不用该文件。如果没有该文件,当 Session 或 Application 被第一次调用或结束时,服务器就不去读取该文件,一般也没什么影响,不过就无法发挥 Session 和 Application 的更大的作用了。事实上,很多人开发的程序中都没有用到该文件。

### 5.5.5 利用 Global. asa 制作在线人数计数器

下面的实例使用 Global. asa 文件记录用户登录和退出人数的变化。Global. asa 文件代码如下。

```
<script LANGUAGE="VBSCRIPT" runat="server">
Sub Application_OnStart
  Application("online")=0                            '当前在线人数
```

```
    Application("counter")=0                              '现在的人数
    Application("hight")=0                                '最高的人数
End Sub
sub session_onstart                                      '登录人数计算
    session.timeout=5                                    '定义过期时间
    application.Lock
    application("online")=application("online")+1
    application("counter")=application("counter")+1
    if application("counter")>application("hight") then application("hight")=
    application("counter")
    application.UnLock
end sub
sub session_OnEnd                                        '退出人数计算
    Application.Lock
    Application("online")=Application("online")-1
    Application.UnLock
end sub
</script>
```

以下是调用 Global.asa 文件的对象变量进行输出的文件,文件命名为 global.asp,它将在页面上显示当前在线人数和最高人数,其具体代码如下:

```
<html>
<head>
<title>Global 实例</title>
</head>
<body>
<p><%response.write "当前在线人数: "&application("online")%></p>
<p><%response.write"最高人数: "&application("hight")%></p>
</body>
</html>
```

运行 global.asp 后,程序执行效果如图 5-12 所示。在浏览器窗口中显示该网站的当前在线人数、访问最高人数。这个例子只是简单地统计在线人数和访问最高人数。其实,也可

图 5-12　Global.asp 文件执行效果

以在 Global. asa 文件中进行复杂的操作，如读取数据库和文件等，但一定要注意不要在 Global. asa 中输出内容。

## 5.6 Server 对象

Server 对象提供了对服务器的属性和方法的访问，从而通过客户端的访问来获取 Web 服务器的特性、设置及操作。

使用 Server 对象通过创建各种服务器组件的实例，来实现对数据库的访问，对服务器上的文件进行输入、输出、创建以及删除等操作。

使用 Server 对象也可以完成调用 ASP 脚本，处理 HTML 和 URL 编码及获取服务器对象的物理路径等操作。其基本语法格式为：

```
Server.property|method
```

其中，property 和 method 分别表示 Server 对象的属性和方法，这两个参数只能选择其中之一。

### 5.6.1 Server 对象的属性

Server 对象只有一个属性，那就是 ScriptTimeout 属性。它可以对服务器脚本的处理时间进行控制，防止在脚本执行的过程中无休止地耗用服务器的资源。

ScriptTimeout 属性设定了 ASP 文件执行的最大秒数，默认值为 90 秒。如果没有这样的一个控制属性，一旦脚本由于意外原因陷入了死循环，那么这个线程将大量地消耗服务器的资源，而且，对于浏览器来说，将会是一个长时间的等待。其基本语法格式为：

```
Server.ScriptTimeout=Seconds
```

在设定了 ScriptTimeout 属性之后，如果页面处理超过了这段时间，服务器将强制停止脚本的处理，并且向浏览器中返回一个脚本运行超时的错误信息，并且也将脚本运行超时的错误记录到 Web 服务器的记录文件中。

我们可以在脚本中修改 ScriptTimeout 属性。例如，设置脚本最长执行时间为 20 秒：

```
<%Server.ScriptTimeout=10%>
```

但请注意，设置时间的语句必须出现在 ASP 脚本之前，否则将不起任何作用。

### 5.6.2 Server 对象的方法

Server 对象常用的方法有 4 种：HTMLEncode 方法、URLEncode 方法、MapPath 方法和 CreateObject 方法。

#### 1. HTMLEncode 方法

HTMLEncode 方法对特定的字符串进行 HTML 编码。如果我们需要将字符串显示在页面上,而且字符串中包含了既不是数字又不是字母的字符,则这个方法是十分有用的。
其基本语法格式为:

```
Server.HTMLEncode(string)
```

其中,string 参数是指定被转换的字符串。

例如,如果希望在 HTML 页面上显示如下字符串：The tag is ＜BR＞,如果直接使用
Response. Write("The tag is ＜BR＞")语句,则 HTML 页面会将＜BR＞作为 HTML 标签
加以解释。在这种情况下,我们必须使用 HTMLEncode 方法对其进行编码,从而达到我们
想要的结果,其代码为:

```
<%Response.Write(Server.HTMLEncode("The tag is <BR>"))% >
```

执行该语句的结果是:

```
The tag is &lt;BR&gt;
```

### 2. URLEncode 方法

就像 HTMLEncode 方法使客户可以将字符串翻译成可接受的 HTML 格式一样,
Server 对象的 URLEncode 方法可以根据 URL 规则对字符串进行正确编码。当字符串数
据以 URL 的形式传递到服务器时,在字符串中不允许出现空格,也不允许出现特殊字符,
此时,就必须用 URL 编码,使用 Server.URLEncode 方法。其基本语法格式为:

```
Server.URLEncode(string)
```

其中参数 string 为将要转换的字符串。

例如:

```
<%Response.Write(Server.URLEncode("http://www.gzu.edu.cn"))%>
```

运行后显示:

```
http%3A%2F%2Fwww%2Egzu%2Eedu%2Ecn
```

这时,所有的字符串都转换为服务器可接受的字符格式了。

### 3. MapPath 方法

MapPath 方法可以将所指定的相对路径或虚拟路径转换为服务器上相应的物理路径,
当需要物理路径以操作服务器上的目录或文件时,常用该方法。其基本语法格式为:

```
Server.MapPath(Path)
```

其中 Path 参数用于指定要转换的相对路径或虚拟路径。

若 Path 以一个正斜杠(/)或反斜杠(\)开始,则 MapPath 方法返回路径时将 Path 视为
完整的虚拟路径。若 Path 不是以斜杠开始,则 MapPath 方法返回和. asp 文件中已有的路
径相对的路径。此外,还可以使用 Request 对象的服务器变量 PATH_INFO 来映射当前文
件的物理路径。

例如,假设文件 view. txt 和包含下列脚本的 cout. asp 文件都位于目录 C：\Inetpub\

wwwroot\asps 下。C:\Inetpub\wwwroot 目录被设置为服务器的宿主目录。则有：

```
<%=Server.MapPath(Request.ServerVariables(PATH_INFO))%>
```

该语句执行后的输出为：

```
C:\Inetpub\wwwroot\asps\cout.asp
<%=Server.MapPath(view.txt)%>
<%=Server.MapPath(asps/view.txt)%>
```

由于这两个 ASP 语句的路径参数不是以斜杠字符开始的，所以它们被相对映射到当前目录，此处是目录 C:\Inetpub\wwwroot\asps。

两个语句执行后的输出为：

```
C:\Inetpub\wwwroot\asps\view.txt
C:\Inetpub\wwwroot\asps\asps\view.txt
```

### 4. CreateObject 方法

Server.CreateObject 是 ASP 中最为实用，也是功能最强的方法。它用于创建已经注册到服务器上的 ActiveX 组件实例。这是一个非常重要的特性，因为通过使用 ActiveX 组件能够使你轻松地扩展 ActiveX 的能力，正是使用了 ActiveX 组件，可以实现至关重要的功能，如数据库连接、文件访问、广告显示和其他 VBScript 不能提供或不能简单地依靠单独使用 ActiveX 所能完成的功能。正是因为这些组件才使得 ASP 具有强大的生命力。其基本语法格式为：

```
Server.CreateObject(progID)
```

其中参数 progID 指定要创建的对象的类型。

progID 的格式为［Vendor.］component［.Version］。默认情况下，由 Server.CreateObject 方法创建的对象具有页作用域。这就是说，在当前 ASP 页处理完成之后，服务器将自动破坏这些对象。要创建有会话或应用程序作用域的对象，可以使用＜OBJECT＞标记并设置 Session 或 Application 的 Scope 属性，也可以在对话及应用程序变量中存储该对象。

例如，在如下所示的脚本中，当 Session 对象被破坏时，即当会话超时或 Abandon 方法被调用时，存储在会话变量中的对象也将被破坏。

```
<%
Set Session("as")=Server.CreateObject("MSWC.AdRotator")
%>
```

可以通过将变量设置为 Nothing 或新的值来破坏对象，如下所示。第一行释放 as 对象，第二行用字符串代替 as。

```
<%Session("as")=Nothing %>
<%Session("as")="value" %>
```

不能创建与内建对象同名的对象实例。例如，下列脚本将返回错误。

```
<%
Set Request=Server.CreateObject("Request")
%>
```

## 5.7 简单聊天室的应用实例

通常，一个网上聊天系统应当实现的主要功能是接收各个用户的高谈阔论，然后按照各自的聊天对象发送到相应的用户机浏览器上。这一系统的要求是在一个浏览器的窗口中，既能输入上网者的发言，同时又能看到自己与他人的对话内容。此外，为了保证及时响应谈话内容，对聊天室的人数也应当有所限制。

网上聊天室是一个比较复杂的系统。由于要在多个用户之间显示聊天内容，会用到 Application 对象。在传递用户的信息时，可以使用 Session 对象。此外，还将频繁使用 Request 和 Response 对象等。聊天室中需要使用 ASP 的多个对象，并根据实际情况设计出符合要求的程序。

### 5.7.1 全部配置文件 Global.asa

聊天室应用程序的 Global.asa 文件代码如下。

```
<SCRIPT LANGUAGE="VBScript" RUNAT="Server">
Sub Application_OnStart
  Dim temptalk(5)
  Application("talk")=temptalk
End Sub
</SCRIPT>
```

其中的 Application("talk")数组用于存放用户的聊天内容。

### 5.7.2 用户登录设计

用户登录页面 login.asp 的代码如下。

```
<HTML>
<HEAD>
<TITLE>欢迎使用</TITLE></HEAD>
<BODY>
<H4 align="center">本聊天时欢迎你的访问</H4>
<HR>
<P align="center">请输入昵称：</P>
<FORM method="POST" action="check.asp">
<P align="center"><input type="text" name="username" size="20"></P>
```

```
<P align="center"><input type="submit" value="进入">
                  <input type="reset" value="重写" ></P>
</FORM>
<P align="center"><FONT color="red"><%=Request.QueryString("msg")%>
</FONT></P></BODY>
</HTML>
```

登录页面如图 5-13 所示。

图 5-13　聊天室登录页面

当用户单击"进入"按钮后,将输入数据交给 check.asp 处理。代码如下:

```
<%
user=trim(Request.Form("username"))
If user="" then
  Response.Redirect "login.asp?msg=对不起,用户名不能为空!"
Else
  items=split(application("people"),",")
  '检查用户名是否重名
  If instr(1,Application("people"),user&",")<>0 then
    Response.Redirect "login.asp?msg=对不起,用户名重名!"
  End If
  '检查聊天室是否满员
  If ubound(items)>3 then
  Response.Redirect "login.asp?msg=对不起,聊天室满员!"
  End If
  Session("curruser")=user
  Application.lock
  Application("people")=application("people")&user&","
  temptalk=Application("talk")
  For i=5 to 1 step -1
```

```
    temptalk(i)=temptalk(i-1)
  Next
  temptalk(0)="(" & time & ")" & user & "说：大家好！"
  Application("talk")=temptalk
  Application.unlock
  Response.Redirect "main.asp"
End If
%>
```

在 check. asp 中,对于用户进入聊天室的条件作出必要的检查,包括是否为空、是否重名、聊天室是否满员等。若检查通过,则将用户名存入 Application("people"),并将用户的问候存入 Application("talk"),然后进入聊天室的主页。

### 5.7.3　聊天室主界面的设计

聊天室主页 main. asp 的代码如下。

```
<HTML>
<HEAD>
<TITLE>网上聊天室</TITLE>
</HEAD>
<Frameset rows="70%,*" onunload=open("quit.asp")>
   <Frameset cols="69%,*">
 <Frame name="ltop" target="ltop" scrolling="auto" noresize src="talk.asp">
 <Frame name="rtop" target="rtop" scrolling="auto" noresize src="userlist.asp">
   </Frameset>
   <Frameset cols="100%">
 <Frame name="bottom" scrolling="auto" noresize src="talking.asp">
   </Frameset>
   <Noframes>
   <BODY>
   <P>此网页使用了框架,但您的浏览器不支持框架。</P>
   </BODY>
   </Noframes>
</Frameset>
</HTML>
```

主页面采用框架来显示聊天内容、显示在线聊天用户并输入聊天内容。页面显示如图 5-14 所示。

#### 1. 输入聊天内容

输入聊天内容的文件是 talking. asp,其代码如下。

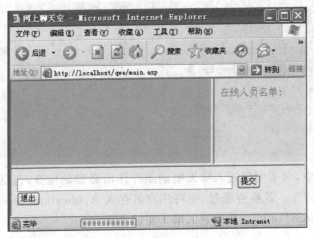

图 5-14　聊天时主页面

```
<%
If Request.Form("Quit")="退出" Then
   Response.Redirect "quit.asp"
End If
If request("content")<>"" then
  name=Session("curruser")
  temptalk=Application("talk")
  Str="("&time&")"&name&"说:" & Server.HtmlEncode(Request.Form("content"))
  Application.lock
  For i=5 to 1 step -1
    temptalk(i)=temptalk(i-1)
  Next
  temptalk(0)=str
  Application("talk")=temptalk
  Application.unlock
End If
%>
<HTML>
<BODY bgcolor="rgb(230,300,100)">
<FORM method="post" action="talking.asp">
  <INPUT type="text" name="content" size="50">
  <INPUT type="submit" name="ok" value="提交">
  <INPUT type="submit" name="quit" value="退出">
</FORM>
</BODY>
</HTML>
```

本文件主要完成 Application("talk")数组的赋值。

## 2. 显示聊天内容

显示聊天内容的 talk.asp 代码如下：

```
<HTML>
<HEAD>
<META http-equiv="refresh" content="5; url=talk.asp">
<TITLE>聊天内容</TITLE>
<BASE target="ltop">
</HEAD>
<BODY bgcolor="rgb(200,200,200)">
<%
temptalk=Application("talk")
For i=0 to 5
  Response.Write temptalk(i) & "<BR>"
Next
%>
</BODY>
</HTML>
```

本页面要将 application("talk")变量中的内容显示出来,并定时"刷新"页面,从而实现实时显示聊天内容。通过<META http-equiv="refresh" content="5;url=talk.asp">指定系统每隔 5 秒钟刷新一次。

### 3. 显示在线用户

显示在线用户 userlist.asp 代码如下。

```
<HTML>
<HEAD>
<META http-equiv="refresh" content="5; url=userlist.asp">
<TITLE>聊天成员</TITLE>
<BASE target="rtop">
</HEAD>
<BODY bgcolor="rgb(224,241,227)">
<FONT color="#ff00ff">在线人员名单:</FONT><BR>
<%
'显示在线人员
users=split(application("people"),",")
For i=0 To ubound(users)
Response.write "<FONT color=green>"&"-"&users(i)&"-"&"</FONT><BR>"
Next
%>
</BODY>
</HTML>
```

本页面要将 application("people")变量中的内容显示出来,并定时"刷新"页面。

### 4. 退出聊天室

退出聊天室页面 quit.asp 代码如下。

```
<%
name=Session("curruser")
If name<>"" then
  Application.unlock
  Application("people")=Replace(Application("people"), name&",","")
  temptalk=Application("talk")
  For i=5 to 1 step -1
    temptalk(i)=temptalk(i-1)
  Next
  temptalk(0)="(" & time & ")" & name & "说：我走了!"
  Application("talk")=temptalk
  Application.unlock
  Session.abandon
End If
%>
```

### 5.7.4 聊天室的优化

到此为止，聊天室已具备了聊天室的基本功能，但仍有值得改进的地方。例如，当用户在浏览器的地址栏中直接输入：

```
http://localhost/main.asp
```

就会绕过登录页面直接访问主页面，这时仍可输入聊天内容（此时用户并未输入用户名）并浏览内容。可以利用 Session 避免这种情况发生，其代码如下：

```
<%
If Session("curruser")=" " Then
Response.Redirect "login.asp"
End If
%>
```

同样，在 talk. asp、userlist. asp 等文件也存在同样的问题，也需增加同样的代码即可。

## 思考题

思考题 5-1：简述 ASP 五大内置对象的种类及其基本功能。

思考题 5-2：简述 Request 对象中可以使用的数据集合种类及特点。

思考题 5-3：简述 Response 对象的功能。

思考题 5-4：简述 Session 对象 TimeOut 属性的作用。

思考题 5-5：简述 Session 对象和 Application 对象的异同。

思考题 5-6：简述 Server 对象的属性及其使用方法。

思考题 5-7：请问 Global. asa 文件的名称、位置、语法有什么规定。

思考题 5-8：请开发一个页面，其中可以输入姓名和年龄，并选择有效期为 1 周、1 月或 1 年。提交表单后将姓名和年龄保存到 Cookie 中，并按选择设置有效期。

# 第6章　ASP常用组件

ASP设计中最令人兴奋的性能之一，就是提供了调用服务器端ActiveX组件的能力。ActiveX组件是一个存在于Web服务器上的文件，该文件包含执行某项或一组任务的代码，组件可以执行公用任务，而不必自己去创建执行这些任务的代码。ASP组件是ASP的精华部分。事实上，用ASP编写服务器端应用程序时，必须依靠ActiveX组件来增强Web应用程序的功能。例如，用户需要连接数据库，对数据库进行在线操作需要用到Database Access组件；对Web服务器上的文件系统进行操作时需要使用File Access组件。

当用户在Web服务器上安装了ASP环境后，就可以直接使用其自带的几个常用组件，如Database Access组件等。也可以从第三方开发者处获得可选的组件，或者可以编写自己的组件安装到Web服务器。组件是包含在动态链接库(.dll)或可执行文件(.exe)中的可执行代码。组件可以提供一个或多个对象以及对象的方法和属性。组件是可以重复使用的，在Web服务器上安装了组件后，就可以从ASP脚本、ISAPI应用程序、服务器上的其他组件或由另一种COM兼容语言编写的程序中调用该组件。

要使用组件提供的对象，首先要创建对象的实例并给这个新的实例分配变量名，必须使用ASP的Server.CreateObject方法来创建对象的实例。然后，再使用脚本语言的变量分配指令为对象实例命名。

**本章主要内容：**

- ASP内置组件的介绍与使用；
- 验证码生成组件的使用；
- MSXML组件的使用；
- 其他第三方组件的使用。

## 6.1　广告轮显组件

在互联网上浏览各种网站的时候，我们发现有许多图片广告。其实，现在很多网站提供广告是其获利的主要来源之一，生动的图片广告可以给浏览的用户很直观的印象。但是，页面的空间是有限的，如果在其中放置过多的图片广告，不但会破坏整个网页的布局和效果，而且会让访问者感到反感，访问量不可能会高的。那应该如何才能利用有限的空间放置更多的图片广告呢？广告轮显组件(Ad Rotator组件)就提供了这样的一个功能。运用Ad Rotator组件，不仅能够在网页上显示图片广告，而且，在每次访问相同页面的时候都能够显示不同的图片广告，这样也就实现了我们在有限的页面空间放置更多图片广告的目的。

### 6.1.1　创建广告轮显对象实例

下面我们先来看这个组件的一个简单应用。

**例6-1**　文件名为6-1.asp。

```
<HTML>
<HEAD>
  <TITLE>欢迎进入我们的网站</TITLE>
</HEAD>
<BODY>
  <CENTER><h1>欢迎您的光临!</h1>
    <HR Width="70%">
    <%Response.Expires=0%>
    <%Set MyAdRotator=Server.CreateObject("MSWC.AdRotator")%>
    <%Response.Write(MyAdRotator.GetAdvertisement("Ad_rotator.txt"))%>
  </CENTER>
</BODY>
</HTML>
```

在这个例子中,先用 Server 对象创建了一个 Ad Rotator 组件的实例,并且通过 MyAdRotator 获得了实例的指针,然后根据组件的 GetAdvertisement 方法载入轮显列表文件(Ad_rotator.txt)。这样当浏览器请求这个页面的时候,Ad Rotator 组件将会依照该文件中的设定,按照不同的几率,在页面中随机产生一幅图片广告,然后返回给浏览器。程序运行后可能出现的页面效果如图 6-1 所示。

而当其他的用户访问的时候,由于广告是依据设计的概率随机产生的,很有可能会出现另外一幅广告,如图 6-2 所示。

图 6-1　运用 Ad Rotator 组件的一幅图片广告　　图 6-2　运用 Ad Rotator 组件的另一幅图片广告

### 6.1.2　创建轮显列表文件

当我们在页面中调用 Ad Rotator 组件的时候,需要创建一个特殊的文本文件——广告列表文件。在这个文件中记录了显示的广告大小、边框粗细以及广告图像来源等关于广告的信息。以下是轮显列表文件 Ad_rotator.txt 的代码。

```
redirect adrot.asp
width 140
height 105
border 1
```

```
*
image/北京.jpg
http://www.beijing.gov.cn/
北京天安门
90
image/上海.jpg
http://www.expo2010.cn/
上海世博会
80
image/贵州.jpg
http://www.gzzb.gov.cn/
贵州黄果树
100
```

在轮显列表文件中包括两个部分,上半部分存储的是所有广告的公共参数,下半部分存储的是每个广告各自的信息,中间通过一个星号 * 进行分隔。下面解释这两个部分。

上半部分由以下 4 个参数组成：REDIRECT URL、WIDTH nWidth、HEIGHT nHeight 和 BORDER nBorder。其中,在 URL 地址参数中指定了重定向文件的地址,当用户点击图片广告上链接的时候,将会使页面转向到 URL 地址所指定的页面上。这个 URL 地址可以是绝对路径(http://localhost/asp/ad_rotator/adort.asp),也可以是相对路径(adort.asp)。nWidth 参数和 nHeight 参数确定广告图片的宽度和高度,单位是像素。nBorder 参数定义广告边界的大小,默认为 1 个像素,如果不想要边框,则可以设置其值为 0。

下半部分的每一个广告由以下 4 个参数组成：PicURL、HomepageURL、Text 和 Probability。其中,PicURL 参数规定了广告图像的地址,在页面上显示的图像就是从这个地址的文件而来的。HomepageURL 参数指定了广告商的主页地址。如果用户的浏览器不能显示图片,则在广告的位置显示的是 Text 参数的替代文本。Probability 参数是一个长整型的非负数,它代表的是每个广告显示的概率。就拿上面的例子文件来说,其中每个广告出现的概率为：

$$北京天安门：90 \div (90+80+100) \approx 33\%$$
$$上海世博会：80 \div (90+80+100) \approx 30\%$$
$$贵州黄果树：100 \div (90+80+100) \approx 37\%$$

让我们来分析一下这个轮显列表文件。轮显列表文件表明,当用户点击广告图片时,将会转向到 adrot.asp 页面上,而且广告图片的宽度和高度分别为 140 和 105 个像素,边框是 1 个像素。这里引用了三个广告图片的链接,它们都位于当前目录下的 image 子目录下,如果点击出现的广告图片,则会转向相应的广告商主页地址,这部分由下面的重定向文件 adrot.asp 来实现。

### 6.1.3　使用重定向文件

在轮显列表文件的上半部分的第一项参数中指定了一个重定向的文件,该文件为可选项。如果设置了重定向文件,当用户点击广告时,网页会重定向到该文件。该文件可用来统计广告点击次数并引导用户浏览相应的广告图片,广告网页的 URL 通过 Request. QueryString("url")来获取。

该例子的重定向文件 adrot. asp 的代码如下。

```
<%
url=request.QueryString("url")
response.redirect url
%>
```

### 6.1.4  使用广告轮显组件的属性和方法

广告轮显组件(Ad Rotator)的常用属性有 Border、Clickable、TargetFrame,通过修改这些属性可以改变图片的边界尺寸,设置广告的链接效果以及链接后页面所处的框架。

**1. Border 属性**

Border 属性用于设定广告周围的边界尺寸,其语法格式为:

```
Border(Size)
```

其中参数 Size 代表的是边界宽度,以像素为单位。如果要显示一个没有边界的广告,可以使用下述语句:

```
<%MyAdRotator.Border(0)%>
```

**2. Clickable 属性**

Clickable 属性设定这个广告图片是否具有链接功能。如果将 Clickable 设置为 True,则广告将具有链接功能;如果设置为 False,广告将只显示为图片,而没有链接功能。默认情况下,该属性是 True。如下面的语句将只显示广告的图片,而不具有链接功能。

```
<%MyAdRotator.Clickable(False)%>
```

**3. TargetFrame 属性**

TargetFrame 属性适用于框架结构的网页中,当广告作为链接显示的时候,这个属性指定了链接到的框架部分。它的功能与 HTML 语言中的超链接标签<A>的 Target 参数是相同的,其语法格式为:

```
TargetFrame(Frame)
```

其中的 Frame 参数指定框架部分的名称。这个参数除了可以由开发者指定的框架名称之外,也可以引用 HTML 中的框架关键字,如_TOP、_NEW、_CHILD、_SELF、_PARENT 或 _BLANK 等。

假设定义了一个框架结构,设定链接后的框架部分名称为 mypage,则可以在脚本中设定 TargetFrame 属性,语法格式如下所示:

```
<%MyAdRotator.TargetFrame(mypage)%>
```

广告轮显组件(Ad Rotator)只有一个方法:GetAdvertisement( )。该方法的主要功能是从轮显列表文件中获取一个将要显示的图片和超链接。当每次加载页面时,系统都会通过该方法重新取得下一个图片。该方法的语法格式如下。

```
GetAdvertisement(FilePath)
```

其中,参数 FilePath 指定轮显列表文件相对于虚拟目录的位置。例如,在页面中显示本例的广告图片,可以使用如下语句:

```
<%=MyAdRotator.GetAdvertisement("Ad_rotator.txt")%>
```

## 6.2　页面计数器组件

### 6.2.1　使用页面计数器组件对象的方法

页面计数器组件(PageCounter)共有三个方法: Hits 方法、PageHit 方法和 Reset 方法。
- Hits 方法

页面计数器组件的 Hits 方法能够返回一个 ASP 页面被请求的次数,其语法格式为:

```
Hits([pathInfo])
```

其中,pathInfo 参数为需要返回访问次数的页面路径,如果没有指定页面路径,默认为当前页面。在如下的脚本代码中,显示了当前页面和/other/welcome.asp 页面的访问次数。

```
<%
Set PageCnt=Server.CreateObject("MSWC.PageCounter")
Response.Write PageCnt.Hits & "<HR> "
Response.Write PageCnt.Hits("/other/welcome.asp")
%>
```

- PageHit 方法: 增加访问次数。
- Reset 方法: 将指定页面的访问次数设置为 0。

### 6.2.2　创建页面计数器组件的对象实例

当访问各种电子商务网站时往往会发现很多站点的首页中都包含了页面计数器,显示出该网站的访问量,体现了该网站的人气指数。在我们自己创建的网页上也可以使用一个免费计数器来统计访问量。

Microsoft 公司提供的页面计数器(PageCounter)组件可用来完成页面计数功能。当使用该组件时,将页面访问次数存储在内存中,每当一个用户访问时,计数值加 1,然后在规定的时间间隔内将计数值写入文本文件中,以便数据不会在服务器出故障或重启时丢失。

下面是一个使用页面计数器组件的对象实例。

**例 6-2**　文件名为 6-2.asp。

```
<HTML>
  <HEAD>
    <TITLE>页面计数器</TITLE>
```

```
</HEAD>
<BODY>
 <%
   Set Pcount=Server.CreateObject("MSWC.PageCounter")
   Pcount.PageHit
 %>
 该页面已经访问了<%=Pcount.Hits%>次！
 </BODY>
</HTML>
```

程序运行界面如图 6-3 所示。

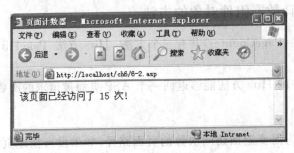

图 6-3　页面计数器组件的运行例子

页面计数器组件是由 pagecnt. dll 文件提供的,该文件可以在 Microsoft 公司的站点下载。

## 6.3　Web 导航链接组件

如果想在网上发布教程或者带章节的电子小说,将会发现对于超链接的管理是很烦琐的事情,对页面的任一个添加或删除都要对与其相关的超链接进行修改。现应用 Web 导航链接组件(Content Linking 组件)则可以使这项工作变得轻松。我们可以在一个文本文件中对这些链接进行维护,而该文件存储在服务器上,其中存储了相关超链接的页面地址和页面描述。当要添加或者删除一个页面时,只需要修改这个文本文件即可,而不需要对页面进行改动。

在使用 Content Linking 组件之前,需要创建一个文本文件,这个文件称为内容链接列表文件,文件中列出了每个章节页面的 URL 与描述信息。Web 导航链接组件根据该文本文件,能够自动创建相关的目录链接与导航链接。如要调换章节顺序、更改页面地址时只须维护这个文本文件即可。

### 6.3.1　内容链接列表文件

在内容链接列表文件中存储的是相关页面的 URL 地址信息、页面描述和注释。一个页面的 URL 和描述信息占一行,列表中的顺序即为链接在网页中的显示顺序。内容链接列表文件的描述格式为：

URL 地址信息　　地址描述信息　　注释

在这里，URL 地址信息、地址描述信息和注释之间必须通过一个 TAB 字符进行分隔，如果以空格来分隔则会出错。当输完第一行内容后要用回车进行分行，以下是创建的一个内容链接列表文件 ebook.txt 的例子。

| | | | |
|---|---|---|---|
| Chapter1.asp | 第一章 | 网络应用程序开发技术概述 | 第一章链接 |
| Chapter2.asp | 第二章 | 创建服务器环境 | 第二章链接 |
| Chapter3.asp | 第三章 | HTML＋CSS 基础 | 第三章链接 |
| Chapter4.asp | 第四章 | ASP 脚本语言 | 第四章链接 |
| Chapter5.asp | 第五章 | ASP 的内部对象 | 第五章链接 |
| Chapter6.asp | 第六章 | ASP 常用组件 | 第六章链接 |
| Chapter7.asp | 第七章 | SQL 语句在 ASP 中的应用 | 第七章链接 |
| Chapter8.asp | 第八章 | ASP 访问数据库——ADO 对象 | 第八章链接 |
| Chapter9.asp | 第九章 | SPRY 框架在 ASP 程序中的应用 | 第九章链接 |
| Chapter10.asp | 第十章 | 网络在线考试系统 | 第十章链接 |
| Chapter11.asp | 第十一章 | 电子商务系统——网上商店 | 第十一章链接 |

在这个文件中，我们用到了 12 个页面。每行的第一部分是一个 ASP 文件的相对路径 URL 地址；第二部分是对于该 URL 地址的描述信息，与显示在页面中的内容一致；第三部分是对于这个路径的注释，Content Linking 组件对注释不作任何处理。

## 6.3.2　Content Linking 组件的方法

在使用 Content Linking 组件的方法之前，需要使用以下语句创建 Content Linking 组件的实例。

```
<%Set ebook=Server.CreateObject("MSWC.NextLink")%>
```

然后，就可以通过 ebook 对象调用 Content Linking 组件的方法，运用这个组件的方法，可以很方便地对页面进行管理。

以下列出 Content Linking 组件的 8 种方法，如表 6-1 所示。

表 6-1　Content Linking 组件的方法

| 方 法 名 称 | 方 法 说 明 |
|---|---|
| GetListCount(*LinkURL*) | 统计内容链接列表文件中的链接项目数 |
| GetListIndex(*LinkURL*) | 返回内容链接列表文件中当前页的索引号 |
| GetPreviousURL(*LinkURL*) | 返回内容链接列表文件中所列的上一页的 URL |
| GetPreviousDescription(*LinkURL*) | 返回内容链接列表文件中所列的上一页的描述 |
| GetNextURL(*LinkURL*) | 返回内容链接列表文件中所列的下一页的 URL |
| GetNextDescription(*LinkURL*) | 返回内容链接列表文件中所列的下一页的描述 |
| GetNthURL(*LinkURL*,*n*) | 返回内容链接列表文件中所列的第 N 页的 URL |
| GetNthDescription(*LinkURL*,*n*) | 返回内容链接列表文件中所列的第 N 页的描述 |

### 6.3.3 使用 Content Linking 组件

下面通过例 6-3 来说明 Content Linking 组件的运用。

**例 6-3** 通过 Content Linking 组件列出一本书的目录,点击目录项可链接到相应章节,各章节可以利用上、下页来链接。

例 6-3 可分以下 3 步完成。

第 1 步:创建内容链接列表文件 ebook.txt,具体内容在 6.3.1 节中已列出来了,这里就不再复述。

第 2 步:创建显示章节目录的页面文件 6-3.asp,脚本代码如下。

```
<HTML>
  <HEAD>
    <TITLE>电子图书《ASP 编程与应用技术》</TITLE>
  </HEAD>
  <BODY>
    <H2>《ASP 编程与应用技术》</H2>
<%
    Set ebook=Server.CreateObject("MSWC.NextLink")
    count=ebook.GetListCount("ebook.txt")
%>
  <P>本书共有<%=count%>章,点击查看详细内容。</P>
  <UL>
    <%
    For i=1 To count
      url=ebook.GetNthURL("ebook.txt",i)
      descript=ebook.GetNthDescription("ebook.txt",i)
    %>
      <LI><A Href="<%=url%>"><%=descript%></LI>
    <%next%>
  </UL>
  </BODY>
</HTML>
```

脚本代码中通过 GetListCount( )方法得到链接项目总数,然后利用循环得到各个链接文字和链接地址,以列表形式显示出来。页面运行效果如图 6-4 所示。

第 3 步:创建各章的链接文件,完整的应有 12 个,这里由于篇幅限制,只列出第六章的链接文件 Chapter6.asp,代码如下。

```
<HTML>
  <HEAD>
    <TITLE>第六章　ASP 常用组件</TITLE>
  </HEAD>
```

图 6-4　Content Linking 组件的目录页面

```
<BODY>
  <H3>第六章　ASP常用组件</H3>
  <HR>
  设计中最令人兴奋的性能之一,就是提供了调用服务器端ActiveX组件的能力。ActiveX组
件是一个存在于Web服务器上的文件,该文件包含执行某项或一组任务的代码,组件可以执行公
用任务,这样就不必自己去创建执行这些任务的代码。
  <%
  Set ebook=Server.CreateObject("MSWC.NextLink")
  count=ebook.GetListCount("ebook.txt")
  current=ebook.GetListIndex("ebook.txt")
  If current>1 Then
%>
  <HR>
  <A Href='<%=ebook.GetPreviousURL("ebook.txt")%>'>上一页</A>
<%End If
  If current<count Then
%>
  <A Href='<%=ebook.GetNextURL("ebook.txt")%>'>下一页</A>
<%End If%>
<A Href="ebook.asp">返回章节目录</A>
</BODY>
</HTML>
```

　　代码使用 Content Linking 组件的方法得到总章节数,通过 IF 语句判断当前所处的章
节位置来决定是否显示"上一页"或"下一页"。当我们点击了第六章的链接后可得到第六章
的内容链接,运行效果如图 6-5 所示。

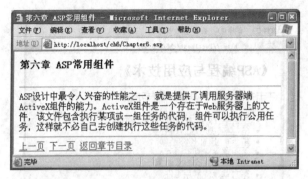

图 6-5　通过 Content Linking 组件转到的第六章页面

## 6.4　文件存取组件

在网站设计中,经常需要对文件进行处理,如用文本文件来保存一些临时或长期的信息,也能对文件进行相应的读写操作。我们可以通过 IIS 提供的文件存取组件来大大简化 ASP 对文件的访问操作。

### 6.4.1　文件存取组件概述

在 ASP 编程过程中,有时需要对文件进行操作。用户可以使用文件存取组件(File Access)创建 FileSystemObject 对象,该对象提供用于访问文件系统的方法、属性和集合。通过文件操作,可以实现计数器、留言板等功能。

要使用 File Access 组件就必须先创建 FileSystemObject 对象的实例,然后就可以使用实例对象的方法和属性对文件和文件夹进行操作了。创建 FileSystemObject 对象的方法如下。

```
Set fs=Server.CreateObject("Scripting.FileSystemObject")
```

上述语句就是创建了一个名为 fs 的 FileSystemObject 对象的实例,接下来就可以通过这个对象实例 fs 来调用 FileSystemObject 的方法和属性,实现对文件或文件夹的操作处理。

### 6.4.2　文件管理操作

使用 FileSystemObject 对象中的方法可以像操作系统中的资源管理器一样对文件进行创建、复制、移动、删除等操作。

以下代码分别实现了相关的文件操作功能。

**例 6-4**　在 D 盘 data 目录下创建一个 t1.txt 的文件,如果有同名文件将会覆盖。

```
<%
  Set fs=Server.CreateObject("Scripting.FileSystemObject")
Set MyTextFile=fs.CreateTextFile("d:\data\t1.txt",true)
%>
```

**例 6-5** 调用复制文件方法将 t1.txt 文件复制并改名为 t2.txt。

```
<%
  Set fs=Server.CreateObject("Scripting.FileSystemObject")
fs.CopyFile "d:\data\t1.txt","d:\data\t2.txt"
%>
```

**例 6-6** 调用移动文件方法将 t1.txt 文件移动到子文件 temp 中并改名为 t3.txt。

```
<%
  Set fs=Server.CreateObject("Scripting.FileSystemObject")
fs.MoveFile "d:\data\t1.txt","d:\data\temp\t3.txt"
%>
```

**例 6-7** 调用删除文件方法将 t2.txt 文件删除。

```
<%
  Set fs=Server.CreateObject("Scripting.FileSystemObject")
fs.DeleteFile "d:\data\t2.txt"
%>
```

表 6-2 列出了 FileSystemObject 对象中对文件常用的操作方法。

表 6-2　FileSystemObject 对文件常用的操作方法

| 方 法 名 称 | 方 法 说 明 |
| --- | --- |
| CopyFile | 从一个位置向另一个位置复制一个或多个文件 |
| CreateTextFile | 创建文本文件,并返回一个 TextStream 对象 |
| DeleteFile | 删除一个或者多个指定的文件 |
| FileExists | 检查指定的文件是否存在 |
| GetExtensionName | 返回在指定的路径中最后一个成分的文件扩展名 |
| GetFile | 返回一个针对指定路径的 File 对象 |
| GetFileName | 返回在指定的路径中最后一个成分的文件名 |
| GetTempName | 返回一个随机生成的文件或文件夹 |
| MoveFile | 从一个位置向另一个位置移动一个或多个文件 |
| OpenTextFile | 打开文件,并返回一个用于访问此文件的 TextStream 对象 |

除了用上述方法外还可以使用 File 对象所提供的方法进行文件操作。通过调用 FileSystemObject 对象中的 GetFile()方法可获得 File 对象,然后就可以针对该对象进行文件的创建、复制、移动及删除操作。

**例 6-8** 使用 File 对象中的方法进行文件操作。

```
<%
  Set fs=Server.CreateObject("Scripting.FileSystemObject")
```

```
    Set file1=fs.GetFile("d:\data\temp\t3.txt")          '创建 File 对象
    file1.Copy "d:\data\t3.txt"                          '复制文件
    file1.Move "d:\data\t4.txt"                          '移动文件
    file1.Delete                                         '删除文件
%>
```

**注意**：代码执行后 t4.txt 文件被删除，这是因为 t3.txt 文件被移动并改名为 t4.txt。

表 6-3 列出了 File 对象常用的方法。

表 6-3　File 对象常用的方法

| 方 法 名 称 | 方 法 说 明 |
|---|---|
| Copy | 把指定文件从一个位置复制到另一个位置 |
| Delete | 删除指定文件 |
| Move | 把指定文件从一个位置移动到另一个位置 |
| OpenAsTextStream | 打开指定文件，并返回一个 TextStream 对象以便访问此文件 |

表 6-4 列出了 File 对象的属性。

表 6-4　File 对象的属性

| 属 性 名 | 描 述 |
|---|---|
| Attributes | 设置或返回指定文件的属性 |
| DateCreated | 返回指定文件创建的日期和时间 |
| DateLastAccessed | 返回指定文件最后被访问的日期和时间 |
| DateLastModified | 返回指定文件最后被修改的日期和时间 |
| Drive | 返回指定文件或文件夹所在的驱动器的驱动器字母 |
| Name | 设置或返回指定文件的名称 |
| ParentFolder | 返回指定文件或文件夹的父文件夹对象 |
| Path | 返回指定文件的路径 |
| ShortName | 返回指定文件的短名称 |
| ShortPath | 返回指定文件的短路径 |
| Size | 返回指定文件的尺寸（字节） |
| Type | 返回指定文件的类型 |

**例 6-9**　File 对象属性的操作使用，具体代码如下：

```
<%
    Set fs=Server.CreateObject("Scripting.FileSystemObject")
    Set file1=fs.GetFile("d:\data\t3.txt")               '创建 File 对象
    Response.Write file1.ShortPath & "<br>"              '获取文件的路径及名称
    Response.Write file1.Name & "<br>"                   '获取文件名
```

```
Response.Write file1.DateCreated & "<br>"          '获取文件的创建时间
Response.Write file1.Type & "<br>"                 '获取文件的类型
%>
```

运行效果如图 6-6 所示。

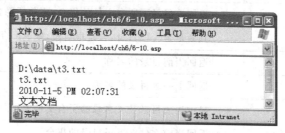

图 6-6   File 对象属性操作的页面效果

### 6.4.3   文件夹操作

就像操作系统中的资源管理器一样,FileSystemObject 对象不仅能对文件进行操作,也同时能对文件夹进行操作管理。

**例 6-10**   通过 FileSystemObject 对象中的方法对文件夹进行创建、复制、移动和删除操作,具体代码如下。

```
<%
Set fs=Server.CreateObject("Scripting.FileSystemObject")
fs.CreateFolder("d:\data\test1")              '创建文件夹
fs.CopyFolder "d:\data\test1","e:\test3"       '复制文件夹
fs.MoveFolder "d:\data\test1","d:\data\temp\test2"
                                '移动文件夹(注:移动只能在同一盘符里操作)
fs.DeleteFolder "e:\test3"                     '删除文件夹
%>
```

表 6-5 列出了 FileSystemObject 对象中对文件夹常用的操作方法。

表 6-5   **FileSystemObject 对文件夹常用的操作方法**

| 方 法 名 称 | 方 法 说 明 |
| --- | --- |
| CopyFolder | 从一个位置向另一个位置复制一个或多个文件夹 |
| CreateFolder | 创建新文件夹 |
| DeleteFolder | 删除一个或者多个指定的文件夹 |
| FolderExists | 检查某个文件夹是否存在 |
| GetFolder | 返回一个针对指定路径的 Folder 对象 |
| GetParentFolderName | 返回在指定的路径中最后一个成分的父文件名称 |
| MoveFolder | 从一个位置向另一个位置移动一个或多个文件夹 |

另外通过调用 FileSystemObject 对象中的 GetFolder()方法可获得 Folder 对象,表 6-6 列出了 Folder 对象的常用属性集合。

表 6-6　Folder 对象的常用属性集合

| 属 性 集 合 | 描　　　述 |
| --- | --- |
| Files | 返回该目录下所有文件的集合,不包括隐含文件 |
| IsRootFolder | 判断是否为根目录,若是根目录,则返回 True |
| Name | 返回当前目录的名称 |
| ParentFolder | 返回上一级目录的名称 |
| Size | 显示当前目录及子目录的所有文件大小总和 |
| SubFolders | 返回当前文件夹下子目录的集合 |

**例 6-11**　Folder 对象属性集合的操作使用,具体代码如下。

```
<%
  Set fs=Server.CreateObject("Scripting.FileSystemObject")
  Set folder1=fs.GetFolder("d:\data")          '创建 Folder 对象
  For Each file1 In folder1.Files              '循环显示其中的文件
     Response.Write(file1 & "<BR>")
  Next
  Response.Write "<HR>"
  For Each fold1 In folder1.SubFolders         '循环显示其中的子文件夹
     Response.Write(fold1 & "<BR>")
  Next
%>
```

程序运行页面效果与实际操作系统中的资源管理器内容比较,如图 6-7 所示。

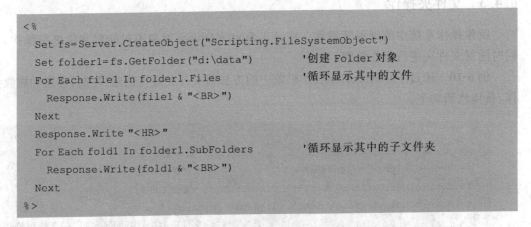

图 6-7　Folder 对象属性集合操作页面效果

### 6.4.4　驱动器操作

FileSystemObject 对象只有唯一的属性 Drives,该属性值是一个集合,其中包括本地计算机所有可用驱动器的信息。

**例 6-12**　Drives 属性的操作使用,代码如下。

```
<%
  Set fs=Server.CreateObject("Scripting.FileSystemObject")
  For Each drive In fs.Drives              '对 Drives 集合进行遍历
    Response.Write drive.DriveLetter       '获取驱动器盘符
    Response.Write "盘 总容量:" & drive.TotalSize/2^20
    Response.Write "MB 可用空间:" & drive.AvailableSpace/2^20 & "MB<HR>"
  Next%>
```

由于返回的容量信息单位是字节(Byte),所以在代码中将其换算成 MB。如果有光驱,则光驱中必须要有光盘,否则返回容量的代码会报错。程序运行效果页面如图 6-8 所示。

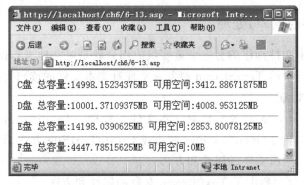

图 6-8  例 6-13 的运行页面效果

另外,也可以利用 FileSystemObject 对象的 GetDrive 方法来得到 Driver 对象。Driver 对象用于返回关于本地磁盘驱动器或者网络共享驱动器的信息。Driver 对象可以返回有关驱动器的文件系统、剩余容量、序列号、卷标名等信息,其主要属性参见表 6-7。

表 6-7  Driver 对象的属性

| 属　　性 | 描　　述 |
|---|---|
| AvailableSpace | 向用户返回在指定的驱动器或网络共享驱动器上的可用空间容量 |
| DriveLetter | 返回识别本地驱动器或网络共享驱动器的大写字母 |
| DriveType | 返回指定驱动器的类型 |
| FileSystem | 返回指定驱动器所使用的文件系统类型 |
| FreeSpace | 向用户返回在指定的驱动器或网络共享驱动器上的剩余空间容量 |
| IsReady | 如果指定驱动器已就绪,则返回 true。否则返回 false |
| Path | 返回其后有一个冒号的大写字母,用来指示指定驱动器的路径名 |
| RootFolder | 返回一个文件夹对象,该文件夹代表指定驱动器的根文件夹 |
| SerialNumber | 返回指定驱动器的序列号 |
| ShareName | 返回指定驱动器的网络共享名 |
| TotalSize | 返回指定的驱动器或网络共享驱动器的总容量 |
| VolumeName | 设置或者返回指定驱动器的卷标名 |

**例 6-13**  调用 Driver 对象来显示一个驱动器的信息。

```
<%
  Set fs=Server.CreateObject("Scripting.FileSystemObject")
  Set driver=fs.GetDrive("D:")                '获取 D 盘的 Drive 对象
  Response.Write driver.Path & "<br>"          '获取 D 盘的路径
  Response.Write driver.FileSystem & "<br>"    '获取 D 盘的文件系统类型
  Response.Write driver.TotalSize & "<br>"     '获取 D 盘总的容量
  Response.Write driver.FreeSpace              '获取 D 盘剩余空间容量
%>
```

## 6.4.5  文本文件的读/写处理

文件存取组件中文件操作的另一个重要组成部分就是对文件进行读写。在这里可以应用 FileSystemObject 中的 TextStream 对象来实现对文本文件的读与写操作。

### 1. TextStream 对象

ASP 使用 TextStream 对象实现对文本文件的管理。TextStream 对象通常可以通过 FileSystemObject 对象的 OpenTextFile 方法或 CreateTextFile 方法返回。TextStream 对象提供了进行文件读写所需要的属性和方法。

表 6-8 和表 6-9 分别列出了 TextStream 对象的属性和方法。

**表 6-8　TextStream 对象的属性**

| 属　　性 | 描　　述 |
| --- | --- |
| AtEndOfLine | 若文件指针正好位于行尾标记的前面,则该属性值返回 True;否则返回 False |
| AtEndOfStream | 若文件指针在 TextStream 文件的末尾,则该属性值返回 True;否则返回 False |
| Column | 返回 TextStream 文件中的当前字符位置的列号 |
| Line | 返回 TextStream 文件中的当前行号 |

**表 6-9 TextStream 对象的方法**

| 方　　法 | 描　　述 |
| --- | --- |
| Close | 关闭一个打开的 TextStream 文件 |
| Read(n) | 从一个 TextStream 文件中读取 n 个字符并返回结果(得到的字符串) |
| ReadAll | 读取整个 TextStream 文件并返回结果 |
| ReadLine | 从一个 TextStream 文件读取一整行(到换行符但不包括换行符)并返回结果 |
| Skip | 当读一个 TextStream 文件时跳过指定数量的字符 |
| SkipLine | 当读一个 TextStream 文件时跳过下一行 |
| Write | 写一段指定的文本(字符串)到一个 TextStream 文件 |
| WriteLine | 写入一段指定的文本(字符串)和换行符到一个 TextStream 文件中 |
| WriteBlankLines | 向文件中写入指定数目的新行字符 |

**2. 文本文件的读操作**

**例 6-14** 读取文本文件内容。

```
<%
Set fs=Server.CreateObject("Scripting.FileSystemObject")
Set file1=fs.OpenTextFile("d:\data\t1.txt")
While Not file1.AtEndOfStream              '判断是否到文件尾
  Response.Write(file1.ReadLine & "<BR>")
Wend
file1.Close
%>
```

该代码可以将 D 盘 data 文件夹中的 t1. txt 文本文件打开,然后将文件中的所有内容显示在页面上。

在这个例子中,要读取文本文件之前,首先要创建 FileSystemObject 对象的实例,然后通过 FileSystemObject 对象的 OpenTextFile()方法得到 TextStream 对象的实例,最后调用 TextStream 对象中的读方法来完成。

其中代码 Response. Write(file1. ReadLine & "<BR>")中的 ReadLine 是读取一整行的内容并显示在页面上,如果没有读取完,则 AtEndOfStream 的值一直为 False,直到读至文件末尾 AtEndOfStream 的值才为 True,这时 While 循环才结束。

此外也可以改用 Read(n)方法将文本文件的内容读完,读者可以自己尝试。

**3. 文本文件的写操作**

文本文件的写操作与读操作很类似,除了调用方法不相同之外,其他的创建对象实例的代码都是相同的。写操作可以选择调用的方法有多种,常用的是 WriteLine 方法,即可以将一行内容写入到文件中,通过循环语句可以实现多行信息的写入。

通过文件创建方法 CreateTextFile 和文件打开方法 OpenTextFile 都可以实现文本文件的写入,所不同的是 CreateTextFile 方法创建的文件要覆盖原有的内容重新写入,而 OpenTextFile 方法则是打开一个已有的文件,然后向文件末尾追加数据。

**例 6-15** 建立一个日志文件(也是一种文本文件)record. log,把每次用户浏览网页的时间与用户的 IP 地址追加到文件中。

```
<%
Set fs=Server.CreateObject("Scripting.FileSystemObject")
REM 打开文件并从文件末尾开始写,如果文件不存在,则创建一个新文件
Set file_log=fs.OpenTextFile("d:\data\record.log",8,True)
file_log.WriteLine("访问时间: " & Now())                  '写入用户浏览时间
file_log.WriteLine(Request.ServerVariables("REMOTE_ADDR"))  '写入访问 IP 地址
file_log.Close                                             '关闭打开的文件
%>
```

## 6.5 验证码生成组件

### 6.5.1 ASP 验证码组件——ShotGraph 组件的使用

大家在网上登录的时候经常会看到让你输入验证码,有的是文字的,有的是图片的。网上关于数字文字验证码实现方法的相关资料很多,在这里介绍的是数字和字母随机组成的,并且生成图片的验证码实现方法,在使用 ShotGraph 组件之前必须先要注册,可以通过网上将 ShotGraph 组件下载。

ShotGraph 组件可以在多种环境中生成图像文件,其中在 ASP 中的 VBScript 中也能生成相应的验证图像文件,操作步骤为:

第 1 步　建立一个对象 shotgraph. image。

第 2 步　使用 CreateImage 方法。

第 3 步　使用 SetColor 方法一次或者多次定义画图要使用的颜色。

第 4 步　清除图区中的所有内容,必要时使用 FillRect 方法。

第 5 步　使用有效的方法画图。

第 6 步　使用 GifImage 函数,这样图画就完成了!

**例 6-16**　通过 ShotGraph 组件生成一个图像的代码。

```
<%
ychar="0,1,2,3,4,5,6,7,8,9,A,B,C,D,E,F,G,H,I,J,K,L,M,N,O,P,Q,R,S,T,U,V,W,X,Y,Z"
'将数字和大写字母组成一个字符串
yc= split(ychar,",")                      '将字符串生成数组
ycodenum= 4
for i=1 to ycodenum
Randomize
ycode=ycode&yc(Int((35 * Rnd)))           '数组一般从 0 开始读取,所以这里为 35 * Rnd
next
Response.Clear
Response.ContentType="image/gif"
set obj=Server.CreateObject("shotgraph.image")
x= 55                                     '图片的宽
y= 26                                     '图片的高
obj.CreateImage x,y,8                     '8 是图片的颜色 8 位
obj.SetColor 0,55,126,222
obj.SetColor 1,255,255,255
obj.CreatePen "PS_SOLID",1,0
obj.SetBgColor 0
obj.Rectangle 0,0,x-1,y-1
obj.SetBkMode "TRANSPARENT"
obj.CreateFont "Arial",136,18,1,False,False,False,False
obj.SetTextColor 1
obj.TextOut 5,4,ycode&" "
```

```
img=obj.GifImage(-1,1,"")
Response.BinaryWrite (img)
%>
```

运行效果如图 6-9 所示。

图 6-9　ShotGraph 生成的图像

## 6.5.2　无组件实现 ASP 验证码

除了可以利用相关的组件生成 ASP 验证码外，还可以通过一种无组件的方式实现 ASP 验证码的生成。无组件的方式在使用时不需要注册，只要调用相应代码即可，这已成为很多小型 ASP 网站运用的趋势。以下就是一个通过无组件生成验证码的例子。

**例 6-17**　代码如下。

```
<%
Option Explicit                          '显式声明
Class Com_GifCode_Class
Public Noisy, Count, Width, Height, Angle, Offset, Border
Private Graph(), Margin(3)
Private Sub Class_Initialize()
Randomize
Noisy=                                   16 '干扰点出现的概率
Count=4                                   '字符数量
Width=80                                  '图片宽度
Height=20                                 '图片高度
Angle=2                                   '角度随机变化量
Offset=20                                 '偏移随机变化量
Border=1                                  '边框大小
End Sub

Public Function Create()
Const cCharSet="123456789"
Dim i, x, y
Dim vValidCode: vValidCode=""
Dim vIndex
```

```
ReDim Graph(Width-1, Height-1)
For i=0 To Count -1
vIndex=Int(Rnd * Len(cCharSet))
vValidCode=vValidCode+Mid(cCharSet, vIndex+1 , 1)
SetDraw vIndex, i
Next
Create=vValidCode
End Function

Sub SetDot(pX, pY)
If pX * (Width-pX-1)>=0 And pY * (Height-pY-1)>=0 Then
Graph(pX, pY)=1
End If
End Sub

Public Sub SetDraw(pIndex, pNumber)
'字符数据
Dim DotData(8)
DotData(0)=Array(30, 15, 50, 1, 50, 100)
DotData(1)=Array(1 ,34 ,30 ,1 ,71, 1, 100, 34, 1, 100, 93, 100, 100, 86)
DotData(2)=Array(1, 1, 100, 1, 42, 42, 100, 70, 50, 100, 1, 70)
DotData(3)=Array(100, 73, 6, 73, 75, 6, 75, 100)
DotData(4)=Array(100, 1, 1, 1, 1, 50, 50, 35, 100, 55, 100, 80, 50, 100, 1, 95)
DotData(5)=Array(100, 20, 70, 1, 20, 1, 1, 30, 1, 80, 30, 100, 70, 100, 100, 80, 100,
60, 70, 50, 30, 50, 1, 60)
DotData(6)=Array(6, 26, 6, 6, 100, 6, 53, 100)
DotData(7)=Array(100, 30, 100, 20, 70, 1, 30, 1, 1, 20, 1, 30, 100, 70, 100, 80, 70,
100, 30, 100, 1, 80, 1, 70, 100, 30)
DotData(8)=Array(1, 80, 30, 100, 80, 100, 100, 70, 100, 20, 70, 1, 30, 1, 1, 20, 1,
40, 30, 50, 70, 50, 100, 40)
Dim vExtent: vExtent=Width / Count
Margin(0)=Border+vExtent * (Rnd * Offset) / 100+Margin(1)
Margin(1)=vExtent * (pNumber+1) -Border -vExtent * (Rnd * Offset) / 100
Margin(2)=Border+Height * (Rnd * Offset) / 100
Margin(3)=Height -Border -Height * (Rnd * Offset) / 100
Dim vStartX, vEndX, vStartY, vEndY
Dim vWidth, vHeight, vDX, vDY, vDeltaT
Dim vAngle, vLength
vWidth=Int(Margin(1) -Margin(0))
vHeight=Int(Margin(3) -Margin(2))
'起始坐标
vStartX=Int((DotData(pIndex)(0)-1) * vWidth / 100)
vStartY=Int((DotData(pIndex)(1)-1) * vHeight / 100)
Dim i, j
For i=1 To UBound(DotData(pIndex), 1)/2
```

```
If DotData(pIndex)(2 * i-2)<>0 And DotData(pIndex)(2 * i)<>0 Then
'终点坐标
vEndX=(DotData(pIndex)(2 * i)-1) * vWidth / 100
vEndY=(DotData(pIndex)(2 * i+1)-1) * vHeight / 100
'横向差距
vDX=vEndX -vStartX
'纵向差距
vDY=vEndY -vStartY
'倾斜角度
If vDX=0 Then
vAngle=Sgn(vDY) * 3.14/2
Else
vAngle=Atn(vDY / vDX)
End If
'两坐标距离
If Sin(vAngle)=0 Then
vLength=vDX
Else
vLength=vDY / Sin(vAngle)
End If
'随机转动角度
vAngle=vAngle+ (Rnd - 0.5) * 2 * Angle * 3.14 * 2 / 100
vDX= Int(Cos(vAngle) * vLength)
vDY= Int(Sin(vAngle) * vLength)
If Abs(vDX)>Abs(vDY) Then vDeltaT=Abs(vDX) Else vDeltaT=Abs(vDY)
For j=1 To vDeltaT
SetDot Margin(0)+vStartX+j * vDX / vDeltaT, Margin(2)+vStartY+j * vDY / vDeltaT
Next
vStartX=vStartX+vDX
vStartY=vStartY+vDY
End If
Next
End Sub


Public Sub Output()
Response.Expires=-9999
Response.AddHeader "pragma", "no-cache"
Response.AddHeader "cache-ctrol", "no-cache"
Response.ContentType="image/gif"
'文件类型
Response.BinaryWrite ChrB(Asc("G")) & ChrB(Asc("I")) & ChrB(Asc("F"))
'版本信息
Response.BinaryWrite ChrB(Asc("8")) & ChrB(Asc("9")) & ChrB(Asc("a"))
'逻辑屏幕宽度
Response.BinaryWrite ChrB(Width Mod 256) & ChrB((Width \ 256) Mod 256)
```

```
'逻辑屏幕高度
Response.BinaryWrite ChrB(Height Mod 256) & ChrB((Height \ 256) Mod 256)
Response.BinaryWrite ChrB(128) & ChrB(0) & ChrB(0)    '全局颜色列表
Response.BinaryWrite ChrB(255) & ChrB(255) & ChrB(255)
Response.BinaryWrite ChrB(0) & ChrB(85) & ChrB(255)
'图像标识符
Response.BinaryWrite ChrB(Asc(","))
Response.BinaryWrite ChrB(0) & ChrB(0) & ChrB(0) & ChrB(0)
'图像宽度
Response.BinaryWrite ChrB(Width Mod 256) & ChrB((Width \ 256) Mod 256)
'图像高度
Response.BinaryWrite ChrB(Height Mod 256) & ChrB((Height \ 256) Mod 256)
Response.BinaryWrite ChrB(0) & ChrB(7) & ChrB(255)
Dim x, y, i: i=0
For y=0 To Height -1
For x=0 To Width -1
If Rnd<Noisy / 100 Then
Response.BinaryWrite ChrB(1-Graph(x, y))
Else
If x * (x-Width)=0 Or y * (y-Height)=0 Then
Response.BinaryWrite ChrB(Graph(x, y))
Else
If Graph(x-1, y)=1 Or Graph(x, y) Or Graph(x, y-1)=1 Then
Response.BinaryWrite ChrB(1)
Else
Response.BinaryWrite ChrB(0)
End If
End If
End If
If (y * Width+x+1) Mod 126=0 Then
Response.BinaryWrite ChrB(128)
i=i+1
End If
If (y * Width+x+i+1) Mod 255=0 Then
If (Width * Height -y * Width -x -1)>255 Then
Response.BinaryWrite ChrB(255)
Else
Response.BinaryWrite ChrB(Width * Height Mod 255)
End If
End If
Next
Next
Response.BinaryWrite ChrB(128) & ChrB(0) & ChrB(129) & ChrB(0) & ChrB(59)
End Sub
End Class
```

```
Dim mCode
Set mCode=New Com_GifCode_Class
Session("GetCode")=mCode.Create()
mCode.Output()
Set mCode=Nothing
%>
```

以上代码将生成一个 GIF 格式的验证码,所生成的验证字符将放入到 Session 变量 GetCode 中,这样在登录或注册时就可以对用户是否输入正确的验证码进行判断了,例子效果如图 6-10 所示。

图 6-10　无组件生成的 GIF 格式验证码

# 6.6　MSXML 组件

## 6.6.1　XML 基础

XML(Extensible Markup Language,可扩展标记语言),与 HTML 一样,都是 SGML (Standard Generalized Markup Language,标准通用标记语言)。XML 是 Internet 环境中跨平台的、依赖于内容的技术,是当前处理结构化文档信息的有力工具。扩展标记语言 XML 是一种简单的数据存储语言,使用一系列简单的标记描述数据,而这些标记可以用方便的方式建立,虽然 XML 比二进制数据要占用更多的空间,但 XML 极其简单,易于掌握和使用。

下面看一段 XML 格式的文档:

```
<note>
<to>Lin</to>
<from>Ordm</from>
<heading>Reminder</heading>
<body>Don't forget me this weekend!</body>
</note>
```

上面描述的是一张便条,其中有信息头,也有信息主体,还包括发送人和接收人。但这个 XML 文件是用来存储信息,而不用作显示。从上面的代码我们可以认识到 XML 有如下特点:

- XML 是用来存放数据的,而不是用来显示数据的。
- XML 是自由可扩展的,它允许你定义自己的标记以及文档结构。如上面例子中的<to>、<from>标记都不是在 XML 规范中事先定义好的,这些标记都是 XML 文档的作者"创造"出来的。
- XML 是 HTML 的补充。在将来的网页开发中,XML 将被用来描述、存储数据,而 HTML 则是用来格式化和显示数据的。

总之,XML 是一种跨平台的,与软、硬件无关的,处理信息的工具。

## 6.6.2 使用数据岛显示 XML 文档

数据岛就是被 HTML 页面引用或包含的 XML 数据,XML 数据可以包含在 HTML 文件内,也可以包含在某外部文件内,利用 XML 数据岛可以免除编写复杂脚本的麻烦。

下面的代码是通过数据岛来显示一个 XML 文档。

首先建立一个名为 book.xml 的文档,内容如下。

```xml
<?xml version="1.0" encoding="gb2312"?>
<图书馆>
<书籍>
    <书名>Red Hat Linux 系统管理大全</书名>
    <作者>Thomas Schenk</作者>
    <出版社>机械工业出版社</出版社>
</书籍>
<书籍>
<书名>动态网站开发第一步</书名>
    <作者>朱印宏</作者>
    <出版社>清华大学出版社</出版社>
</书籍>
</图书馆>
```

接下来通过 XML 数据岛方式以表格形式显示 book.xml 的内容。

**例 6-18** html 代码内容如下。

```html
<HTML>
<HEAD>
  <TITLE>使用表格绑定 XML——分页显示</TITLE>
</HEAD>
<BODY>
    <XML ID="xmldata" SRC="book.xml"></XML>
    <table datasrc="#xmldata" border="1" align="center" id="xmltable"
    datapagesize="5">
    <thead>
        <th bgcolor="#c0c0c0">书名</th>
        <th bgcolor="#c0c0c0">作者</th>
        <th bgcolor="#c0c0c0">出版社</th>
```

```
    </thead>
    <tr>
        <td> <span DATAFLD="书名"></span> </td>
        <td><span DATAFLD="作者"></span></td>
        <td><span DATAFLD="出版社"></span></td>
    </tr>
    </table>
    <center>
    <button onClick="xmltable.firstPage()">第一页</button>
    <button onClick="xmltable.previousPage()">前一页</button>
    <button onClick="xmltable.nextPage()">后一页</button>
    <button onClick="xmltable.lastPage()">最后一页</button>
    </center>
</BODY>
</HTML>
```

运行效果如图 6-11 所示。

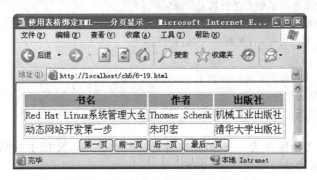

图 6-11　使用数据岛显示 XML 文档内容

### 6.6.3　MSXML 组件简介

MSXML 是微软的 XML 语言解析器,它的全名是 Microsoft XML Core Services,主要是用来执行或开发经由 XML 设计的最新应用程序。

根据 XML 的格式定义,可以自己编写一个 XML 的语法分析器,但微软已经提供了一个 XML 语法解析器。如果你安装了 IE 5.0 以上版本,就已经安装了 XML 语法解析器。可以从微软站点(www.microsoft.com)下载最新的 MSXML 的 SDK 和 Parser 文件。它是一个叫做 MSXML.DLL 的动态链接库,最新版本为 MSXML 6,它是一个 COM 对象库,里面封装了所有进行 XML 解析所需要的对象。因为 COM 是一种以二进制格式出现的与语言无关的可重用对象。所以可以用任何语言(如 VB、VC、Delphi、C++ Builder 甚至是脚本语言)对它进行调用,在应用中实现对 XML 文档的解析。

### 6.6.4　结合 DOM 制作一个 XML 通讯录实例

XML DOM 对象提供了一个标准的方法来操作存储在 XML 文档中的信息,DOM 应用编程接口(API)用来作为应用程序和 XML 文档之间的桥梁。

一般情况下,如果要为网站提供一个通讯录程序,需要使用 CGI 结合后台数据库技术,这对 Web 服务器的要求比较高,在很多不提供数据库功能的虚拟主机上甚至无法实现。现在,我们可以使用 XML 来保存通讯录的数据,从而体现 XML 的优点:表现数据的结构化方法,对于保存许多关系型数据结构的文件很有帮助。

**1. 基本原理**

DOM 可对 XML 文档进行解析,文档中的元素、实体、属性等所有个体都可以用对象模型表示,整个文档的逻辑结构类似一棵树,生成的对象模型就是树的节点,每个对象同时包含了方法和属性,DOM 提供了许多查找节点的方法。利用 DOM,开发人员可以动态地创建 XML、遍历文档、增加(删除/修改)文档内容,DOM 提供的 API 与编程语言无关,所以对一些 DOM 标准中没有明确定义的接口,不同解析器的实现方法可能会有所差别。

**2. 具体流程**

(1) 定义 XML 文档如下所示。

```
<?xml version="1.0" encoding="gb2312"?>
    <中国计算机世界出版服务公司通信录>
        <计算机世界 contactID="2">
            <部门名称>计算机室</部门名称>
            <电话号码>139</电话号码>
            <电子邮件>fsdos@163.net</电子邮件>
        </计算机世界>
    </中国计算机世界出版服务公司通信录>
```

将上述 XML 文档保存为 tele. xml 文件,同时,将 XML 文档中的字段内容置空,作为初始化框架数据,另存为 newid. xml 文件。

(2) 客户端加载 XML 文档,在放置通讯录的表格中通过 DATASRC='♯xmldso'将 XML 文件绑定在表格中,DATASRC 属性实际上是通过在要处理的 XML 元素的 ID 属性的前面加上♯来实现的,所以我们可以在 TD 元素中间指定具体需要显示的字段。

(3) 使用 DOM 技术对通讯录进行增加、删除记录操作。

(4) 通过 XMLHTTP 协议连接到服务器,保存 XML 文档。

**3. XML DOM 编程简述**

**例 6-19** 实现 XML DOM 编程。

(1) 客户端 6-20. htm 页面。

```
<HTML><BODY bgColor=# a1bae6>
<XML id=xmldso src="tele.xml"></XML>
<XML id=newid></XML> <!--加载 xml 数据-->
<SCRIPT Language=JavaScript>
newid.async=false;
newid.load("newid.xml");
//增加记录;
function addID(){
```

```
var doc=xmldso.XMLDocument
var rootnode=doc.documentElement
var sortNode=rootnode.selectNodes("//部门名称")
var currentid=sortNode.length-1
var cc=sortNode.item(currentid).text;
if ((cc=="尚未输入")||(cc==""))
{
alert("请将最后一行数据填写完毕后再增加新的记录!");
}
else
{
var node=newid.documentElement.childNodes(0).cloneNode(true);
var contactID=parseInt(sortNode.item(currentid).parentNode.getAttribute
("contactID"))+1;
node.setAttribute("contactID",contactID);
xmldso.documentElement.appendChild(node);
}
}
//删除记录
function delID(whichFld){
var sortNode=xmldso.selectSingleNode("//计算机世界[@contactID='"+whichFld+"']");
if (sortNode.parentNode.childNodes.length>1) sortNode.parentNode.removeChild
(sortNode);
}
</SCRIPT>
<script language="vbscript">
Sub cc_onmouseup '保存记录;
Dim objXML, objXSL, objFSO,strFile, strFileName, strXSL,strURL,TheForm
set SaveXMLDoc=xmldso.XMLDocument
strURL="dns2.asp"
Set objXML=CreateObject("Microsoft.XMLHTTP")          '创建 MS 的 XMLHTTP 组件;
objXML.Open "post",strURL,false                       '采用 Post 提交方式;
objXML.setrequestheader "content-type","application/x-www-form-urlencoded"
objXML.send SaveXMLDoc                                 '发送信息,保存 XML 数据
'xmlGet=objXML.responsebody                            '稍等片刻后,得到服务器端传回来的结果
msgbox "保存成功!"
Set objXML=Nothing
end sub
</SCRIPT>
<center><b>计算机世界----通信录</b><br><br>
<TABLE id="table" DATASRC='#xmldso'BORDER CELLPADDING=3>
<!--进行数据绑定-->
<THEAD><TH>编号</TH><TH>部门名称</TH><TH>电话号码</TH><TH>电子邮件</TH>
</THEAD>
<TR>
```

```
<TD><acronym title='点击即可删除该记录'><INPUT TYPE=button size=4 DATAFLD=
"contactID" onclick="delID(this.value)"></acronym></TD>
<TD><INPUT TYPE=TEXT DATAFLD="部门名称"></TD>
<TD><INPUT TYPE=TEXT DATAFLD="电话号码"></TD>
<TD><INPUT TYPE=TEXT DATAFLD="电子邮件"></TD>
</TR>
</TABLE>
<INPUT TYPE=BUTTON name=dd id=dd VALUE="增加记录" onmouseover="this.focus()"
onmousedown="addID();">
<INPUT TYPE=BUTTON name=cc id=cc VALUE="保存"></center></BODY></HTML>
```

(2) 服务器端 dns2.asp 程序比较简单,在接收到 XML 数据后,创建文件对象,保存到 tele.xml 即可。

```
<%
Set ReceivedDoc=CreateObject("Microsoft.XMLDOM")          '创建 XML DOM 实例;
ReceivedDoc.async=False
ReceivedDoc.load Request                                  '接收 XML 数据;
Set files=Server.CreateObject("Scripting.FileSystemObject")
Set numtxt=files.CreateTextFile(Server.MapPath("tele.xml"),True)
numtxt.WriteLine(replace(ReceivedDoc.xml,"?>"," encoding=""gb2312""?>"))
'将 XML 数据写入文件
numtxt.Close
response.write ReceivedDoc.xml
%>
```

(3) 实际使用过程中,还需要增加一个显示通讯录的网页 index.htm,其实就是上面 dom.htm 的简化版,去除所有增加、删除、修改和保存功能,只在表格单元格中用 Label 显示数据。

```
<HTML><BODY bgColor=# a1bae6>
<XML id=xmldso src="tele.xml"></XML>
<center><b>计算机世界----通信录</b><br><br>
<TABLE id="table" DATASRC='#xmldso'BORDER CELLPADDING=3>
<THEAD><TH>编号</TH><TH>部门名称</TH><TH>电话号码</TH><TH>电子邮件</TH>
</THEAD>
<TR>
<TD><label DATAFLD="contactID"></label></TD>
<TD><label DATAFLD="部门名称"></label></TD>
<TD><label DATAFLD="电话号码"></label></TD>
<TD><label DATAFLD="电子邮件"></label></TD>
</TR>
</TABLE>
</center></BODY></HTML>
```

程序运行效果如图 6-12 所示。

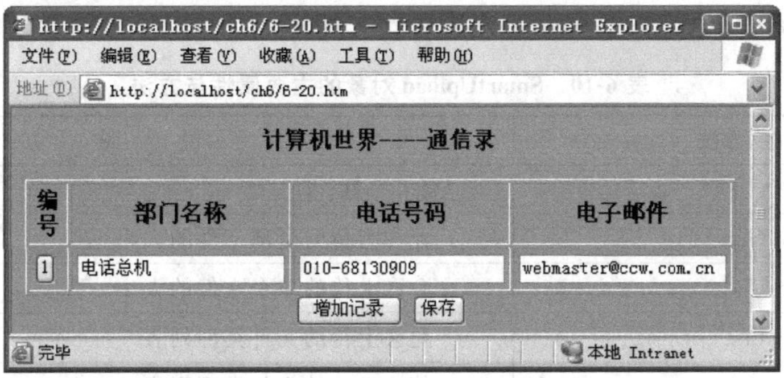

图 6-12 XML 通讯录运行效果

# 6.7 第三方组件

## 6.7.1 ASPSmartUpload 组件

文件上传对于网站后台管理而言是一个很重要的功能。在进行上传文件的同时,可以把文件名、文件类型、版本、文件大小、下载路径、文件说明等相关信息保存在数据库中,用数据库的强大功能来管理各种类型的文件,包括对文件进行关键字匹配检索。

目前使用最广泛的网页开发技术非微软的 ASP 莫属,但遗憾的是 ASP 却没有文件上传功能,我们只能通过第三方组件来实现。事实上,的确有不少组件可以支持 ASP 文件上传,甚至还有开发者研究出了无组件上传的方法。

这里介绍的一款文件上传组件:ASPSmartUpload,是由 ASPSmart 公司开发的,它功能强大,更重要的是完全免费的,是一款非常优秀的文件上传组件。

下面介绍 ASPSmartUpload 对象的使用方法和属性。

**1. 注册 ASPSmartUpload 组件**

要在 ASP 页面中使用 ASPSmartUpload 组件,首先需要在使用它的机器上注册。注册的步骤很简单。

首先,将下载的 ASPSmartUpload. zip 解压缩到某个目录,如 c:\temp,由于 ASPSmartUpload 无法自动安装,因此在找到 ASPSmartUpload. dll 之后,需要手工在 DOS 方式下或单击"开始→运行"后输入命令:

```
regsvr32.exe c:\temp\ASPSmartUpload.dll
```

系统会弹出一个窗口显示成功注册信息。

接下来复制另一个 dll 文件 ASPSmartUploadUtil. dll 到 windows\system32 目录下,此时就完成了 ASPSmartUpload 组件的注册与安装。

**2. ASPSmartUpload 对象**

(1) SmartUpload 对象的属性和方法

SmartUpload 对象可以在 ASP 中直接被创建,其语法为:

```
Set myUpload=server.CreateObject("ASPSmartUpload.SmartUpload")
```

SmartUpload 对象的主要属性与方法见表 6-10。

表 6-10　SmartUpload 对象的主要属性与方法

| 属性/方法 | 说　明 |
| --- | --- |
| 属　性 | |
| TotalMaxFileSize | 允许上传的全部文件的大小 |
| MaxFileSize | 允许上传的单个文件的大小 |
| AllowedFilesList | 允许上传的文件类型列表 |
| DeniedFilesList | 禁止上传的文件类型列表 |
| DownloadBlockSize | 一次读取文件的大小 |
| TotalBytes | POST 表单中的大小(以字节为单位) |
| 方　法 | |
| Upload | 上传 POST 表单 |
| Save | 保存上传文件到指定目录 |
| DownloadFile | 下载一个文件 |
| DownloadField | 从数据库中下载先前上传的文件 |
| FieldToFile | 将文件上传到数据库中 |
| UploadInFile | 将 POST 表单保存到文件中 |

(2) File 对象的属性和方法

File 对象的主要属性与方法见表 6-11。

表 6-11　File 对象的主要属性与方法

| 属性/方法 | 说　明 |
| --- | --- |
| 属　性 | |
| Name | POST 表单项名 |
| FileName | 用户输入的文件名 |
| FileExt | 用户输入的文件后缀 |
| FilePathName | 用户输入的文件路径 |
| ContentType | 用户输入的文件类型 |
| Size | 文件大小 |
| IsMissing | 若未指定文件则为真 |
| TypeMIME | 用户输入的 MIME 类型 |
| Count | 文件对象的个数 |
| TotalBytes | 文件集合的大小(以字节为单位) |
| 方　法 | |
| SaveAs | 保存文件(覆盖文件名相同的文件) |
| FileToField | 上传文件到数据库 |

对 ASPSmartUpload 组件及其属性方法有了初步的了解后,就可动手开发一个允许多个文件上传的页面,在上传的同时还可以给各个文件加上说明。

一般的 HTML 标记即可上传文件,只要将 Form 标记的 Enctype 属性赋值为 multipart/form-data 即可。在下面的例子中,最多可以同时上传 4 个文件。假定上传目录为当前目录下的 upload 子目录,由于要往 upload 目录中写入文件,因此必须将该目录中 everyone 的安全权限设为"修改"或"完全控制"。

**例 6-20**　上传的 HTML 文件 6-21.htm 代码如下。

```
<HTML>
<BODY>
上传文件的 Web 页面(文件名中不能含中文)
<HR>
<FORM METHOD="POST" ACTION="upsmart.asp" ENCTYPE="multipart/form-data">
<!--文件 -->
文件 1:<INPUT TYPE="FILE" NAME="FILE1" SIZE="35"><BR>
文件 2:<INPUT TYPE="FILE" NAME="FILE2" SIZE="35"><BR>
文件 3:<INPUT TYPE="FILE" NAME="FILE3" SIZE="35"><BR>
<INPUT TYPE="SUBMIT" VALUE="Upload">
</FORM>
</BODY>
</HTML>
```

运行效果如图 6-13 所示。

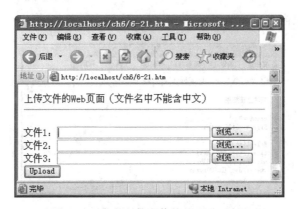

图 6-13　多个文件上传的 HTML 页面

在用户选定了文件后,按了 Upload 按钮后,会激发后端的 ASP 程序 upsmart.asp 实现上传操作,代码如下。

```
<HTML><Body BgColor="white">
文件上传结果:
<HR>
<%
Dim mySmartUpload, item, value, file
```

```
'先如下创建组件
Set mySmartUpload=Server.CreateObject("aspSmartUpload.SmartUpload")
mySmartUpload.Upload
'用 For Each 循环获取 Form 表单中每一项的值
For each item In mySmartUpload.Form
    For each value In mySmartUpload.Form(item)
        Response.Write(item & "=" & value & "<BR> ")
    Next
Next
'上传文件数据
Response.Write("count=" & mySmartUpload.Files.Count &"<BR>")
Response.Write("Size=" & mySmartUpload.Files.TotalBytes &" bytes<Br><Br>")
Response.Write("File_List " & "<Br>")
For each file In mySmartUpload.Files
    If not file.IsMissing Then
        '以原来的文件名存于 C:\upload 下
        file.SaveAs("c:\upload\" & file.FileName)
        Response.Write(file.FileName & " (" & file.Size & "bytes)<BR>")
    End If
Next
Set mySmartUpload=Nothing
%>
</Body></HTML>
```

上传成功后显示的页面如图 6-14 所示。

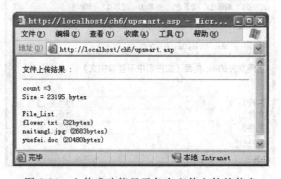

图 6-14　上传成功能显示各个上传文件的信息

### 6.7.2　ASPUpload 组件

在 ASP 上传组件中还有一个 ASPUpload 组件，它使 ASP 应用程序可以接受、保存和处理浏览器上传的文件。文件通过 HTML POST 表单使用<input type＝file>标记上传。ASPUpload 组件可以被运行 IIS 的 Windows 操作系统中的 ASP 脚本调用。

ASPUpload 在使用前同样也要先进行注册，该组件可以从 http://www. ASPUpload. com/download. html 的网址上下载。下载 ASPUpload 组件后双击就可安装，安装完毕后该组件自动注册到服务器上，这样就可以直接使用了。

下面以一个实例来了解 ASPUpload 组件的使用。

**例 6-21**　首先建立一个 HTML 文件，文件名取为 6-22.htm，代码如下。

```
<HTML>
<BODY>
<FORM METHOD="POST" ENCTYPE="multipart/form-data" ACTION="ASPUpload.asp">
  <INPUT TYPE=FILE SIZE=60 NAME="FILE1"><BR>
  <INPUT TYPE=FILE SIZE=60 NAME="FILE2"><BR>
  <INPUT TYPE=FILE SIZE=60 NAME="FILE3"><BR>
  <INPUT TYPE=SUBMIT VALUE="Upload!">
</FORM>
</BODY>
</HTML>
```

**注意**：在 Form 标记的属性 ENCTYPE="multipart/form-data"中指示浏览器发送整个文件到服务器而不只是输入框内的文件名称，所以必须加上在 Form 标记内加上这个属性，否则将不能上传组件。

上传的脚本程序 ASPUpload.asp 的代码如下。

```
<HTML>
<BODY>
<%
  Set Upload=Server.CreateObject("Persits.Upload.1")
  Upload.SetMaxSize 1024 * 1024,False        '限制文件大小不超过 1MB
  Upload.OverwriteFiles=True                 '允许覆盖已经存在的文件
  Count=Upload.Save("c:\upload")             '上传的指定位置,同时将上传文件数存到 Count
%>
<%=Count%>files uploaded.
</BODY>
</HTML>
```

这段脚本的第一行简单创建了一个 ASPUpload 对象的实例。第二行调用组件的真正实现功能的方法 Save：处理浏览器传过来的数据，计算有多少文件被上传了，并把它们保存到指定的本地目录。目录名字可以以"\"结尾，也可以不是。所有文件会被以原来的文件名保存在那个目录下。

程序中需要注意的问题有以下几点。

- 如果需要限制上传文件的大小，以便防止不负责任的用户消耗你的硬盘空间。我们需要做的只是在调用 Save 之前，使用 SetMaxSize 方法。如果上传的文件超过指定的大小，后面的参数 False 表明将会自动截断。

- 强制唯一的文件名，可以将 Upload.OverwriteFiles 属性设为真，则允许覆盖同名文件；否则，ASPUpload 为防止文件名冲突会在原有文件名之后加上一个整数（该整数用括号括起）。

- 所指定的文件上传位置必须是正确存在的,并且该文件夹权限应设置为可存取,否则无法上传文件。

### 6.7.3 W3 Jmail 组件

W3 Jmail 邮件组件是 Dimac 公司开发的用来完成邮件的发送、接收、加密和集群传输等工作的。W3 Jmail 组件是国际最为流行的邮件组件之一,当今世界上绝大部分 ASP 程序员都在使用 W3 Jmail 组件构建邮件发送系统,那是因为 W3 Jmail 组件使用了新的内核技术,使其更加可靠和稳定。

W3 Jmail 是一个 SMTP 组件,利用它可以发送邮件,支持 HTML 格式邮件。W3 Jmail 发送邮件速度快,功能丰富,并且是免费的。

可以在 http://tech.dimac.net 下载这个组件。

**1. W3 Jmail 邮件组件的安装及卸载**

与使用其他组件一样,在使用 Jmail 邮件组件之前要先安装或注册该组件 Jmail.dll。如果下载的 Jmail 是一个安装包,则可以像安装常规软件那样进行安装后自动注册。否则就要进行手工注册,方法是先把 Jmail.dll 文件复制到硬盘的某一目录下(如 C:\Jmail\),然后执行命令 Regsvr32 C:\Jmail\Jmail.dll 即可。

卸载组件是安装组件的相反动作,可以使用参数/U 来卸载已安装的组件,执行命令 Regsvr32 /U Jmail.dll 即可。

**2. W3 Jmail 组件的常用属性和方法**

W3 Jmail 组件的功能强大,这里只介绍它的一些常用属性与方法,如表 6-12 所示。

表 6-12　W3 Jmail 组件的常用属性与方法

| 属性或方法的名称 | 描　　述 |
| --- | --- |
| From | 属性,指明发件人的邮箱地址 |
| FromName | 属性,指明发件人的姓名 |
| AddRecipient ReceiveAddress[,ReceiveName] | 方法,添加收件人的邮箱地址和收件人姓名 |
| Subject | 属性,指明邮件的主题 |
| Body | 属性,指明邮件的内容 |
| AppendText ContentText | 方法,向邮件中添加内容 |
| AddAttachment FilePath | 方法,添加邮件附件 |
| Send(MailServerAddress) | 方法,将邮件发送到指定的邮件服务器中去 |
| Close | 方法,关闭对象 |

**3. 利用 W3 Jmail 组件发送邮件**

使用 W3 Jmail 组件同样需要创建一个实例:

```
Set MyJmail=Server.CreateObject("Jmail.Message")
```

然后,调用组件的属性和方法来设置发件人的姓名和地址、收件人地址、邮件主题和内容等信息，设置完毕后发送邮件。

下面通过一个实例来介绍利用 Jmail 对象来创建一个新邮件，设置邮件的标题、内容等并发送该邮件。

**例 6-22**　6-23.asp 的代码如下。

```
<%@Language="VBScript"%>
<%
Response.Buffer=True
'创建 Jmail.Message 对象实例 MyJmail
Set MyJmail=Server.CreateObject("Jmail.Message")
MyJmail.Logging=True                                '启动日志功能
MyJmail.Silent=False                                '将错误返回给操作系统
MyJmail.Charset="gb2312"                            '设置字符集,不然中文为乱码
MyJmail.MailServerUserName="zhangsan@126.com"       '设置发件邮箱地址
MyJmail.MailServerPassword="0123456789"             '登录发件邮箱的密码
MyJmail.From="zhangsan@126.com"                     '设置邮件发送者的邮件地址
MyJmail.FromName="张三"                             '设置邮件发送者的姓名
MyJmail.AddRecipient "lishi@126.com"                '设置接收邮件人的邮箱地址
MyJmail.Subject="邮件测试系统"                       '设置邮件标题
MyJmail.Body="这是一封使用 Jmail 发送的测试邮件。"    '邮件正文
'发送邮件,Mail.myDomain.com 假设为 SMTP 服务器
MyJmail.Send("SMTP.126.com")
%>
```

在此例中，发送邮件采用的是 126.com 的 SMTP 服务器，代码中的邮箱地址与密码仅供参考，在实际调试中将其替换成自己实际用的邮箱地址与密码即可。

有关 W3 Jmail 组件的其他功能可以参考其使用说明。

## 6.7.4　AspJpeg 组件

在网上大家所看到的图片都是经过处理，如略缩、水印等，而这些都要涉及相应的图形处理软件。现在介绍一个可以在 ASP 环境下使用的组件：AspJpeg，它是一款功能强大的基于 Microsoft IIS 环境的图片处理组件。

通过 AspJpeg 组件可以使用很少的代码在 ASP 应用程序上动态创建高质量的缩略图像，也能生成水印图片，实现图片合并、图片切割、数据库支持及安全码技术等图形处理功能。AspJpeg 支持大部分图形格式文件，如 JPEG、GIF、BMP、TIFF 和 PNG 格式图片，处理后输出的格式始终为 JPEG 格式。

由于篇幅的限制，这里只简单介绍一个使用 AspJpeg 组件来生成水印图片的例子。

**例子 6-23**　6-24.asp 将实现图片水印的添加功能，具体代码如下。

```
<HTML>
<head>
<meta http-equiv="Content-Type" content="text/html; charset=gb2312">
<title> 图片水印</title>
```

```
</head>
<body>
<%
Dim Jpeg,Path
Set Jpeg=Server.CreateObject("Persits.Jpeg")
Path=Server.MapPath("images/flower.jpg")
Jpeg.Open Path
'添加文字水印
Jpeg.Canvas.Font.Color=&H0000FF            '颜色
Jpeg.Canvas.Font.Family="华文行楷"          '字体
Jpeg.Canvas.Font.Bold=False                '是否加粗
Jpeg.Canvas.Print 10, 10, "我的水印!"       '打印坐标 x,打印坐标 y,需要打印的字符
'图片边框处理
Jpeg.Canvas.Pen.Color=&HFF0000             '颜色
Jpeg.Canvas.Pen.Width=2                     '画笔宽度
Jpeg.Canvas.Brush.Solid=False              '是否加粗处理
Jpeg.Canvas.Bar 1, 1, Jpeg.Width, Jpeg.Height
'起始 X 坐标 起始 Y 坐标 输入长度 输入高度
'生成指定的水印图片
Jpeg.Save Server.MapPath("images/flowerwater.jpg")
Set Jpeg=Nothing
%>
水印前<IMG SRC="images/flower.jpg">
水印后<IMG SRC="images/flowerwater.jpg"><br>
</body>
</HTML>
```

在程序运行时要在当前目录下设一个子目录 images,该目录里要有 flower.jpg 的图片,这样程序才不会出现文件找不到的错误信息。运行程序后,生成新的图片 flowerwater.jpg 在原始图片上添加上了水印,同时也加上了红色边框,程序运行效果如图 6-15 所示。

图 6-15　AspJpeg 组件给图片加水印的效果

# 思考题

思考题 6-1：ASP 内置组件与第三方组件在使用上有何区别？

思考题 6-2：广告轮显组件需要什么文件？这些文件各起到什么作用？

思考题 6-3：如何通过文件存取组件来获取 D 盘根目录的信息内容？

思考题 6-4：解释数据岛的含义及好处。

思考题 6-5：在所讲述的第三方组件中你认为哪些比较实用，为什么？

# 第 7 章 SQL 语言在 ASP 中的应用

大多数网络应用系统都需要后台数据库的支持。在 ASP 程序开发中，Access 和 SQL Server 是最常见的网络后台数据库。在 Internet 上，很多人出于价格以及使用方便上考虑选择 Access 数据库，但是要实现比较大的网络应用系统，还是应该选择 SQL Server。网站平台上，ASP+SQL Server 开发网络应用系统是十分常见的组合。

SQL Server 是微软公司推出的关系数据库管理系统，是基于结构化查询语言 SQL (Structured Query Language)的可伸缩型关系数据库。本章专门介绍 SQL 语言的语法，了解这些内容对以 SQL 数据库作为后台数据库的 ASP 应用程序会有很大的帮助。

**本章主要内容：**
- SQL 关系数据库基础理论；
- SQL 语言简单查询；
- SQL 语言复杂查询；
- SQL 语言在 ASP 程序中的应用。

## 7.1 SQL 概述

SQL 是一种介于关系代数与关系演算语言之间的结构化查询语言，其功能不仅仅是查询，还包括操纵、定义和控制，是一种通用的、功能强大的关系数据库语言。

SQL 语言最早是 IBM 的圣约瑟研究实验室为其关系型数据库管理系统 System R 开发的一种查询语言，它的前身是 Square 语言。目前，SQL 语言已被确定为关系型数据库系统的国际标准，被绝大多数商品化关系型数据库系统采用，如 Oracle、Sybase、DB2、Informix、SQL Server 等数据库管理系统都支持 SQL 语言作为查询语言。

SQL 语言是 1974 年提出的，由于它具有功能丰富、使用方式灵活、语言简洁易学等突出优点，在计算机工业界和计算机用户中备受欢迎。1986 年 10 月，美国国家标准局 (ANSI)的数据库委员会批准了 SQL 作为关系型数据库语言的美国标准。1987 年 6 月国际标准化组织(ISO)将其采纳为国际标准。这个标准也称为 SQL86。随着 SQL 标准化工作的不断进行，相继出现了 SQL89、SQL2(1992 年)和 SQL3(1993 年)。SQL 成为国际标准后，对数据库以外的领域也产生很大影响，不少软件产品将 SQL 语言的数据查询功能与图形功能、软件工程工具、软件开发工具、人工智能程序结合起来。

SQL 是一种介于关系代数与关系演算之间的语言，其功能包括查询、操纵、定义和控制 4 个方面，是一个通用的功能极强的关系型数据库标准语言。在 SQL 语言中不需要告诉 SQL 如何访问数据库，只要告诉 SQL 需要数据库做什么。

我们可以用一幅图来描述 SQL 的工作原理：如图 7-1 所示，有一个存放数据的数据库以及管理、控制数据库的软件系统(数据库管理系统)。当用户需要检索数据库中的数据时，就可以通过 SQL 语言发出请求，数据库管理系统对 SQL 请求进行处理，检索到所要求的数据，并将结果返回给用户。

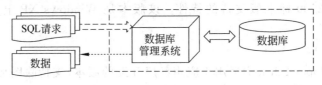

图 7-1　SQL 的工作原理

SQL 按其实现的功能可以分为如下 4 类。

- 数据库查询语言（Data Query Language，DQL）：按一定的查询条件从数据库对象中检索符合条件的数据，这也是本章讲解的主要部分。
- 数据定义语言（Data Definition Language，DDL）：用于定义数据的逻辑结构以及数据项之间的关系，如数据库、基本表、视图和索引等对象的创建。
- 数据操纵语言（Data Manipulation Language，DML）：用于修改数据库，包括插入新数据、删除旧数据、修改已有数据等。
- 数据控制语言（Data Control Language，DCL）：用于控制其对数据库中数据的操作，包括基本表和视图等对象的授权、完整性规则的描述、事务开始和结束控制语句等。

## 7.2　SQL Server 关系数据库基础

SQL Server 是一个大型分布式客户-服务器结构的关系型数据库管理系统，本章介绍的版本是 SQL Server 2000。SQL Server 2000 是微软公司推出的新一代数据库管理系统，是基于结构化查询语句 SQL 的可伸缩型关系数据库。SQL Server 2000 在 SQL Server 7.0 的基础上，对性能、可靠性、可伸缩性以及易用性进行了扩展，使其成为大规模联机事务处理（On-Line Transaction Processing，OLTP）、数据仓库和电子商务应用程序的优秀数据库平台。现在 SQL Server 2000 已经在数据库领域得到了广泛的应用。

### 7.2.1　SQL Server 2000 简介

SQL Server 2000 有企业版、标准版、个人版和开发版 4 个版本，其各个版本对操作系统以及应用的要求都不一样。

**1. SQL Server 的 4 个版本**

（1）企业版

企业版（Enterprise Edition）支持所有 SQL Server 2000 的功能。该版本多用于大中型产品数据库服务器，并且可以支持大型网站、企业 OLTP 和大型数据仓库系统联机分析处理（OLAP）所要求的性能。

（2）标准版

标准版（Standard Edition）的适用范围是小型的工作组或部门。它支持 SQL Server 2000 的大部分功能。但是，不具有大型数据库、数据仓库和网站的功能。

（3）个人版

人个版（Personal Edition）主要适用于移动用户，这些用户经常从网络上断开，而运行的应用程序却仍然需要 SQL Server 2000 的支持。除了事务处理复制功能以外，能够支持所有 SQL Server 2000 标准版支持的特性。该版本是 Windows XP 上应用最多的 SQL Server 2000 版本。

(4) 开发版

开发版(Developer Edition)适用于应用程序开发的版本,支持除图形化语言设置以外的 SQL Server 2000 的所有其他功能。该版本主要适用于程序员在开发应用程序时将 SQL Server 2000 作为其数据存储区。虽然开发版的功能齐备,但是只被授权为一个开发和测试系统,而不是一个产品服务器。

在以上 4 个版本中,企业版功能最强,开发版次之,标准版和个人版功能较弱。

随着时间的推移,微软公司又陆续推出 SQL Server 2005 以及目前较新的 SQL Server 2008 版本,它们在性能、可靠性、可用性、可编程性和易用性等方面都有了很大的提高。

### 2. SQL Server 2000 常用管理工具

(1) SQL Server 服务管理器

SQL Server 2000 服务管理器是一个图形化的管理工具,它可以用来启动、暂停或停止 SQL Server 2000 的服务器组件的运行。安装了 SQL Server 2000 后,在 Windows 开始菜单中选择"所有程序"→"Microsoft SQL Server"→"服务管理器"命令,可以启动服务管理器,如图 7-2 所示。

(2) 企业管理器

图 7-2 SQL Server 服务管理器

企业管理器的工作界面是典型的视窗界面,由主窗口和工作窗口组成。企业管理器提供了一个遵从 MMC(Microsoft 管理控制台)标准的用户界面,在这里数据库管理员(DBA)可以完成管理 SQL Server 数据库的全部工作,如图 7-3 所示。

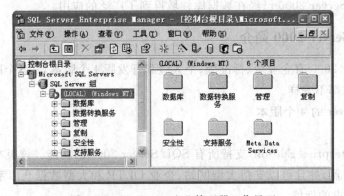

图 7-3 SQL Server 企业管理器工作界面

企业管理器的"操作"菜单会根据用户选择项目的不同显示相关的操作选项。左窗格的树型结构以树型目录形式显示当前 SQL Server 数据库系统中的操作项目,通过菜单项目左侧的＋或－可以展开或收缩该项目。在树型结构窗口中右击选择的项目,在弹出的快捷菜单中可以选择相应的操作命令。

（3）查询分析器

查询分析器可以使用户交互式地输入和执行各种 Transact-SQL 语句，并且迅速地查看这些语句的执行结果，以完成对数据库中的数据的分析和处理。

在打开查询分析器时，首先必须同服务器进行连接，选择连接使用的验证方式并输入登录的服务器名、用户名及密码，其登录界面如图 7-4 所示。

SQL Server 提供了两种登录方式，一种是 Windows 认证方式，另一种是 SQL Server 自身的安全认证方式。前一种只需要以 Windows 合法用户登录到 Windows 操作系统即可连接到 SQL Server 服务器。后一种则需要输入登录的服务器名、合法的用户登录名及密码才能连接 SQL Server 服务器。

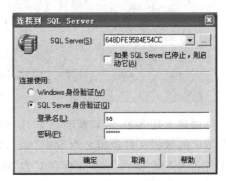

图 7-4　查询分析器登录窗口

SQL Server 查询分析器是执行 SQL 语言的主要运行窗口，本章的所有 SQL 语句都在查询分析器中完成，其工作界面如图 7-5 所示。

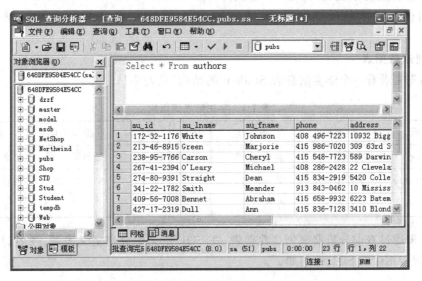

图 7-5　查询分析器的工作窗口

从图 7-5 中可以看到，查询分析器也是一个典型的视窗窗口，主要由菜单栏、工具栏、对象浏览器窗口、查询窗口和查询结果窗口 5 部分组成。图中显示的是在 pubs 数据库中采用查询语句查询 authors 表中的所有记录，结果显示在相应的查询结果窗口中。

## 7.2.2　创建数据库及数据表

### 1. 创建数据库

在 SQL Server 2000 服务器中可以通过企业管理器来创建数据库，也可以通过查询分析器来创建数据库，这里介绍通过查询分析器来创建一个数据库 STD。

首先打开查询分析器，以系统管理员身份（sa）连接到 SQL Server 服务器，然后在查询窗口中输入如下 SQL 语句。

```
CREATE DATABASE Stud
ON
(Name= Std _ Data, FileName = ' C: \ MyDB \ Std _ Data.mdf ', Size = 1, MaxSize = 100,
FileGrowth=2)
Log ON
(Name=Std_Log,FileName='C:\MyDB\Std_Log.ldf', Size=1,MaxSize=100,FileGrowth=
2)
```

通过上述 SQL 语句就能在 SQL Server 服务器中新建一个名为 Stud 的数据库。Stud
数据库的数据文件逻辑名为 Std_Data,物理
文件名为 Std_Data.mdf 并存在 C 盘 MyDB
目录下;同时日志文件也与数据文件的设置
类似,数据库初给大小为 1MB,最大值限定
在 100MB,每次增长为 2MB。如果无语法
错误并且相应的目录正确,则按 F5 键执行
后将得到创建成功的信息结果,如图 7-6
所示。

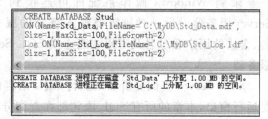

图 7-6　通过查询分析器创建数据库

### 2. 创建数据表

我们先来看看一个学生信息表 Student 的结构,见表 7-1。

表 7-1　学生信息表结构

| 序号 | 列　名 | 类型长度 | 备　注 | 序号 | 列　名 | 类型长度 | 备　注 |
|---|---|---|---|---|---|---|---|
| 1 | Sno | 字符型 7 | 学号(主键) | 4 | Sage | 微整形 | 年龄 |
| 2 | Sname | 字符型 10 | 学生姓名 | 5 | Sdept | 字符型 20 | 所在系 |
| 3 | Ssex | 字符型 2 | 性别 | | | | |

接下来通过查询分析器来创建数据表,在 SQL 语句中分别定义表名、列名、数据类型、
长度等属性,相应的 SQL 语句如下。

```
USE Stud
CREATE TABLE Student
(
Sno Char(7) PRIMARY KEY,
Sname Char(10) NOT NULL,
Ssex Char(2) CHECK(Ssex='男'OR Ssex='女'),
Sage Tinyint CHECK(Sage>=15 AND Sage<=45),
Sdept Char(20) DEFAULT '计算机系'
)
```

在上述表的定义中还添加了一些相应的约束,如主键约束、空值约束、检查约束以及默
认值约束。

然后,采用相同的方法建立课程信息表(Course)与成绩表(SC),其结构分别参见表 7-2 和表 7-3。

**表 7-2　课程信息表结构**

| 序号 | 列　名 | 类型长度 | 备　注 | 序号 | 列　名 | 类型长度 | 备　注 |
| --- | --- | --- | --- | --- | --- | --- | --- |
| 1 | Cno | 字符型 10 | 课程号(主键) | 3 | Ccredit | 整形 | 学分 |
| 2 | Cname | 字符型 20 | 课程名 | 4 | Semester | 整形 | 学期 |

相应的 SQL 语句如下。

```
CREATE TABLE Course
(
Cno Char(10) NOT NULL,
Cname Char(20) NOT NULL,
Ccredit Tinyint CHECK(Ccredit>0),
Semester Tinyint CHECK(Semester>0),
PRIMARY KEY(Cno))
```

**表 7-3　成绩表结构**

| 序号 | 列　名 | 类型长度 | 备　注 | 序号 | 列　名 | 类型长度 | 备　注 |
| --- | --- | --- | --- | --- | --- | --- | --- |
| 1 | Sno | 字符型 7 | 学号(主键) | 3 | Grade | 整形 | 成绩 |
| 2 | Cno | 字符型 10 | 课程号(主键) | | | | |

相应的 SQL 语句如下。

```
CREATE TABLE SC
(
Sno Char(7) NOT NULL,
Cno Char(10) NOT NULL,
Grade Tinyint,
CHECK(Grade>=0 AND Grade<=100),
PRIMARY KEY(Sno,Cno),
FOREIGN KEY(Sno) REFERENCES Student(Sno),
FOREIGN KEY(Cno) REFERENCES Course(Cno)
)
```

## 7.3　简单查询

### 7.3.1　插入记录

INSERT 语句用于向数据表或者视图中插入一条新记录,基本语法格式如下。

```
INSERT [INTO] table_name [(column_list)] data_values
```

参数说明：

INTO：一个可选的关键字，这样可以使语句的意义更加明确。

table_name：要插入数据的表的名称。

column_list：要插入数据的一列或多列的列表，说明 INSERT 语句只为所指定的列插入数据。column_list 的内容必须用圆括号括起来，并且列名之间用逗号进行分隔。

data_values：插入的数据值的列表，可以是具体的数值，也可以是任何有效的 SELECT 语句。

例如，采用 INSERT 语句向 Student 表中插入几条记录。

```
INSERT INTO Student(Sno,Sname,Ssex,Sage,Sdept) values('9512101','张三,'男',19,'
计算机系')
INSERT Student values('9512102','李四','男',20,'计算机系')
```

为了便于后面的 SQL 查询语句使用，相应的记录添加应如下表所示，见表 7-4。

表 7-4　Student 表中的记录内容

| Sno | Sname | Ssex | Sage | Sdept |
|---|---|---|---|---|
| 9512101 | 张三 | 男 | 19 | 计算机系 |
| 9512102 | 李四 | 男 | 20 | 计算机系 |
| 9512103 | 王二 | 女 | 20 | 计算机系 |
| 9521101 | 赵五 | 男 | 22 | 信息系 |
| 9521102 | 钱六 | 女 | 21 | 信息系 |
| 9521103 | 孙七 | 男 | 20 | 信息系 |
| 9531101 | 郑一平 | 女 | 18 | 数学系 |
| 9531102 | 王九龙 | 男 | 19 | 数学系 |

### 7.3.2　数据查询

SQL 语句中最主要的功能就是数据查询，语句至少要包含两个子句：SELECT 和 FROM。SELECT 子句指定查询的列或其他选项，FROM 子句则指定查询的表或视图名称。例如，查询 Student 表中的所有数据，SQL 语句可以这样写：

```
SELECT * FROM Student
```

其中的 * 号表示查询的是表中所有列，它和下面的语句是等价的：

```
SELECT Sno,Sname,Ssex,Sage,Sdept FROM Student
```

上面查询的是所有列，如果只查看某些列则在 SELECT 语句后面指定列的名称即可。

【例 7-1】　查询 Student 表中的姓名和所在系。

```
SELECT Sname,Sdept FROM Student
```

只有 SELECT 与 FROM 的查询语句是最基本的查询,所得的结果是表中所有的记录内容。

### 7.3.3　删除重复记录

由于主键的约束,所以表中不可能出现完成相同的两条或多条记录出现,这是关系数据库中实体完整性的体现。但在查询中如果只选择某些列,则可能会出现查询的结果出现两条以上的重复记录。

【例 7-2】　查询 Student 表中的所在系名称。

```
SELECT Sdept FROM Student
```

在查询分析器中输入并运行上述语句,得到的执行结果如图 7-7(a)所示。

上述查询我们只想查看有哪些系,而得的结果却有很多重复记录,要想去掉重复的记录可以在 SELECT 语句后加上一个 DISTINCT 的关键字就可以实现了。

【例 7-3】　查询 Student 表中的所在系名称,去掉重复的记录。

```
SELECT DISTINCT Sdept FROM Student
```

语句执行结果如图 7-7(b)所示。

(a) 得到有重复记录的结果　　　(b) 执行DISTINCT语句后的结果

图 7-7　查询执行结果

说明:DISTINCT 用于指定显示不包括重复行的所有记录。

### 7.3.4　条件查询

更多的 SQL 查询是有条件的,WHERE 子句就是条件子句,用来指定查询记录所用的条件,以限定查询结果。WHERE 子句的语法格式如下。

```
WHERE search_condition
```

其中 search_condition 是条件表达式,它既可以是单表的条件表达式,又可以是多表之间的条件表达式。条件表达式的基本运算符见表 7-5。

【例 7-4】　查询 Student 表中所有的男同学记录。

```
SELECT * FROM Student WHERE Ssex='男'
```

表 7-5 条件表达式的基本运算符

| 查询条件 | 运 算 符 | 说 明 |
|---|---|---|
| 比较 | =、>、<、>=、<=、<>、!= | 字符串比较从左向右进行 |
| 确定范围 | BETWEEN…AND…、NOT BETWEEN…AND… | 一个指定范围内的筛选,BETWEEN 后是下限,AND 后是上限 |
| 字符匹配 | LIKE、NOT LIKE | 对字符型数据进行字符模式匹配,提供两种通配符: _(匹配单个任意字符)和%(匹配0~多个任意字符) |
| 逻辑运算 | AND、OR、NOT | 用于构造复合逻辑表达式 |

【例 7-5】 查询 Student 表中年龄在 20 岁(不含 20)以上的学生的学号、姓名及年龄。

```
SELECT Sno,Sname,Sage FROM Student WHERE Sage>20
```

在查询中对于字符型条件的比较要加上单引号,而数值型数据则不加。在构造查询条件时,还可以使用逻辑运算符来组成复合查询,比如我们可以将例 7-4 与例 7-5 组合成一个复合查询。

【例 7-6】 查询 Student 表中年龄 20 岁(不含 20)以上的男同学的学号、姓名、性别及年龄。

```
SELECT Sno,Sname,Ssex,Sage FROM Student WHERE Ssex='男'AND Sage>20
```

上面三个例子执行后的结果如图 7-8 所示。

| | Sno | Sname | Ssex | Sage | Sdept |
|---|---|---|---|---|---|
| 1 | 9512101 | 张三 | 男 | 19 | 计算机系 |
| 2 | 9512102 | 李四 | 男 | 20 | 计算机系 |
| 3 | 9521101 | 赵五 | 男 | 22 | 信息系 |
| 4 | 9521103 | 孙七 | 男 | 20 | 信息系 |
| 5 | 9531102 | 王九龙 | 男 | 19 | 数学系 |

(a) 所有男同学

| | Sno | Sname | Sage |
|---|---|---|---|
| 1 | 9521101 | 赵五 | 22 |
| 2 | 9521102 | 钱六 | 21 |

(b) 20岁以上的同学

| | Sno | Sname | Ssex | Sage |
|---|---|---|---|---|
| 1 | 9521101 | 赵五 | 男 | 22 |

(c) 20岁以上的男同学

图 7-8 查询结果

当要在一个确定连续的范围内查询时,BETWEEN…AND 子句是最好的选择,一般在整型的列使用。

【例 7-7】 查询 Student 表中年龄在 19~21 岁之间的记录。

```
SELECT * FROM Student WHERE Sage BETWEEN 19 AND 21
```

在查询结果中满足条件的记录都将显示出来,BETWEEN 确定的范围包含有上下限。这条语句筛选条件也可以用 Sage>=19 AND Sage<=21 来完成。

字符匹配属于模式查询中的应用,具体的用法可参见 7.3.6 节。

### 7.3.5　排序查询

SELECT 的查询结果是按查询过程中的自然顺序给出的，因此查询结果通常无序，如果希望查询结果有序输出，则需要用 ORDER BY 子句配合，其语法格式如下。

```
ORDER BY exp1[ASC | DESC][,exp2[ASC | DESC]] [,…]]
```

其中，exp1 代表排序选项，它可以是字段名，也可以是数字。字段名必须是主 SELECT 子句的选项，当然是所操作的表中的字段。数字是表的列序号，第 1 列为 1。ASC 指定的排序项按升序排列，DESC 则代表降序。

在默认情况下，ORDER BY 的排序选项关键字默认为 ASC。如果用户特别要求按降序进行排序，必须使用 DESC 关键字。

**【例 7-8】** 查询 Student 表中姓名、性别和年龄记录，结果按年龄降序来排列。

```
SELECT Sname,Ssex,Sage FROM Student ORDER BY Sage DESC
```

查询结果排序与不排序的效果的比较如图 7-9 所示。

对于中文的排序将是以汉字的拼音字母来进行比较，从大到小按 Z～A 的顺序来排列。结果排序中如果有两个以上的排序选项，则它们的位置是不能颠倒的，否则所得到的结果顺序就完全不同了。

| | Sname | Ssex | Sage |
|---|---|---|---|
| 1 | 张三 | 男 | 19 |
| 2 | 李四 | 男 | 20 |
| 3 | 王二 | 女 | 20 |
| 4 | 赵五 | 男 | 22 |
| 5 | 钱六 | 女 | 21 |
| 6 | 孙七 | 男 | 20 |
| 7 | 郑一平 | 女 | 18 |
| 8 | 王九龙 | 男 | 19 |

(a) 自然顺序的查询结果

| | Sname | Ssex | Sage |
|---|---|---|---|
| 1 | 赵五 | 男 | 22 |
| 2 | 钱六 | 女 | 21 |
| 3 | 孙七 | 男 | 20 |
| 4 | 王二 | 女 | 20 |
| 5 | 李四 | 男 | 20 |
| 6 | 张三 | 男 | 19 |
| 7 | 王九龙 | 男 | 19 |
| 8 | 郑一平 | 女 | 18 |

(b) 年龄降序排序结果

图 7-9　查询结果比较

**【例 7-9】** 查询 Student 表中的姓名、性别及所在系记录，结果按性别升序、所在系降序来排列。

```
SELECT Sname,Ssex,Sdept FROM Student ORDER BY Ssex ASC,Sdept DESC
```

**【例 7-10】** 查询 Student 表中的姓名、性别及所在系记录，结果按所在系降序、性别升序来排列。

```
SELECT Sname,Ssex,Sdept FROM Student ORDER BY Sdept DESC,Ssex ASC
```

从两个查询语句来看只是排序的顺序不同，可得的结果顺序却大相径庭，语句执行结果分别如图 7-10(a)和图 7-10(b)所示。

| | Sname | Ssex | Sdept |
|---|---|---|---|
| 1 | 赵五 | 男 | 信息系 |
| 2 | 孙七 | 男 | 信息系 |
| 3 | 王九龙 | 男 | 数学系 |
| 4 | 张三 | 男 | 计算机系 |
| 5 | 李四 | 男 | 计算机系 |
| 6 | 钱六 | 女 | 信息系 |
| 7 | 郑一平 | 女 | 数学系 |
| 8 | 王二 | 女 | 计算机系 |

(a) 例7-9结果

| | Sname | Ssex | Sdept |
|---|---|---|---|
| 1 | 赵五 | 男 | 信息系 |
| 2 | 孙七 | 男 | 信息系 |
| 3 | 钱六 | 女 | 信息系 |
| 4 | 王九龙 | 男 | 数学系 |
| 5 | 郑一平 | 女 | 数学系 |
| 6 | 张三 | 男 | 计算机系 |
| 7 | 李四 | 男 | 计算机系 |
| 8 | 王二 | 女 | 计算机系 |

(b) 例7-10结果

图 7-10　查询结果

从所得的结果图中可看到，当多重排序时，将以 ORDER BY 子句后的第一排序项作为第一排序项，当第一排序项相同时则按第二排序项来排序。在例 7-9 中，性别是第一排序列，按升序来排则"男"排前面，结果中有 5 个男同学，然后又在 5 个男同学中按所在系降序来排，由于赵五比孙七先添加到表中，所以赵五排首行，其余类推。

### 7.3.6 模式匹配查询

WHERE 条件中的比较运算符＝只能查询与列内容完全相同的记录，如果想要查询部分匹配的记录则使用＝运算符就不行了。在此我们采用一种模式匹配的方式来查询，其中的关键字就是 LIKE 子句。下面我们先来看一个模式匹配的查询例子。

**【例 7-11】** 查询 Student 表中姓王的同学记录。

```
SELECT * FROM Student WHERE Sname LIKE '王%'
```

如果条件筛选用的是 Sname＝'王'则查询结果是空，因为在 Student 表中没有一个学生的姓名全称为"王"。而上述模式匹配查询就能得到以"王"字开头，也就是姓王的学生记录，如图 7-11 所示。

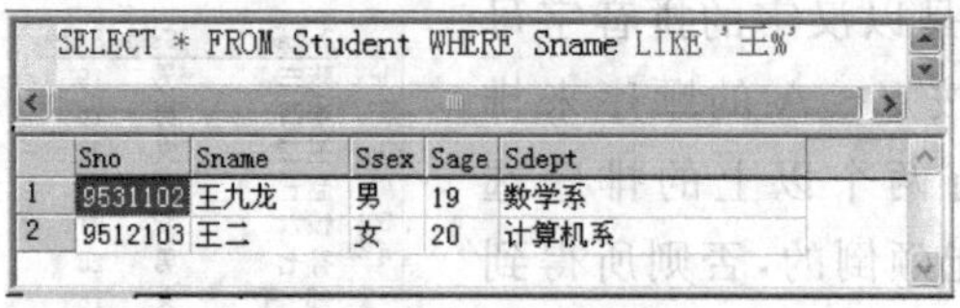

图 7-11　模式匹配查询姓王的学生记录

在上述查询条件中用到了通配符％，它表示可以匹配任意长度（包括零个）的任意字符串。除此之外 LIKE 还有其他相应的通配符，具体见表 7-6。

表 7-6　常用的通配符

| 通 配 符 | 功 能 描 述 |
|---|---|
| ％ | 包含零个或多个字符的任意字符串 |
| _（下划线） | 任意单个字符 |
| [ ] | 指定范围（[a－f]）或集合（[abcdef]）中的任何单个字符 |
| [^] | 不属于指定范围（[a－f]）或集合（[abcdef]）的任何单个字符 |

用户注意必须将通配符和字符串用单引号引起来，而且如果通配符不同 LIKE 一起使用，SQL Server 会将通配符解释为常量，即认为这些通配符仅是一些符号，而非模式。

下面我们来看看通配符的使用例子。

**【例 7-12】** 查询 Student 表中姓名只有两个汉字的学生记录。

```
SELECT * FROM Student WHERE Sname LIKE '__'
```

**注意**：在模式中的两个下划线间不能有空格，查询后就能得到姓名只有两个字的学生记录。大家也可以想一想，如果要查询姓名中第二个字为"五"的学生记录又应该怎样将通配符_、％结合起来使用。

【例 7-13】　查询 authors 表（在示例数据库 pubs 里）中的名以英文字母 a 到 d 开头（外国人的姓和名是分开的）的姓名与地址，结果按名升序显示。

```
USE pubs
SELECT au_lname,au_fname,address FROM authors WHERE au_lname LIKE '[a-d]%'
ORDER BY au_lname ASC
```

USE 是指定当前数据库的命令，不然就会出现对象名无效的错误提示。在此查询的模式中应用了指定范围[ ]和％的通配符结合应用，否则是得不到想要的查询结果，成功执行后的结果如图 7-12 所示。

| | au_lname | au_fname | address |
|---|---|---|---|
| 1 | Bennet | Abraham | 6223 Bateman St. |
| 2 | Blotchet-Halls | Reginald | 55 Hillsdale Bl. |
| 3 | Carson | Cheryl | 589 Darwin Ln. |
| 4 | DeFrance | Michel | 3 Balding Pl. |
| 5 | del Castillo | Innes | 2286 Cram Pl. #86 |
| 6 | Dull | Ann | 3410 Blonde St. |

图 7-12　指定范围的查询结果

可以将通配符模式匹配字符串用作文字字符串，方法是将通配符放在括号中。表 7-7 显示了使用关键字 LIKE 和通配符[ ]的示例。

表 7-7　通配符[ ]更多用法

| 模　式 | 匹 配 字 符 | 模　式 | 匹 配 字 符 |
|---|---|---|---|
| LIKE '5[％]' | 5％ | LIKE '[-acdf]' | -、a、c、d 或 f |
| LIKE '[_]n' | _n | LIKE 'abc[_]d％' | abc_d 和 abc_de |
| LIKE '[a-cdf]' | a、b、c、d 或 f | LIKE 'abc[def]' | abcd、abce 和 abcf |

通配符[ ]可以完成十分复杂的模式匹配查询，对于在数据库的海量数据中提取有用信息非常有帮助，有兴趣的用户可查阅其他更多资料。

当采用排除方式来查询时，通配符[^]就很有用。下面我们来看一个采用排除方式来查询记录的例子。

【例 7-14】　查询 authors 表中名不以英文字母 a～o 开头的姓名和地址，结果按名降序显示。

```
SELECT au_lname,au_fname,address FROM authors
WHERE au_lname LIKE '[^a-o]%'ORDER BY au_lname DESC
```

在这次查询中使用使用的模式表达式为 LIKE '[^a-o]％'，即排除以字母 a～o 开头的记录。这个筛选条件与 LIKE '[p-z]％'等价，当然前提条件是只有英文字母开头。另在模式匹配中对字母的大小写是忽略的。查询结果如图 7-13 所示，按名降序的目的是为了更好地显示筛选后的结果记录。

| | au_lname | au_fname | address |
|---|---|---|---|
| 1 | Yokomoto | Akiko | 3 Silver Ct. |
| 2 | White | Johnson | 10932 Bigge Rd. |
| 3 | Stringer | Dirk | 5420 Telegraph Av. |
| 4 | Straight | Dean | 5420 College Av. |
| 5 | Smith | Meander | 10 Mississippi Dr. |
| 6 | Ringer | Anne | 67 Seventh Av. |
| 7 | Ringer | Albert | 67 Seventh Av. |
| 8 | Panteley | Sylvia | 1956 Arlington Pl. |

在网页中处理的大部分数据都是字符型，所以熟练掌握模式匹配查询对后面的 ASP 程序从数据库提取信息大有帮助。

图 7-13　应用排除方式得到的结果

### 7.3.7 日期和时间查询

在 SQL Server 中对于日期和时间用专门的数据类型 DateTime 和 SmallDateTime 来存储。如果在这样一个数据类型中存储了数据，可以很轻松地显示这些数据，因为 SQL Server 会自动用人们所熟悉的方式显示。也可以用特别的日期时间功能来使用这种方法存储的值，了解这些对于 SQL Server 中日期与时间的查询很有帮助。DateTime 与 SmallDateTime 类型的说明见表 7-8。

表 7-8 两种存储日期时间类型的对比说明

| 选 项 | DateTime | SmallDateTime |
| --- | --- | --- |
| 存储空间 | 8 字节 | 4 字节 |
| 时间精度 | 精确到 1/300 秒(3.333 毫秒) | 精确到分 |
| 表 示 日 期 范围 | 从公元 1753 年 1 月 1 日到公元 9999 年 12 月 31 日 | 从公元 1900 年 1 月 1 日到公元 2079 年 6 月 6 日 |
| 有效日期 时间格式 Y 代表年 M 代表月 D 代表日 h 代表时 m 代表分 s 代表秒 | ① YYYY(只有年份时必须有 4 位,在插入到表中时必须加单引号) ② YYYYMMDD(月与日都必须按两位输入,不足前面补 0) ③ YYMMDD(如果没有时间则按 0 时 0 分 0 秒来计) ④ YYYY/MM/DD 或 YYYY-MM-DD 或 YYYY. MM. DD(三种分隔符/-.) ⑤ YYYY/MM/DD hh:mm:ss(时间的分隔符是:) ⑥ hh:mm:ss(如果只有时间没有日期,则日期按默认的 1900 年计) ⑦ YYYY/MM/DD hh:mm:ss AM(或 PM)(指定时间为上午或下午) 注:上面的格式并没有将所有日期时间格式列完,在输入中一定要注意格式,否则将不能作为合法的日期时间格式输入到数据库中去。 | |
| 存储形式 | 8 字节,前 4 字节个存储 1900/1/1 之前或之后的天数;后 4 个字节存储每天午夜后的毫秒数 | 4 字节,前 2 字节个存储 1900/1/1 之后的天数;后 2 个字节存储每天午夜后的分钟数 |

下面介绍日期时间插入的几种格式和效果。

在下面的例子中,用一个表 Temp1 来存储日期时间数据,建表的 SQL 代码如下所示。

```
CREATE TABLE Temp1
(
ID INT Identity(1,1) PRIMARY KEY,
MyDT1 DateTime,
MyDT2 SmallDateTime
)
```

Temp1 表中有 3 列,ID 列为自动增加的标识列,为主码。MyDT1 和 MyDT2 分别为 DateTime 和 SmallDateTime 类型,以便查看其对应效果。

【例 7-15】 采用多种格式将以下日期时间输入到 Temp1 表中(假定系统指定的日期格式为"年月日"形式)。

2011 年
1997 年 7 月 1 日

1999 年 12 月 31 日

下午 4 点 13 分 40 秒

2011 年 1 月 11 日下午 4 点 13 分 40 秒

```
2011 年 1 月 11 日下午 4 点 13 分 40 秒
INSERT INTO Temp1(MyDT1,MyDT2) VALUES('2011','2011')
INSERT INTO Temp1(MyDT1,MyDT2) VALUES('19970701','1997/7/1')
INSERT INTO Temp1(MyDT1,MyDT2) VALUES('99.12.31','99-12-31')
INSERT INTO Temp1(MyDT1,MyDT2) VALUES('4:13:40 PM','16:13:40')
INSERT INTO Temp1(MyDT1) VALUES('2011-1-11 4:13:40 PM')
SELECT * FROM Temp1
```

通过上述 SQL 语句添加了 5 条日期时间记录，查询结果如图 7-14 所示。

【例 7-16】　查询 Temp1 表中 MyDT1 的日期为 1997 年 7 月 1 日或时间为下午 4 点 13 分 40 秒的记录。

```
SELECT * FROM Temp1 WHERE MyDT1='1997.07.01'OR MyDT1='4:13:40 PM'
```

日期查询可按字符类型的形式来比较，该例的筛选条件使用了等于比较运算符＝，可以查询到完成匹配的日期或时间记录，查询结果如图 7-15 所示。

| ID | MyDT1 | MyDT2 |
|---|---|---|
| 1 | 1 | 2011-01-01 00:00:00.000 | 2011-01-01 00:00:00 |
| 2 | 2 | 1997-07-01 00:00:00.000 | 1997-07-01 00:00:00 |
| 3 | 3 | 1999-12-31 00:00:00.000 | 1999-12-31 00:00:00 |
| 4 | 4 | 1900-01-01 16:13:40.000 | 1900-01-01 16:14:00 |
| 5 | 5 | 2011-01-11 16:13:40.000 | NULL |

图 7-14　多种日期时间格式的插入结果

| ID | MyDT1 | MyDT2 |
|---|---|---|
| 1 | 2 | 1997-07-01 00:00:00.000 | 1997-07-01 00:00:00 |
| 2 | 4 | 1900-01-01 16:13:40.000 | 1900-01-01 16:14:00 |

图 7-15　采用相等查询结果

【例 7-17】　查询 Temp1 表中 MyDT1 的日期在 2000 年以后或当天时间在下午 4 点半之前的记录。

```
SELECT * FROM Temp1 WHERE MyDT1>'2000'OR MyDT1<'4:30 PM'
```

日期时间越早其值越小，反之则值越大，查询结果如图 7-16 所示。

如果比较中只有日期没有时间，则时间按默认的全为 0；如果比较中只有时间没有日期，则日期统一按 1900 年来计。

【例 7-18】　查询 Temp1 表中 MyDT1 的日期在 1990 年至 2000 年之间的记录。

```
SELECT * FROM Temp1 WHERE MyDT1 BETWEEN '1990'AND '2000'
```

查询结果如图 7-17 所示。

| ID | MyDT1 | MyDT2 |
|---|---|---|
| 1 | 1 | 2011-01-01 00:00:00.000 | 2011-01-01 00:00:00 |
| 2 | 4 | 1900-01-01 16:13:40.000 | 1900-01-01 16:14:00 |
| 3 | 5 | 2011-01-11 16:13:40.000 | NULL |

图 7-16　日期时间比较查询结果

| ID | MyDT1 | MyDT2 |
|---|---|---|
| 1 | 2 | 1997-07-01 00:00:00.000 | 1997-07-01 00:00:00 |
| 2 | 3 | 1999-12-31 00:00:00.000 | 1999-12-31 00:00:00 |

图 7-17　连续日期的查询结果

【例 7-19】 查询 Temp1 表中 MyDT1 的日期是元月 1 日的记录。

```
SELECT * FROM Temp1 WHERE CONVERT(VARCHAR(20),MyDT1,121) LIKE
'%01-01%'
```

在例 7-19 中需要查询的是日期中的某个部分,如果只使用模式匹配 LIKE 语句来设置筛选条件 MyDT1 LIKE '%01-01%'则得不到任何结果。所以在查询条件中我们用到了一个特殊的转换函数 CONVERT(),查询结果如图 7-18 所示。

| | ID | MyDT1 | MyDT2 |
|---|---|---|---|
| 1 | 1 | 2011-01-01 00:00:00.000 | 2011-01-01 00:00:00 |
| 2 | 4 | 1900-01-01 16:13:40.000 | 1900-01-01 16:14:00 |

图 7-18  指定日期查询结果

CONVERT()是 SQL Server 中一个把日期转换为新数据类型的通用函数。其语法格式如下:

```
CONVERT(data_type(length),data_to_be_converted,style)
```

data_type(length)规定目标数据类型(带有可选的长度)。data_to_be_converted 含有需要转换的值。style 规定日期/时间的输出格式。

style 的几种常见值与格式的对照见表 7-9。

表 7-9  CONVERT 函数中部分 style 的值与格式对照表

| style ID | style 格式 |
|---|---|
| 102 | yy. mm. dd |
| 111 | yy/mm/dd |
| 112 | yymmdd |
| 120 或者 20 | yyyy-mm-dd hh:mm:ss (24h) |
| 121 或者 21 | yyyy-mm-dd hh:m:ss. mmm (24h) |
| 126 | yyyy-mm-ddThh:mm:ss. mmm(没有空格) |

### 7.3.8  空值 NULL 查询

表中有时会存在一种特殊的值,属于未知和不确定的,它既不是 0 也不是空字符串,我们称为空值,用 NULL 表示。NULL 值不能用普通的比较运算符(如＝、＞、＜、＜＞等)来筛选,而是要用 IS NULL 和 IS NOT NULL 操作符来筛选。

在前面我们建立的 Temp1 表中就有一条含有空值 NULL 的记录,想要将其找出来就得用 IS 操作符,下面来看两个查询例子。

【例 7-20】 查询 Temp1 表中 MyDT2 列为空值 NULL 的记录。

```
SELECT * FROM Temp1 WHERE MyDT2 IS NULL
```

查询结果如图 7-19 所示。

如果要想在结果中排除空值 NULL 记录，则可以使用 IS NOT NULL 操作符。

| | ID | MyDT1 | MyDT2 |
|---|---|---|---|
| 1 | 5 | 2011-01-11 16:13:40.000 | NULL |

图 7-19　Temp1 表中的 NULL 值查询

在前面介绍的 SC 成绩表中，对于已经选课的学生但还没有参加考试(即没有成绩值)的 Grade 列设为空值 NULL，这不代表其为零分。表 7-10 中显示 SC 表中的所有记录，请大家自己完成一个查询找出成绩为空值的记录(表结构的说明见 7.2.2 小节)。

表 7-10　SC 表中的记录

| Sno | Cno | Grade | Sno | Cno | Grade |
|---|---|---|---|---|---|
| 9512101 | c01 | 90 | 9521102 | c04 | 92 |
| 9512101 | c02 | 86 | 9521102 | c05 | 50 |
| 9512101 | c06 | NULL | 9521103 | c02 | 68 |
| 9512102 | c02 | 78 | 9521103 | c06 | NULL |
| 9512102 | c04 | 66 | 9531101 | c01 | 80 |
| 9521102 | c01 | 82 | 9531101 | c05 | 95 |
| 9521102 | c02 | 75 | 9531102 | c05 | 85 |

空值由于本身是一种不确定的值，所以设为主键的列是不允许有 NULL 值的。在表定义时也可以通过 NOT NULL 来限定 NULL 值的插入，如在表 Student 中的 Sname 列就是这样限制的。

## 7.4　复杂查询

### 7.4.1　聚合函数查询

聚合函数对一组值执行计算并返回单一的值。除 COUNT 函数之外，聚合函数忽略空值。聚合函数经常与 SELECT 语句的 GROUP BY 子句一同使用。

在对表中记录查询时可能会要求计算结果数或某些列值的汇总值并返回一个统计值。下面我们来看一个查询例子。

【例 7-21】　查询 Student 表中学生的总人数，学生的平均年龄、最大年龄和最小年龄的值。

```
SELECT COUNT(*) AS 总人数,AVG(Sage) AS 平均年龄,
MAX(Sage) 最大年龄,MIN(Sage) AS 最小年龄 FROM Student
```

在查询的列后加 AS 可以给查询的结果列加上别名，利于理解。查询结果如图 7-20 所示。

| | 总人数 | 平均年龄 | 最大年龄 | 最小年龄 |
|---|---|---|---|---|
| 1 | 8 | 19 | 22 | 18 |

图 7-20　聚合函数查询(一)

下面介绍几种最常用的聚合函数。

- 统计个数函数 COUNT：返回列中不为 NULL 值的记录个数。
- 求平均值函数 AVG：返回数值型列值的算术平均值。
- 求最大值函数 MAX：返回数值、字符和日期型列的最大值。
- 求最小值函数 MIN：返回数值、字符和日期型列的最小值。
- 求和函数 SUM：返回数值型列的总和。
- STDEV：返回数值列的标准差。
- STDEVP：返回数值列的总体标准差。
- VAR：返回数值列的统计方差。
- VARP：返回数值列的总体统计方差。

【例 7-22】 查询 SC 表中有成绩的人数，并计算成绩的平均分、总分、标准差、总体标准差、方差和总体方差。

```
SELECT COUNT(Grade) AS 人数,AVG(Grade) AS 平均分,SUM(Grade) AS 总分,
STDEV(Grade) AS 成绩标准差,STDEVP(Grade) AS 总体标准差,
VAR(Grade) AS 方差,VARP(Grade) AS 总体方差 FROM SC
```

查询结果如图 7-21 所示。

| | 人数 | 平均分 | 总分 | 成绩标准差 | 总体标准差 | 方差 | 总体方差 |
|---|---|---|---|---|---|---|---|
| 1 | 12 | 78 | 947 | 12.7525… | 12.2096… | 162.6287… | 149.0763… |

图 7-21 聚合函数查询(二)

在统计中，除 COUNT( * )外，其余的聚合函数统计都忽略空值。在对列进行统计时，AVG、SUM、STDEV、STDEVP、VAR、VARP 等这些聚合函数只能接受数值型列。

以上例子中查询出的统计值针对的都是表的所有行，可以使用 WHERE 子句进行筛选，使得某些满足条件的记录参加统计；也可以与 GROPU BY 和 HAVING 子句相结合，在按照某个(些)列分组以后，对每组的数据进行上述统计。下面介绍使用 GROUP BY 和 HAVING 子句的分组查询，并将分组与统计相结合完成查询。

## 7.4.2 分组查询

在对表中记录进行查询时，有时要将查询的结果进行分组，这时就要用到分组查询。分组查询中有两个子句，分别是 GROUP BY 和 HAVING。

### 1. GROUP BY 子句

【例 7-23】 查询 Student 表中男女同学的人数、男女同学的平均年龄。

```
SELECT Ssex,COUNT( * ) 人数,AVG(Sage) 平均年龄 FROM Student
GROUP BY Ssex
```

| | Ssex | 人数 | 平均年龄 |
|---|---|---|---|
| 1 | 男 | 5 | 20 |
| 2 | 女 | 3 | 19 |

图 7-22 分组查询

给结果列中加别名的 AS 子句可以省略，查询结果如图 7-22 所示。

如果不是对所有记录进行分组则可以在 WHERE 后加筛选条件，GROUP BY 子句的语法格式为：

```
GROUP BY [ALL]<分组表达式 1>[,… n] [WITH {CUBE | ROLLUP}]
```

ALL 关键字指定对所有记录进行分组,包括不满足 WHERE 搜索条件的行,但这些行在某列上汇总时,该列值被指定为 NULL。如果某个分组中的所有行的汇总列都为 NULL,SELECT 子句选择的结果包括汇总列值为 NULL 的组。若不指定 ALL 关键字,包含 SELECT 子句将不显示汇总列值为 NULL 的组。

【例 7-24】　查询 Student 表中各系的人数以及平均年龄。

```
SELECT Sdept,COUNT(*) 人数,AVG(Sage) 年龄 FROM Student GROUP BY Sdept
```

【例 7-25】　查询 Student 表中计算机系和数学系的人数及平均年龄。

```
SELECT Sdept,COUNT(*) 人数,AVG(Sage) 平均年龄 FROM Student
WHERE Sdept IN('计算机系','数学系') GROUP BY ALL Sdept
```

两个分组查询结果如图 7-23 所示。

| | Sdept | 人数 | 平均年龄 |
|---|---|---|---|
| 1 | 计算机系 | 3 | 19 |
| 2 | 数学系 | 2 | 18 |
| 3 | 信息系 | 3 | 21 |

| | Sdept | 人数 | 平均年龄 |
|---|---|---|---|
| 1 | 计算机系 | 3 | 19 |
| 2 | 数学系 | 2 | 18 |
| 3 | 信息系 | 0 | NULL |

(a) 不带 WHERE 条件的分组　　　　(b) 带 WHERE 条件的分组

图 7-23　分组查询结果

### 2. HAVING 子句

进行分组统计时,如果是按统计结果来筛选则不能使用 WHERE 语句,必须使用 HAVING 子句。HAVING 子句指定分组搜索条件,来挑选结果集中出现的组。HAVING 子句与 WHERE 子句都表示搜索条件,其区别在于 WHERE 子句作用于表或视图,在分组前进行操作,对行进行选择,且不能包含聚合函数;而 HAVING 子句作用于组,在分组后进行操作,挑选满足条件的组。

下面我们举一个含 HAVING 子句的分组查询的例子。

【例 7-26】　查询 Student 表中各系的人数,结果只显示在 3 人以上(含 3 人)的记录。

```
SELECT Sdept,COUNT(*) 人数 FROM Student GROUP BY Sdept
HAVING COUNT(*)>=3
```

查询结果如图 7-24 所示。

| | Sdept | 人数 |
|---|---|---|
| 1 | 计算机系 | 3 |
| 2 | 信息系 | 3 |

图 7-24　含 HAVING 子句的分组查询结果

如果查询语句中同时带有 WHERE、GROUP BY 和 HAVING 子句时,其执行顺序分别为:WHERE 子句→GROUP BY 子句→HAVING 子句。在 HAVING 子句中包含的搜索条件与 WIIERE 子句一样,可以有比较运算符,可以使用 BETWEEN（NOT BETWEEN）,IN(NOT IN),LIKE(NOT LIKE),IS NULL(IS NOT NULL)以及逻辑运算符 AND、OR、NOT。

### 7.4.3 多表查询

在数据库中数据是以数据表的形式存储的,但不能将所有数据都存储在一张表中,否则会引起数据操作中的数据冗余、插入异常、删除异常,相关内容可查阅关系数据库规范化理论的知识。

在本章练习所用到的学生信息、课程及成绩数据是分成三个表来存放的,相关表结构请参阅 7.2.2 小节。其关系模式可分别描述如下。

学生信息表——Student(Sno, Sname, Ssex, Sage, Sdept)
课程信息表——Course(Cno, Cname, Ccredit, Semester)
成绩表——SC(Sno, Cno, Grade)

从上述关系模式可以看出,学生信息表与成绩表以学号(Sno)进行关联,课程信息表与成绩表以课程号(Cno)进行关联,三表间关联状态如图 7-25 所示。

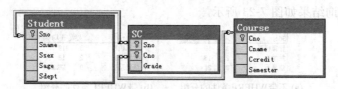

图 7-25 三表之间的关联

如果一个查询需要对多个表进行操作,则称这种查询为多表查询。多表查询分为连接查询和合并查询。

连接查询:通过每个表之间共同列的关联性来查询数据,它是关系数据库查询最主要的特征。连接查询分为等值连接、内连接、外连接和自连接查询。

合并查询:使用 UNION 操作符的查询,求两个或多个查询结果的并集。

下面介绍连接查询的使用方法。连接查询是根据每个表之间的逻辑关系从两个或多个表中检索数据。SQL 用连接条件来表示表之间的逻辑关系,在连接条件中要指定每个表的连接列,并用比较运算符来表示每个连接列之间的比较关系。

【例 7-27】 查询成绩在 70 分至 85 分之间的学生姓名、课程号和成绩。

方法一:等值连接查询。

```
SELECT Sname,Cno,Grade FROM Student,SC WHERE Student.Sno=SC.Sno AND
Grade BETWEEN 70 AND 85
```

方法二:内连接查询。

```
SELECT Sname,Cno,Grade FROM Student INNER JOIN SC ON Student.Sno=SC.Sno
WHERE Grade BETWEEN 70 AND 85
```

两种方法查询的结果都是一样的,如图 7-26 所示。

(1) 连接子句的格式

连接条件可放在 FROM 子句或 WHERE 子句中。在 FROM 子句中指定连接条件可以将连接条件与其他查询条件分开。表示连接条件的 FROM 子句格式为:

| | Sname | Cno | Grade |
|---|---|---|---|
| 1 | 李四 | c02 | 78 |
| 2 | 钱六 | c01 | 82 |
| 3 | 钱六 | c02 | 75 |
| 4 | 郑一平 | c01 | 80 |
| 5 | 王九龙 | c05 | 85 |

| | Sname | Cno | Grade |
|---|---|---|---|
| 1 | 李四 | c02 | 78 |
| 2 | 钱六 | c01 | 82 |
| 3 | 钱六 | c02 | 75 |
| 4 | 郑一平 | c01 | 80 |
| 5 | 王九龙 | c05 | 85 |

图 7-26　等值连接与内连接查询结果

```
FROM<表 1>,<表 2>WHERE<连接条件>
```

上面是等值连接的格式,其连接类型单一,在某些特殊查询上无能为力。

```
FROM<表 1><连接类型>JOIN<表 2>[ON(<连接条件>)]
```

其中,"连接类型"为内连接、外连接或交叉连接;"连接条件"为每对连接列之间的比较表达式。此类连接的特点如下。

- 查询所涉及的多个表如果有重名的列,这些列必须用表名加以限定;
- 可以为查询所涉及的表指定别名,用表的别名来限定所有出现的列;
- 选择列表可以是查询所涉及表中的任何列,可以不包含连接条件中的列;
- 连接条件中比较的列不必同名或具有相同的数据类型;
- 比较运算符可以是=、<、>、<=、>=、<>、!=等;
- 大多数连接查询可以写成等价的嵌套查询形式,反之亦然。

(2) 常用的连接类型

① 内连接(INNER)。仅显示两个连接表中匹配的行,INNER 关键字可以省略(例 7-27 的方法二就是内连接。

【例 7-28】　查询计算机系学生的学号、姓名、课程号和成绩记录。

```
SELECT S.Sno,Sname,C.Cno,Cname,Grade FROM Student AS S INNER JOIN SC
INNER JOIN Course AS C
ON SC.Cno=C.Cno ON SC.Sno=S.Sno
WHERE Sdept='计算机系'
```

该查询中涉及三表内连接,要注意按就近匹配的原则来设置连接条件,否则会出现错误的信息。查询结果如图 7-27 所示。

② 外连接(OUTER)。内连接将不符合连接条件的数据丢弃,只保留满足连接条件的行,连接表出现的顺序是无关紧要的。而在外连接中,连接双方有左右之分的,"表 1"称为

| | Sno | Sname | Cno | Cname | Grade |
|---|---|---|---|---|---|
| 1 | 9512101 | 张三 | c01 | 计算机文化课 | 90 |
| 2 | 9512101 | 张三 | c02 | ASP程序设计 | 86 |
| 3 | 9512101 | 张三 | c06 | 数据结构 | NULL |
| 4 | 9512102 | 李四 | c02 | ASP程序设计 | 78 |
| 5 | 9512102 | 李四 | c04 | 数据库基础 | 66 |

图 7-27　三表内连接查询结果

"左表","表 2"称为"右表"。用左表的每行数据去匹配右表的数据列,符合连接条件的数据返回到结果集中,不符合连接条件的列将被填上 NULL 值再返回到结果集中。

外连接分为左外连接(LEFT OUTER)、右外连接(RIGHT OUTER)和完全连接(FULL OUTER)三种。

左外连接:结果集中包括左表中的所有行及右表中的所有匹配的行,不包括右表中不匹配的行。

**【例 7-29】** 查询所有学生的学号、姓名及其选课情况。

```
SELECT S.Sno,Sname,SC.Sno,Cno,Grade FROM Student AS S LEFT JOIN SC
ON S.Sno=SC.Sno
```

| | Sno | Sname | Sno | Cno | Grade |
|---|---|---|---|---|---|
| 1 | 9531101 | 郑一平 | 9531101 | c01 | 80 |
| 2 | 9531101 | 郑一平 | 9531101 | c05 | 95 |
| 3 | 9531101 | 赵五 | NULL | NULL | NULL |
| 4 | 9512101 | 张三 | 9512101 | c01 | 90 |
| 5 | 9512101 | 张三 | 9512101 | c02 | 86 |
| 6 | 9512101 | 张三 | 9512101 | c06 | NULL |
| 7 | 9531102 | 王九龙 | 9531102 | c05 | 85 |
| 8 | 9512103 | 王二 | NULL | NULL | NULL |
| 9 | 9521103 | 孙七 | 9521103 | c02 | 68 |

图 7-28 左外连接查询的部分结果

查询结果如图 7-28 所示。

从查询结果中可以看出，Student 表中的所有记录都在结果集中出现，在 SC 表中只出现匹配的记录，而 Student 表中不符合连接条件的两条记录（赵五和王二）则以 NULL 值对应到结果集中，大家可以想想如何找出没有选修课程的学生信息。

右外连接：包括右表中的所有行及左表中所有匹配的行，不包括左表中不匹配的行。

完全外连接：包括所有连接表中的所有行，不论它们是否匹配。

后面两种连接形式可以参照左外连接的例子，这里就不再赘述了。

③ 自连接。连接双方可以是不同的两个表，也可以是同一个表。在一个表与其自身之间进行连接为自连接。

**【例 7-30】** 查询与赵五同在一个系学习的学生记录。

在查询中将 Student 同时作为"表 1"和"表 2"，连接条件为"表 1"的"所在系"和"表 2"的"所在系"相等，即将"赵五"的"所在系"作为"表 2"查询的条件，同时又在结果集中将"赵五"的记录排除，相应的 SQL 查询语句如下。

```
SELECT S2.* FROM Student AS S1,Student AS S2
WHERE S1.Sdept=S2.Sdept AND S1.Sname='赵五'AND S2.Sname<>'赵五'
```

查询结果如图 7-29 所示。

以上都是在 FROM 子句中指定连接条件，这种方法因其将连接条件与其他查询条件分开而普遍采用，也是 SQL Server 推荐方法。

| | Sno | Sname | Ssex | Sage | Sdept |
|---|---|---|---|---|---|
| 1 | 9521103 | 孙七 | 男 | 20 | 信息系 |
| 2 | 9521102 | 钱六 | 女 | 21 | 信息系 |

图 7-29 自连接查询的结果

### 7.4.4 嵌套查询

嵌套查询是在一个 SELECT 查询中嵌套一个 SELECT 子查询块，前面介绍到的连接查询大多数都能改成嵌套查询。

**【例 7-31】** 查询成绩在 70 分至 85 分之间的学生学号、姓名和所在系。

```
SELECT Sno,Sname,Sdept FROM Student WHERE Sno IN
(SELECT Sno FROM SC WHERE Grade BETWEEN 70 AND 85)
```

| | Sno | Sname | Sdept |
|---|---|---|---|
| 1 | 9512102 | 李四 | 计算机系 |
| 2 | 9521102 | 钱六 | 信息系 |
| 3 | 9531101 | 郑一平 | 数学系 |
| 4 | 9531102 | 王九龙 | 数学系 |

图 7-30 采用嵌套查询的结果

查询得到的学生的学号与姓名和前面的例子是一致的，查询结果如图 7-30 所示。

在本次查询中得的结果都是在 Student 表中，而并没有 SC 表的内容，也就是说，显示的结果是一个表，筛选的条件来自另外一个表，这是嵌套查询常见的形式。

子查询可以嵌套在 SELECT、INSERT、UPDATE 或 DELETE 语句的 WHERE 或 HAVING 子句中，还可以多层嵌套，即嵌套在其他子查询块中。多数嵌套查询的子查询块出现在 WHERE 子句中，上面介绍的都是这种情形，下面介绍几类嵌套查询的形式。

### 1. IN 子句的嵌套查询

通过 IN 或 NOT IN 引入子查询的查询结果，其语法格式为：

```
WHERE 表达式 [NOT] IN(子查询)
```

在使用 IN 时要注意的几点。

- 子查询块的返回结果集可以是零到多个值；
- 只出现在子查询块中的表，其列不能出现在外层的选择列表中；
- 外层查询的 WHERE 子句中的列与子查询的选择列表中的列必须一致；
- 如果子查询不返回任何值，那整个查询将也不会返回任何值。

【例 7-32】 查询没有选课的学生记录。

```
SELECT * FROM Student WHERE Sno NOT IN(SELECT Sno FROM SC)
```

其查询相当于关系运算中的差运算，也就是用 Student 中的学号与 SC 中的学号之差来找到没有选课的学生记录，查询结果如图 7-31 所示。

【例 7-33】 查询与赵五同在一个系学习的学生记录（采用 IN 嵌套查询）。

```
SELECT * FROM Student WHERE Sno
IN(SELECT Sno FROM Student WHERE Sdept
IN(SELECT Sdept FROM Student WHERE Sname='赵五'))
AND Sname<>'赵五'
```

在这次查询中用到了三层嵌套查询，最内层的先查询出"赵五"的所在系的值，然后再以此作为第二层的筛选条件查询出属于该所在系的学生学号，最外层再以此条件查询出对应的学生记录，最后再将"赵五"的记录排除就得到了我们想要的查询结果。查询结果如图 7-32 所示。

| | Sno | Sname | Ssex | Sage | Sdept |
|---|---|---|---|---|---|
| 1 | 9512103 | 王二 | 女 | 20 | 计算机系 |
| 2 | 9521101 | 赵五 | 男 | 22 | 信息系 |

| | Sno | Sname |
|---|---|---|
| 1 | 9531101 | 郑一平 |

图 7-31　采用 NOT IN 子句查询未选课的学生记录　　　　图 7-32　成绩最高的学生信息

### 2. 使用比较运算符的嵌套查询

通过一个比较运算符（＝、＜＞、＞、＞＝、＜、＜＝）引入子查询的查询结果。如果这个比较运算符不跟 ANY 或 ALL，则子查询的结果必须为零或一个值，不能是多值。其语法格式为：

```
WHERE<表达式><比较运算符>[ANY | ALL](子查询)
```

＝ALL、＜＞ALL、＞ALL、＞＝ALL、＜ALL、＜＝ALL 分别表示等于、不等于、大于、

大于等于、小于、小于等于每一个值，即所有的值。

＝ANY、<>ANY、>ANY、>＝ANY、<ANY、<＝ANY 分别表示等于、不等于、大于、小于、大于等于、小于、小于等于至少一个值，即任意一个值即可。

**【例 7-34】** 查询成绩最高的学生学号及姓名。

```
SELECT Sno,Sname FROM Student WHERE Sno
=ANY(SELECT Sno FROM SC WHERE Grade
=(SELECT MAX(Grade) FROM SC))
```

考虑到最高分的人数可能不止一个，所以外层的筛选条件采用了＝ANY 运算符，查询结果如图 7-32 所示。

**3．EXISTS 嵌套查询**

EXISTS 嵌套查询的语法格式为：

```
WHERE [NOT] EXISTS(子查询)
```

说明：①WHERE 后面直接跟 EXISTS 关键字，没有其他语法元素；②子查询块中的选择列表一般为＊，是因为只是测试符合子查询检索条件结果是否存在，所以不指定列名；③使用 IN 或＝ANY 的嵌套查询可以表示为等价的 EXISTS 嵌套查询。

**【例 7-35】** 查询已被学生选课的课程信息（在课程信息 Course 表中，有 6 门课程，但只有其中 5 门被选）。

```
SELECT * FROM Course WHERE
EXISTS(SELECT * FROM SC WHERE Cno=Course.Cno)
```

用外层查询所选择的数据测试子查询是否返回结果。如果子查询块返回的结果不为空，则 WHERE 条件为 TRUE；如果子查询块返回的结果为空，则 WHERE 条件为 FALSE。外层查询最终结果为使 WHERE 条件为 TRUE 的那些数据。查询的结果如图 7-33 所示。

**【例 7-36】** 查询没有选课的学生记录（使用 NOT EXISTS 子句）。

```
SELECT * FROM Student WHERE
NOT EXISTS(SELECT * FROM SC WHERE Sno=Student.Sno)
```

查询结果与例 7-29 相同，如图 7-34 所示。

| | Cno | Cname | Ccredit | Semester |
|---|---|---|---|---|
| 1 | c01 | 计算机文化课 | 3 | 1 |
| 2 | c02 | ASP程序设计 | 2 | 3 |
| 3 | c04 | 数据库基础 | 6 | 6 |
| 4 | c05 | 高等数学 | 8 | 2 |
| 5 | c06 | 数据结构 | 5 | 4 |

| | Sname | Ssex | Sage |
|---|---|---|---|
| 1 | 张三 | 男 | 19 |
| 2 | 李四 | 男 | 20 |
| 3 | 赵五 | 男 | 22 |
| 4 | 孙七 | 男 | 20 |
| 5 | 王九龙 | 男 | 19 |

| | Sname | Ssex | Sage |
|---|---|---|---|
| 1 | 张三 | 男 | 20 |
| 2 | 李四 | 男 | 21 |
| 3 | 赵五 | 男 | 23 |
| 4 | 孙七 | 男 | 21 |
| 5 | 王九龙 | 男 | 20 |

图 7-33　EXISTS 查询已选课的记录　　　图 7-34　更新前的记录（左）和更新后的记录（右）

实际上，使用 EXISTS 和 NOT EXISTS 的嵌套查询还可以理解为求两个集合的交集和差集。集合的交集包含同时属于两个原集合的所有元素；差集包含只属于两个集合中的第一个集合的元素。

### 7.4.5　利用视图进行查询

　　视图是一种常用的数据库对象,它将查询的结果以虚拟表形式存储在数据中。视图并不在数据库中以存储数据集的形式存在。视图的结构和内容是建立在对表的查询基础之上的,和表一样包括行和列,这些行列数据都来源于其所引用的表,并且是在引用视图过程中动态生成的。

　　视图在查询分析器中可以通过 CREATE VIEW 的关键字来创建,也可以通过企业管理器中的视图创建向导来完成。下面是一个创建视图的 SQL 语句。

　　【例 7-37】　创建一个"计算机系学生的学号、姓名、课程号和成绩"的视图 V1。

```
CREATE VIEW V1
AS
SELECT S.Sno,Sname,C.Cno,Cname,Grade FROM Student AS S INNER JOIN SC
INNER JOIN Course AS C
ON SC.Cno=C.Cno ON SC.Sno=S.Sno
WHERE Sdept='计算机系'
```

　　此时视图 V1 中没有任何记录,但是当执行了下列查询操作后:

```
SELECT * FROM V1
```

　　视图 V1 就从基本表 Student、Course 和 SC 中提取数据显示出来,结果与图 7-27 所示一致。

　　视图是存在于数据库中的"虚拟数据表",它的内容由查询所定义。对数据库用户来讲,视图似乎是一张真正的数据表,它具有一组命名的数据记录和字段。但是,与真实的数据表不同,视图不会像数据表那样将数据存储在数据库中。相反,视图中可见的视图字段和记录,是由定义该视图的查询直接生成的结果。

　　在项目的查询模块中,经常要进行多表查询,如果数据表关系太过复杂,要使用多个查询语句才能完成,而且每次查询数据时,都要重复查询多个表的数据,这不但浪费了数据流量,还降低了数据查询的速度。电子商城的商品查询模块将重复的多表查询定义成视图,程序只要查询视图,就可以获取需要的多个数据表或者其他视图中的指定数据字段。

　　在对数据库进行操作时,经常会遇到所需的数据需要从多个相互关联的数据表中提取的情况,这时可以使用 SQL 语句中的 INNER JOIN ON 语句实现,但是如果一个网站中多次需要此类信息,则每次都需要写一遍 SQL 语句,很不方便,如果将需要的数据提取在一个视图中,则每次只须访问该视图即可,就会方便很多。

　　视图中的内容是由查询定义的,并且视图和查询都是通过 SQL 语句定义的,它们有着许多相同之处,但有很多不同之处。视图和查询的区别在于:

- 存储:视图存储为数据库设计的一部分,而查询则不是。视图可以禁止所有用户访问数据库中的基表,而查询要求用户只能通过视图操作数据。这种方法可以保护用户和应用程序不受某些数据库修改的影响,同样也可以保护数据表的安全性。
- 排序:查询的结果都可以排序,而视图只有包括 TOP 子句时才能进行排序。

• 加密：视图可以加密，但查询不能加密。

视图是一个虚拟的数据表，可以是多个表的查询结果，视图的优点包括以下几个方面。

（1）简化操作

视图可以是比较复杂的多表关联查询，每一次执行相同的查询，只需要一条简单的查询视图语句就可以解决复杂查询的问题。视图简化了操作的复杂性，使初学者不必掌握复杂的查询语句，就可以实现多个数据表间的复杂查询工作。对一个视图的访问要比对多个表的访问容易得多，大大简化了用户的操作。

（2）建立前台和后台的缓冲

在数据库开发过程中，可以通过调用视图来实现查询功能。通过对视图的调用，在数据表结构更改时，只要视图的输出列不发生变化，就可以避免对应用程序的修改。大大提高了数据库的开发效率，同时降低了开发成本。

（3）合并分割数据

通过视图可以对表中数据进行水平分割或垂直分割。用户可以对一个表或多个表中的数据列进行有选择的查看，简化数据结构。可以通过在视图中使用 WHERE 子句水平分割数据，限制表中显示的数据。

（4）提高安全性

视图可以作为一种安全机制，通过视图可以限定用户查看和修改的数据表或列，其他的数据信息只能是有访问权限的用户才能查看和修改。如对于工资表中的信息，一般员工只能看到表中的姓名、办公室、工作电话和部门等，只有负责相关操作的人才有权限查看或修改。如果某一用户想要访问视图的结果集，必须被授予访问权限，视图所引用的表访问权限与视图权限的设置互不影响。

这一点在数据库开发设计时，对于不同级别用户共用同一个数据库时，是非常有用的。

# 7.5  对 ASP 程序的应用

在 ASP 编程中不可避免的操作是对后台数据库进行数据操纵。前面我们描述了记录的添加，下面我们就常见的几种操作形式来描述如何通过 SQL 语句实现记录的修改、删除等基本更新操作。

## 7.5.1  应用 UPDATE 语句修改记录

UPDATE 语句用于修改数据库表中的特定记录或字段的数据，其基本语法格式如下。

```
UPDATE {table_name}
SET column_name={expression}[,…n ] [WHERE<search_condition>]
```

参数说明。

• table_name：指定要修改数据的表名称，不可省略。

• column_name：指定要修改的字段（列）名称，不可省略。

• expression：设置字段（列）的新值，不可省略，并注意新值的类型要与字段的格式一致。

- WHERE：指定修改记录应该满足的条件。如果省略，则表示将修改表中的所有行的数据。

下面介绍两条修改记录的 SQL 语句。

【例 7-38】　将所有男同学的年龄值加 1 岁。

```
UPDATE Student SET Sage=Sage+1 WHERE Ssex='男'
```

语句执行后得到的对照结果如图 7-34 所示。

【例 7-39】　将男同学的"ASP 程序设计"课程的成绩分数增加 5 分。

```
UPDATE SC SET Grade=Grade+5 WHERE
Sno IN(SELECT Sno FROM Student WHERE Ssex='男') AND
Cno=(SELECT Cno FROM Course WHERE Cname='ASP 程序设计')
```

在修改的条件中可以应用前面所讲的嵌套查询的 SQL 条件，语句执行后再通过下列查询语句。

```
SELECT * FROM SC  WHERE
Sno IN(SELECT Sno FROM Student WHERE Ssex='男')
AND Cno=(SELECT Cno FROM Course WHERE Cname='ASP 程序设计')
```

得到的对照结果如图 7-35 所示。

| | Sno | Cno | Grade | | Sno | Cno | Grade |
|---|---------|-----|-------|---|---------|-----|-------|
| 1 | 9512101 | c02 | 86 | 1 | 9512101 | c02 | 91 |
| 2 | 9512102 | c02 | 78 | 2 | 9512102 | c02 | 83 |
| 3 | 9521103 | c02 | 68 | 3 | 9521103 | c02 | 73 |

图 7-35　更新前后的记录对照

## 7.5.2　应用 DELETE 语句删除记录

DELETE 语句用于删除数据库表中的数据，其基本语法格式为：

```
DELETE [FROM] {table_name} [WHERE<search_condition>]
```

参数说明：

- table_name：指定要删除数据的表名称
- WHERE：指定删除记录应满足的条件。如果不指定 WHERE 子句，则将删除表中的所有记录。

【例 7-40】　删除 SC 表中成绩为不及格和没有成绩的记录。

首先查询 SC 表中成绩为不及格和无成绩（即为 NULL 值）的记录，可用如下 SQL 语句。

```
SELECT * FROM SC WHERE Grade<60 OR Grade IS NULL
```

可以看到表中有三条记录，如图 3-36 所示。

| | Sno | Cno | Grade |
|---|---|---|---|
| 1 | 9512101 | c06 | NULL |
| 2 | 9521102 | c05 | 50 |
| 3 | 9521103 | c06 | NULL |

图 7-36　待删除的记录

然后把查询的筛选条件用到删除语句中,相应的 SQL 删除语句如下。

```
DELETE FROM SC WHERE Grade<60 OR Grade IS NULL
```

再执行一次查询就看到前面的那三条记录已经没有了(注意,删除操作是不可恢复的,操作要谨慎)。

【例 7-41】　删除女同学的选课记录。(使用嵌套查询作为删除的条件)。

```
DELETE FROM SC WHERE Sno IN(SELECT Sno FROM Student WHERE Ssex='女')
```

在删除语句中的 WHERE 子句可以用到嵌套查询的各种条件,可以实现复杂的记录删除。

### 7.5.3　应用存储过程提高性能与安全

存储过程是以一个名字存储在数据库中的、经过预编译的 T-SQL(专门针对 SQL Server 应用的 SQL 语句增强版)语句集合,它可以独立执行或通过应用程序的调用来执行。

创建存储过程的语法格式为:

```
CREATE PROC[EDURE]<存储过程名>[ ; number ]
[ { @<参数><数据类型>}
[ VARYING ] [=<默认值>] [ OUTPUT ]]
[WITH{RECOMPILE | ENCRYPTION | RECOMPILE , ENCRYPTION}]
AS<SQL 语句序列>
```

其参数这里不再一一赘述,详细说明可查阅 SQL Server 的联机帮助文档。下面介绍建立一个存储过程的例子。

【例 7-42】　创建一个存储过程 P1,P1 能接受一个姓名参数,通过这个参数可以查询到相关的学生记录。"

```
CREATE PROCEDURE P1
@xm varchar(10)
AS
SELECT * FROM Student WHERE Sname LIKE @xm
```

@xm 属于一个接受输入的字符型参数,该参数将用于与 Sname 列进行模式匹配(为了更灵活的查询记录),执行该存储过程的 SQL 代码如下。

```
EXECUTE P1 '%王%'
```

EXECUTE 为执行存储过程的命令子句,P1 后面必须输入一个参数,这里以一个模式的形式输入，执行 P1 后得到的结果如图 7-37 所示。

如果要想查询姓"李"的同学记录，只需要将输入参数改为'李％'即可，所以其查询的灵活性很大。

视图与存储过程在某些地方有相似之处，但它们是有明显的区别的，见表 7-11。

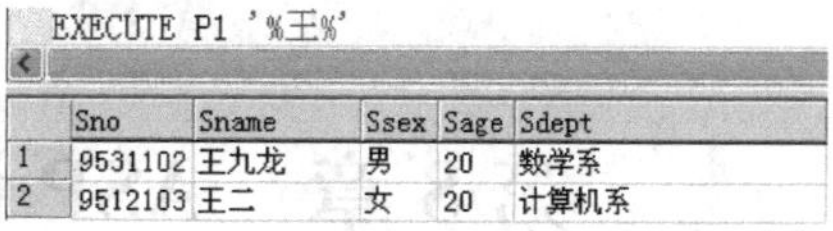

图 7-37　通过存储过程查询到的记录

表 7-11　视图与存储过程的区别

| | 视　　图 | 存　储　过　程 |
| --- | --- | --- |
| 语句 | 只能是 SELECT 语句 | 可以包含程序流、逻辑以及 SELECT 语句 |
| 输入、返回结果 | 不能接受参数，只能返回结果集 | 可以有输入输出参数，也可以有返回值 |
| 典型应用 | 多个表的连接查询 | 完成某个特定的较复杂的任务 |

存储过程一旦创建，在服务器上即被编译，可在需要时执行多次，有效地提高执行效率。它由 T-SQL 描述，具备强大的数据访问功能，可在一个过程中执行多条 SQL 语句，并且支持控制流、参数和返回值，具备强大的过程处理能力。在使用中存储过程像一般的程序设计语言一样，支持过程嵌套调用，可将复杂的过程处理简单化。

存储过程优于普通查询及更新的 SQL 语句，其特点如下。

- 代码重用性。存储过程是可重用的代码部件，创建后可以被应用程序重复调用。过程与应用程序之间的数据交互只是通过参数和返回值，这种黑盒子式的调用模式最大限度地减少了过程与应用程序之间的相互影响，从而提高了应用程序的可移植性。

- 高速性。存储过程和 T-SQL 批处理相比，因其在首次运行时就利用查询优化器对其进行分析优化并将执行计划存储在过程高速缓存中，以后执行时不必重复这些工作而速度要快很多。

- 网络流量小。存储过程是被预编译好存储在服务器端的，当用户需要调用存储过程访问数据时，只须通过网络发出调用语句，这样避免每次访问数据时发送多条 SQL 语句，从而大大减少了网络的流量负担。

- 安全性。系统管理员为存储过程的执行赋予一定的权限，从而有效控制用户访问数据的权限，保证了数据的安全性。

## 思考题

思考题 7-1：SQL 语言有哪些特点？

思考题 7-2：SQL Server 2000 的版本有哪些，各有什么特点？

思考题 7-3：通过查询分析器创建数据库 STD，了解 CREATE DATABASE 语句。

思考题 7-4：通过查询分析器按表 7-4 向 Student 中添加记录。

思考题 7-5：视图与存储过程有什么区别？

# 第 8 章　ASP 访问数据库：ADO 对象

本章将介绍 ADO（ActiveX Data Object，ActiveX 数据对象），它是一个服务器组件，专门用于连接和操作数据库，该组件使得 ASP 连接和操作数据库非常容易。

**本章主要内容：**

- ADO 概述；
- 连接数据库；
- Connection 对象；
- Command 对象；
- RecordSet 对象；
- 其他 ADO 对象。

## 8.1　ADO 概述

ADO 组件的使用需要利用支持 COM 的高级语言，例如 ASP 中的 VBScript 或者 Visual Basic，甚至 Delphi，微软的竞争对手 Borland 的一个产品，现在也支持使用 ADO 来访问数据库。

ADO 提供了一个熟悉的、高层的、对 OLE DB 的 Automation 封装接口。对熟悉 RDO 的程序员来说，可以把 OLE DB 比作是 ODBC 驱动程序。如同 RDO 对象是 ODBC 驱动程序接口一样，ADO 对象是 OLE DB 的接口；如同不同的数据库系统需要它们自己的 ODBC 驱动程序一样，不同的数据源要求它们自己的 OLE DB 提供者（OLE DB provider）。目前，虽然 OLE DB 提供者比较少，但微软正积极推广该技术，并打算用 OLE DB 取代 ODBC。

ADO 是 Microsoft 提出的应用程序接口（API）用以实现访问关系或非关系数据库中的数据。例如，如果您希望编写应用程序从 DB2 或 Oracle 数据库中向网页提供数据，可以将 ADO 程序包括在作为活动服务器页（ASP）的 HTML 文件中。当用户从网站请求网页时，返回的网页也包括了数据中的相应数据，这些是由于使用了 ADO 代码的结果。

像 Microsoft 的其他系统接口一样，ADO 是面向对象的。它是 Microsoft 统一数据读取（UDA）的一部分，Microsoft 认为与其自己创建一个数据，不如利用 UDA 访问已有的数据库。为达到这一目的，Microsoft 和其他数据库公司在它们的数据库和 Microsoft 的 OLE 数据库之间提供了一个"桥"程序，OLE 数据库已经在使用 ADO 技术。ADO 的一个特征（称为远程数据服务）支持网页中的数据相关的 ActiveX 控件和有效的客户端缓冲。作为 ActiveX 的一部分，ADO 也是 Microsoft 的组件对象模式（COM）的一部分，它的面向组件的框架用以将程序组装在一起。

ADO 从原来的 Microsoft 数据接口远程数据对象（RDO）而来。RDO 与 ODBC 一起工作访问关系数据库，但不能访问如 ISAM 和 VSAM 的非关系数据库。

ADO 是对当前微软所支持的数据库进行操作的最有效和最简单直接的方法，它是一种功能强大的数据访问编程模式，从而使得大部分数据源可编程的属性得以直接扩展到你的

Active Server 页面上。可以使用 ADO 去编写紧凑简明的脚本以便连接到 Open Database Connectivity（ODBC）兼容的数据库和 OLE DB 兼容的数据源，这样 ASP 程序员就可以访问任何与 ODBC 兼容的数据库，包括 MS SQL Server、Access、Oracle 等。

比如，如果网站开发人员需要让用户通过访问网页来获得存于 IBM DB2 或者 Oracle 数据库中的数据，那么就可以在 ASP 页面中包含 ADO 程序，用来连接数据库。于是，当用户在网站上浏览网页时，返回的网页将会包含从数据库中获取的数据。而这些数据都是通过 ADO 代码获得的。

ADO 包含的顶层对象如下。

- 连接：代表到数据库的连接。
- 记录集：代表数据库记录的一个集合。
- 命令：代表一个 SQL 命令。
- 记录：代表数据的一个集合。
- 流：代表数据的顺序集合。
- 错误：代表数据库访问中产生的意外。
- 字段：代表一个数据库字段。
- 参数：代表一个 SQL 参数。
- 属性：保存对象的信息。

ADO 包含所有可以被 OLE DB 标准对象描述的数据类型，即 ADO 对象模型具有可扩展性，它不需要部件做任何工作，即使对于那些从来没有想到过或见到过的记录集的信息格式，只要使用正常的 ADO 编程对象，就能够可视化地处理所有的事情。ADO 对象模型给开发人员提供了一种快捷、简单、高效的数据库访问方法，可以在脚本中使用 ADO 对象建立到数据库的连接，并从数据库中读取记录，形成实际要使用的对象集合。如图 8-1 所示，在 ADO 中包含 7 种对象：Connection 对象、Command 对象、RecordSet 对象、Parameter 对象、Field 对象、Error 对象、Property 对象。

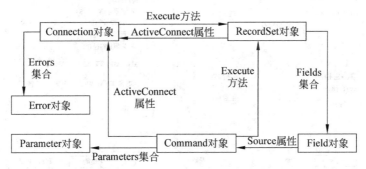

图 8-1　ADO 中包含的对象

## 8.2　连接数据库

### 8.2.1　IIS 属性设置

第 1 步：安装 IIS，安装过程详见 2.2.1 小节。
第 2 步：配置 IIS，IIS 的配置详见 2.2.2 小节和 2.2.3 小节。

第 3 步：启动 IIS，在"默认网站"上右击，在弹出的菜单中选择"属性"命令，如图 8-2 所示。

图 8-2　查看默认网站属性

第 4 步：单击"属性"菜单命令后，弹出如图 8-3 所示的对话框。

第 5 步：在图 8-3 中选择"主目录"属性标签，然后单击"配置"按钮，弹出如图 8-4 所示的对话框。

图 8-3　设置属性

图 8-4　"应用程序配置"对话框

第 6 步：在图 8-4 中选择"选项"选项标签，然后再勾选图中的"启用父路径"复选框。

## 8.2.2　创建数据库

Access 数据库是目前应用十分广泛的桌面型关系数据库，广泛应用于各种中小型的管理信息系统中。Access 除了能够做各种编程语言的后台数据库之外，本身也是一种很好的数据库开发工具。创建 Access 数据库的步骤如下。

第 1 步: 打开 Access, 选择"文件"→"新建"→"空数据库"菜单命令, 给这个数据库取名为 STUDENT, 并保存到相应的位置, 出现如图 8-5 所示的界面。

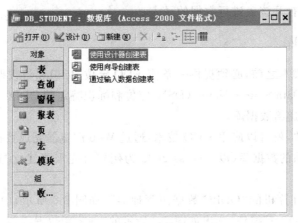

图 8-5　新建数据库

第 2 步: 单击"使用设计器创建表", 出现如图 8-6 所示的界面。

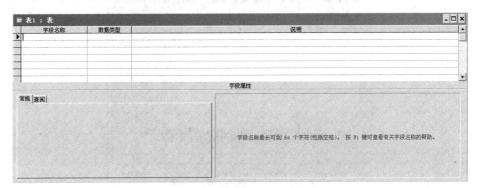

图 8-6　使用设计器创建表

第 3 步: 创建一张学生基本情况表 STUDENT。在数据库表的设计窗口中输入字段名称, 并选择字段对应的数据类型。

第 4 步: 创建完成后的数据库如图 8-7 所示。

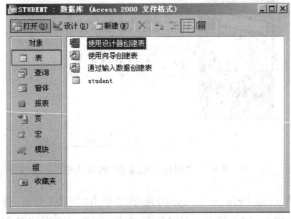

图 8-7　创建完成后的数据库

第 5 步：在创建完数据库文件，建立好数据库的表及其相关字段后，就可将相关的外部数据录入数据库了。在数据库中选择已建立的表，单击数据库窗口中的"打开"按钮，或者直接双击该数据库表，打开该表进行数据的录入。

### 8.2.3 连接数据库

在创建数据库脚本之前，必须提供一条使 ADO 定位、标识和与数据库通信的途径。数据库驱动程序使用 Data Source Name（DSN）定位和标识特定的 ODBC 兼容数据库，将信息从 Web 应用程序传递给数据库。

只需要三个步骤，就可以应用 ADO 技术，通过 Web 浏览器完成数据库资源的访问。

如果要访问网站的数据库（以 Access 2003 为例），首先需要建立与该数据库的正确连接，连接方法有两种。

在数据库所在计算机的"ODBC 数据源管理器"（如图 8-8 所示）中单击"系统 DSN"选项，然后单击"添加（D）…"按钮，弹出如图 8-9 所示的"创建新数据源"对话框。

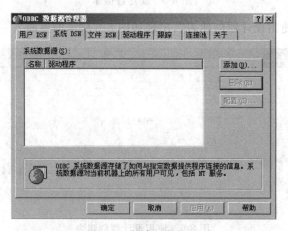

图 8-8  创建新数据源

图 8-9  "创建新数据源"的对话框

选中 Microsoft Access Driver（∗.mdb）选项后单击"完成"按钮，弹出"ODBC Microsoft Access 安装"对话框，如图 8-10 所示。在"数据源名（N）"一栏为该数据源起个名称，这里填

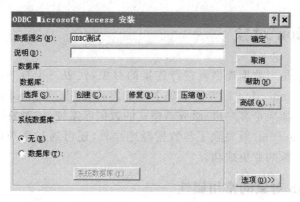

图 8-10　"ODBC Microsoft Access 安装"对话框

入"ODBC 测试"。然后单击"选择(S)…"按钮，弹出"选择数据库"对话框，如图 8-11 所示。

选中所需的 Access 2003 数据库文件，单击"确定"按钮，返回如图 8-12 所示的"ODBC Microsoft Access 安装"对话框。单击"确定"按钮，返回如图 8-13 所示的"ODBC 数据源管理器"窗口，单击"确定"按钮退出 ODBC 数据源管理器。至此，一个名为"ODBC 测试"的数据源就建好了。

图 8-11　"选择数据库"对话框

图 8-12　返回 ODBC 测试对话框

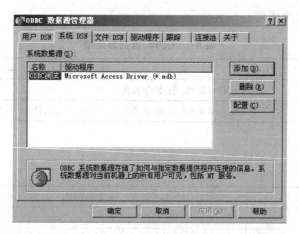

图 8-13　完成数据源的建立

## 8.3 Connection 对象

Connection 对象是与数据提供者进行连接的对象,代表一个打开的与数据源的连接。其他对象都必须在 Connection 对象的基础上才能发挥作用。Connection 对象代表与数据源进行的唯一会话。如果是客户机/服务器模式的数据库系统,该对象可等价于到服务器的实际网络连接。Connection 对象除了与数据源连接外,还可通过事务(transaction)来确保在事务中所有对数据源的变更成功。

### 8.3.1 Connection 对象的常用属性

Connection 对象的常用属性如表 8-1 所示。

表 8-1 Connection 对象的常用属性

| 属 性 名 称 | 说　　　明 |
| --- | --- |
| CommandTimeout | 设置执行 Execute 方法超时的时间。默认值为 30 秒 |
| ConnectionString | 设置 Connection 对象的数据库连接所需要的特定信息 |
| ConnectionTimeout | 设置执行 Open 方法超时的时间。默认情况下,若 Connection 对象无法在 15 秒内连接上数据库,便返回失败。如果设置为 0,则表示一直连接下去,直到连通为止 |
| Version | 返回 ADO 的版本号 |

连接字符串有三种不同格式的描述方法如表 8-2、表 8-3 和表 8-4 所示。

(1) ODBC 驱动程序连接

表 8-2 ODBC 驱动程序连接

| 数据库类型 | 连接字符串 |
| --- | --- |
| Access | "Driver={Microsoft Access Driver (＊.mdb)};dbq=＊.mdb 文件的物理路径" |
| MS SQL Server | "Driver={Sql Server};Server=服务器名;DataBase=数据库名;Uid=用户名;Pwd=口令" |

(2) ODBC 数据源连接

表 8-3 ODBC 数据源连接

| 数据库类型 | 连接字符串 |
| --- | --- |
| Access | "DSN=ODBC 数据源名称" |
| MS SQL Server | "DSN=ODBC 数据源名称;Uid=用户名;Pwd=口令" |

(3) OLEDB 连接

表 8-4 OLEDB 连接

| 数据库类型 | 连接字符串 |
| --- | --- |
| Access | "Provider=Microsoft.Jet.OLEDB.4.0;Data Source=＊.mdb 文件的物理路径" |
| MS SQL Server | "Provider=SQLOLEDB;Data Source=服务器名;Initial catalog=数据库名;Userid=用户名;Password=口令" |

### 8.3.2　Connection 对象的常用方法

Connection 对象的常用方法如表 8-5 所示。

表 8-5　Connection 对象的常用方法

| 方法名称 | 功　能 |
| --- | --- |
| Open | 打开一个 Connection 对象与数据库的连接 |
| Close | 关闭一个 Connection 对象与数据库的连接 |
| Execute | 执行 SQL 语句，并且返回一个 RecordSet 对象 |

（1）打开数据库连接 - Open 方法

语法格式如下：

```
Connection 对象名.Open [连接字符串]
```

说明：如果已用 Connection 对象的 ConnectionString 属性设定了连接字符串，那么 Open 方法后的参数可省略。

（2）执行 SQL 语句 -Execute 方法

语法格式如下：

```
Connection 对象名.Execute SQL 语句串 [,要查询的记录数]
```

说明：该方法可以执行 SQL 语句，并且可以返回一个 RecordSet 对象。

### 8.3.3　Connection 对象的应用

**例 8-1**　为 student 增加新数据。

首先使用 Access 创建一个名为 student 的数据库，在该数据库中创建一个名为 student 的表，其中的数据项分别为：学号（字段名为 xh），姓名（字段名为 xm），性别（字段名为 sex），出生日期（字段名为 csrq），班级（字段名为 bj），如图 8-14 所示。

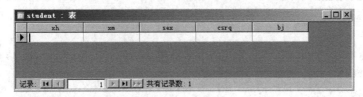

图 8-14　新建数据库

- 建立一个为 student 增加新数据的输入页面"8-1-1.asp"，如图 8-15 所示；
- 建立一个与数据库连接的提交页面"8-1-2.asp"。

8-1-1.asp：

```
<form name="form1" method="post" action="8-1-2.asp">
  <p>
学号<input type="text" name="xh" size="20"><br>
```

```
姓名<input type="text" name="xm" size="20"><br>
性别<input type="text" name="sex" size="20"><br>
出生日期<input type="text" name="csrq" size="20"><br>
班级<input type="text" name="bj" size="20"><p>
    <input type="submit" name="Submit" value="提交">
  </p>
</form>
```

8-1-2. asp：

```
<%
if request("submit")="提交" then
if request.form("xh")=""or request.form("xm")=""or request.form("sex")=""or
request.form("csrq")=""or request.form("bj")="" then
response.Write"<script>alert('资料填写不完整,请重新输入!');history.back();
</script>"
response.end
else
set conn=server.createobject("adodb.connection")
conn.Open "driver={Microsoft Access Driver (* .mdb)};dbq="&Server.MapPath
("/ch8/student.mdb")
xh=request.form("xh")
xm=request.form("xm")
sex=request.form("sex")
csrq=request.form("csrq")
bj=request.form("bj")
exec="insert into student(xh,xm,sex,csrq,bj)values('"+xh+"','"+xm+"','"+sex+
"','"+csrq+"','"+bj+"')"
conn.execute exec
conn.close
set conn=nothing
response.Write"<script>alert('信息添加成功');history.back();</script>"'
history.back();表示刷新
response.end
end if
end if
%>
```

当在 8-1-1. asp 的代码所生成的页面中填好数据，单击了"提交"按钮后，会看到直接执行了 8-1-2. asp 文件，在浏览器的状态栏出现"信息添加成功"字样。此时在 Access 中打开 student 表，可以看到刚才在页面中输入的数据已经进入数据表了。

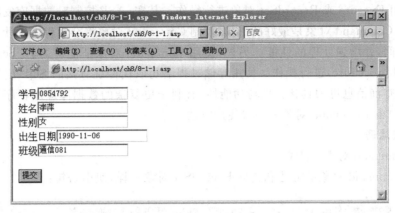

图 8-15　输入页面

## 8.4　Command 对象

　　ADO Command 对象用于执行面向数据库的一次简单查询。此查询可执行诸如创建、添加、取回、删除或更新记录等动作。如果该查询用于取回数据,此数据将以一个 RecordSet 对象返回。这意味着被取回的数据能够通过 RecordSet 对象的属性、集合、方法或事件进行操作。Command 对象的主要特性是有能力使用存储查询和带有参数的存储过程。

　　Command 对象在 SQL 语句的执行方面具有强大的功能,它不仅能够将一般的 SQL 语句送往数据库服务器,还能够传送带有参数的 SQL 语句,更重要的是还可以传送存储过程(在数据库端,预置的 SQL 程序)。但当 Command 对象执行 SQL 的 SELECT 语句时,返回的 RecordSet 对象记录指针只能向下移动,如果希望记录指针能够上下移动,那就必须使用 RecordSet 对象的 Open 方法来打开数据表。

### 8.4.1　Command 对象的方法和属性

　　Command 对象的几个重要属性和方法如下。

　　(1) ActiveConnection 属性:定义 Command 对象的连接信息。这个属性一般指向一个当前打开的 Connection 对象实例。

　　(2) CommandText 属性:为 SQL 语句、数据表名或者存储过程的名字。

　　(3) CommandType 属性:优化数据提供者的执行速度。通过 CommandText 属性中所定义的命令类型,数据提供者就不用花时间去分析是何种类型的数据。

　　AdCmdText:代表数字 1,表示处理的是一个 SQL 语句。

　　AdCmdTable:代表数字 2,表示处理的是一个数据表。

　　AdCmdStoredProc:代表数字 4,表示处理的是一个存储过程。

　　(4) Execute 方法:执行 CommandText 的 SQL 语句、表名或存储过程。

### 8.4.2　Command 对象的应用

　　很多网站现在都在使用 ASP 操作数据库。而一般都在使用 Connection 对象连接数据库后,再使用 Execute 或 RecordSet 对象进行操作。其实,ASP 控制对数据库发出的请求信息,ADO 的 Command 对象是最好的工具,控制 Command 对象将会为程序设计人员节省不少的开发时间,并增强处理的性能。另外,使用 Command 对象还能对 SQL Server 的存储过程(stored procedure)进行操作。使用存储过程语句取代传统直接的 SQL 语句写法将可以使数据库查询信息更加具备弹性与功能性,有利于更复杂的数据库应用程序开发。下面来介绍 ADO 的 Command 对象的一般使用方法。

**1. 语法原理**

(1) Command 对象的建立

建立 Command 对象的方法和建立 RecordSet 对象一样,使用语句:

```
<%Set Command 对象名=Server.CreateObject("ADODB. Command")%>
```

(2) 连接 Command 对象

一旦 Command 对象被建立后,接着必须设定 Command 对象与数据库服务器的沟通管道,也就是采用 ActiveConnection 属性来设定 Command 对象与 Connection 通道的连接关系。这里省略了 Connection 对象 Adocon 的建立,直接默认 adocon 为建立的 Connection 对象。

```
<%Set comm.ActiveConnection=adocon%>
```

或者也可以直接用

```
<%Set comm.ActiveConnection="DSN=www;UID=sa;PWD=;"%>
```

(3) 数据库查询

使用 Command 对象的 Execute 方法共有 4 种方式:

① 单纯地执行 Execute 方法就可以对数据库查询信息,这时候 Command 对象会依照 CommandText 属性值的设定作为默认的数据查询信息,Execute 执行后服务器会依照所请求的数据整理返回为 RecordSet 对象。

```
<%Set rs=comm.Execute%>
```

② Execute 方法允许传入的第一个参数是用来记录在此次数据查询信息发出后,数据库内符合请求的所有数据总数。

③ Execute 方法允许传入的第二个参数是参数值数组。

```
<%
Dim Data(1)
Data(0)=100
Data(1)=200
Set comm.CommandText="ChangeNum"
Set comm.CommandType=adCmdStoredProc
Set rs=comm.Execute Count,Data
%>
```

该程序就是调用数据库存储过程的模型。

④ Execute 方法允许传入的第三个参数是 CommandType 属性值，由于 Command 对象允许多样类型的数据查询信息写法（字符串或子程序），因此，为了程序设计的方便，Execute 方法直接提供参数设定以对应 CommandType 属性：

```
<%comm.Execute count,,adCmdStoredProc%>
```

在有了理论知识作为铺垫后，下面介绍 Command 对象的应用。

**2．Command 对象的应用**

**例 8-2**　借助 Command 对象查询并显示 student 中的所有数据。

这里仍使用例 8-1 的数据库。

- 建立一个为 student 查询数据的查询页面"8-2-1. asp"；
- 建立一个对数据库进行查询的提交页面"8-2-2. asp"。

8-2-1. asp：

```
<html>
<body>
<form name="form1" method="post" action="8-2-2.asp">
请输入需要查询的学生性别:<input type="text" name="sex"><input type="submit"
name="submit" value="搜索">
</form>
</body>
</html>
```

以下是 8-2-2. asp 文件中的代码，完成在 student 中按性别进行查询。

```
<%
sex=request.querystring("sex")
set conn=server.createobject("adodb.connection")
conn.Open "driver={Microsoft Access Driver (*.mdb)};dbq="&Server.MapPath
("/ch8/student.mdb")
set pa=conn.execute("select * from student where sex like '%"&sex&"%'")
response.write "学号　姓名　性别　出生日期　班级<br>"
do while not pa.eof
response.write pa("xh")&" "&pa("xm")&" "&pa("sex")&" "&pa("csrq")&" "&pa("bj")
pa.movenext
loop
pa.Close
%>
```

在图 8-15 所示的页面中"性别"文本框中输入"女"，单击"查询"按钮后，即可得到 student 中所有女同学的记录信息，如图 8-16 所示。

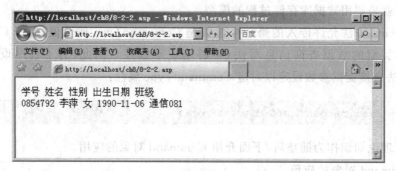

图 8-16　借助 Command 对象查询并显示 student 中的所有数据效果

# 8.5　RecordSet 对象

在利用 Connection 对象和一个数据库建立起连接后,就可以使用 ADO 的 RecordSet 对象访问数据表的记录了。

## 8.5.1　RecordSet 对象的常用属性

RecordSet 对象的常用属性如表 8-6 所示。

表 8-6　RecordSet 对象的常用属性

| 属 性 名 称 | 说　　　明 |
| --- | --- |
| AbsolutePage | RecordSet 对象记录集合有分页时,设置当前记录所在位置的页号 |
| AbsolutePosition | 设置记录指针所在绝对位置,即第几条记录 |
| ActiveConnection | 设置 RecordSet 对象记录集合属于哪一个 Connection 对象 |
| BOF | 检验记录指针所指位置是否在第一条记录之前,若成立,则返回 True,否则返回 False |
| EOF | 检验记录指针所指位置是否在最后一条记录之后。若成立,则返回 True,否则返回 False |
| CacheSize | RecordSet 对象记录集合在内存中缓存的记录数,用来决定客户端每次由数据库端取回的记录数 |
| CursorType | RecordSet 对象的游标类型,用来设置记录指针在 RecordSet 对象记录集合中的移动方向 |
| LockType | 锁定当前记录 |
| PageSize | RecordSet 对象记录集合有分页时,设置每一页所容纳的记录数 |
| PageCount | RecordSet 对象记录集合有分页时,设置页面总数 |

## 8.5.2　RecordSet 对象的常用方法

RecordSet 对象的常用方法如表 8-7 所示。

**表 8-7　RecordSet 对象的常用方法**

| 方　　法 | 说　　明 |
|---|---|
| AddNew | 向 RecordSet 对象记录集合中插入一条新记录，一般情况下，需要再执行 Update 方法才算完成新增操作 |
| CancelBatch | 取消对 RecordSet 对象记录集合的批处理更新操作 |
| CancelUpdate | 取消对 RecordSet 对象记录集合中某条记录的更新操作。这个方法只能在修改记录之后，且尚未写入数据库（即尚未调用 Update 方法完成更新）之前，才能够取消更新，使记录恢复成原样 |
| Close | 关闭打开的 RecordSet 对象 |
| Delete | 删除 RecordSet 对象记录集合中的当前记录 |
| GetRows | 取得 RecordSet 对象记录集合中的多条记录 |
| MoveFirst | 将记录指针移至第一条记录 |
| MovePrevious | 将记录指针向上移动一条记录 |
| MoveNext | 将记录指针向下移动一条记录 |
| MoveLast | 将记录指针移至最后一条记录 |
| Open | 取得一个 RecordSet 对象，它可能包含符合 SQL 查询的所有记录 |
| Update | 完成对 RecordSet 对象记录集合中某条记录的更新 |

### 8.5.3　RecordSet 对象的应用

#### 1. 创建 RecordSet 对象

**例 8-3**　利用 RecordSet 显示数据库的内容。

本例子仍使用例 8-1 所建立的数据库。

创建 8-3.asp 页面代码如下。

```
<%
set conn=server.createobject("adodb.connection")
conn.Open "driver={Microsoft Access Driver (*.mdb)};dbq="&Server.MapPath("/ch8/student.mdb")
set rs=Conn.Execute("Select * From student")
%>
学号:<%=rs("xh")%><br>
姓名:<%=rs("xm")%>　性别:<%=rs("sex")%>　出生日期:<%=rs("csrq")%>　班级:<%=rs("bj")%><br>
<%
Conn.Close
set Conn=nothing
%>
```

该程序代码执行的结果如图 8-17 所示。

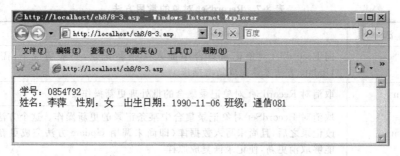

图 8-17　利用 RecordSet 显示数据库的内容

在这个例子中,先创建了一个 Connection 对象实例 Conn,然后通过 Conn 的 Execute 方法执行 SQL 查询语句,返回一个记录集合,赋值给 RecordSet 对象的实例 rs,最后从 rs 中读出 student 中的第一条记录信息。用这种方式得到的 RecordSet 对象实例 rs 是以只读的方式创建的。它有很多限制,例如只能向下,而不能向上移动记录指针,无法跟踪数据库的变化等。为了能够更灵活地操作 RecordSet 对象记录集合,往往是直接创建 RecordSet 对象。

**2. 使用 RecordSet 对象查询并显示数据**

**例 8-4**　使用 MoveNext 查询并显示 student 中的所有数据。

创建 8-4.asp 页面代码如下。

```
<%
set conn=server.createobject("adodb.connection")
conn.Open "driver={Microsoft Access Driver (*.mdb)};dbq="&Server.MapPath
("/ch8/student.mdb")
set rs=Conn.Execute("Select * From student")
Do While not rs.EOF
%>
学号:<%=rs("xh")%><br>
姓名:<%=rs("xm")%>　性别:<%=rs("sex")%>　出生日期:<%=rs("csrq")%>
班级:<%=rs("bj")%><br>
<hr>
<%
rs.MoveNext
    Loop
    rs.Close
    Conn.Close
    set Conn=Nothing
%>
```

其执行结果如图 8-18 所示,可以看到 student 中的两条数据全都显示出来了。

这个例子中使用了 Do…Loop 循环,并在循环体内使用了 RecordSet 对象的 MoveNext 方法,每循环一次,就将记录指针向下移动一行,直到 RecordSet 对象记录集合的最后一条记录。

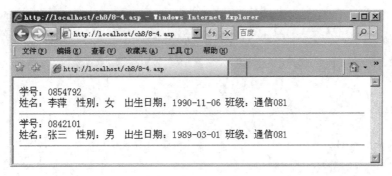

图 8-18　使用 MoveNext 查询并显示 student 中的所有数据

### 3. 使用 RecordSet 对象删除页面

**例 8-5**　为 student 构建一个记录删除页面,该例子是一个在 RecordSet 对象中直接使用 SQL 语句操作数据库的例子。

完成该任务需要两个 ASP 程序文件: 8-5-1.asp 和 8-5-2.asp。

8-5-1.asp 程序代码:

```
<html>
<body>
<%
set conn=server.createobject("adodb.connection")
conn.Open "driver={Microsoft Access Driver (*.mdb)};dbq="&Server.MapPath
("/ch8/student.mdb")
  Set rs=Server.CreateObject("ADODB.RecordSet")
  rs.Open "student",Conn
%>
学生记录删除页面
<form method="POST" action="8-5-2.asp">
<table border="1">
<tr><td>删除标记</td><td>学号</td><td>姓名</td><td>性别</td><td>出生日期</
td><td>班级</td></tr>
<%
  do until rs.EOF
%>
<tr><td><input type="radio" value=<%=rs("xh")%>name="Del_test"></td>
<td><%=rs("xh")%></td>
<td><%=rs("xm")%></td>
<td><%=rs("sex")%></td>
<td><%=rs("csrq")%></td>
<td><%=rs("bj")%></td></tr>
<%
  rs.MoveNext
  Loop
%>
</table><br>
<input type="submit" value="提交" name="Sent">
```

215

```
<input type="reset" value="重置" name="Clear"></p>
</form>
</body>
</html>
<%
  rs.Close
  Conn.Close
  set Conn=nothing
%>
```

8-5-2.asp 程序代码：

```
<html>
<body>
<%
set conn=server.createobject("adodb.connection")
conn.Open "driver={Microsoft Access Driver (*.mdb)};dbq="&Server.MapPath
("/ch8/student.mdb")
  Set rs=Server.CreateObject("ADODB.RecordSet")
  SQLstr="Delete From student Where xh='" & Request("Del_test") & "'"
  rs.Open SQLstr,Conn
  Conn.Close
  set Conn=nothing
%>
<script  language="vbscript">
  Alert("记录删除已经完成!")
  Location.href="8-5-1.asp"
</script>
</body>
</html>
```

在浏览器地址栏中输入 http://localhost/ch8/8-5-1.asp,首先显示 student 中目前现有的记录,通过第一列的单选按钮,选择要删除的记录,运行效果如图 8-19 所示。

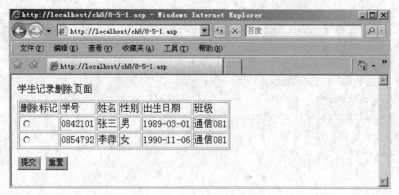

图 8-19  显示需要删除记录的页面

当选择了某个记录后，单击"提交"按钮，即可删除此条记录。

## 8.6　其他 ADO 对象

ADO 组件主要提供了 7 个对象和 4 个集合来访问数据库：

- Connection 对象用于建立与后台数据库的连接；
- Command 对象用于执行 SQL 指令，访问数据库；
- Parameters 对象和 Parameters 集合为 Command 对象提供数据和参数；
- RecordSet 对象存放从数据库中调用的数据记录；
- Field 对象和 Field 集合提供对 RecordSet 中当前记录的各个字段进行访问的功能；
- Property 对象和 Properties 集合提供有关信息，供 Connection、Command、RecordSet、Field 对象使用；
- Error 对象和 Errors 集合提供访问数据库时的错误信息。

下面将简单介绍 Parameters 对象、Field 对象、Property 对象与 Error 对象。

### 8.6.1　Parameters 对象

Command 对象具有由 Parameter 对象组成的 Parameters 集合，Parameter 对象代表与基于参数化查询或存储过程的 Command 对象相关联的参数或自变量。通过创建 Parameter 对象并添加到 Parameter 集合中，可以向参数化查询传递所需要的 Parameter 对象与基于参数化查询或存储过程的 Command 对象相关联的参数或自变量。

ADO 中共有三个主要的内部对象，它们分别是 Connection、Command、RecordSet。这三个对象看起来逻辑关系比较简单，但是它们之间的关系使用起来却十分复杂。

由图 8-20 可以看出，Error 对象为 Connection 对象的子对象，Parameter 对象为 Command 对象的子对象，Field 对象为 RecordSet 对象的子对象，这三个对象层层相套。如果只建立下层对象，则预示着同样建立了隐含的上层对象，对于其中的子对象无法使用，而要使用参数查询则必须使用 Parameter 对象。

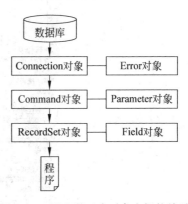

图 8-20　ADO 的三个对象之间的关系

### 8.6.2　Parameters 集合的属性和方法

Parameters 的属性只有一个，就是 Count，它表示 Parameters 集合中 parameter 对象的个数，格式为：

```
Command 对象.Parameters.Count
```

Parameters 的方法如表 8-8 所示。

表 8-8　**Parameters 的方法**

| 方 法 名 | 说 明 |
|---|---|
| Append | 将一个新建的 Parameter 对象加入到 Parameters 集合中 |
| Delete | 从 Parameter 对象中删除一个 Parameter 对象，可以通过 index 索引参数来确定删除哪个 Parameter 对象 |
| Item | 用于获取某个 Parameter 对象 |
| Refresh | 刷新 Parameters 集合 |

### 8.6.3　Parameter 对象的应用

创建 Parameter 方法可以用指定的名称、类型、方向、大小和值，格式为：

```
Set parameter=Command 对象.CreateParameter(Name,Type,Direction,Size,Value)
```

**例 8-6**　利用 Parameter 插入指定数据。

**1. 创建数据库**

继续使用原有的 student 数据库，新创建一个名为 users 的表，其数据项包括 username 和 passwd。建立如图 8-21 所示的表结构。

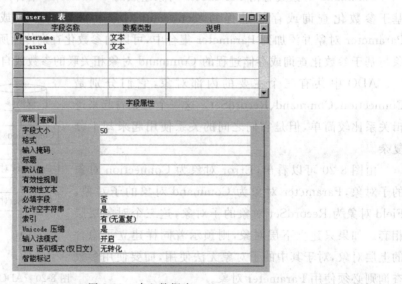

图 8-21　建立数据库

**2. 创建表单 8-6.asp**

利用表单通过 Parameter 对象将参数值传入数据库中，表单代码如下。

8-6.asp：

```
<%
Set dbComm=Server.CreateObject("ADODB.Command")      '建立命令对象 dbComm
Set dbConn=Server.CreateObject("ADODB.Connection")    '建立连接对象 dbConn
```

```
filePath=Server.MapPath("/ch8/student.mdb")
dbConn.Open "DRIVER={Microsoft Access Driver (*.mdb)};DBQ=" & filePath
'建立 Command 对象与 Connection 对象的关联
dbComm.ActiveConnection=dbConn
'表示数据查询类型为 SQL(1 代表 SQL)
dbComm.Commandtype=1
'定义 SQL 命令,用?代表未知参数
dbComm.Commandtext="Insert into users values (?,?)"
'创建 parameter 对象
Set p1=dbComm.CreateParameter ("username", 129, 1,10)
Set p2=dbComm.CreateParameter ("passwd", 129, 1,10)
'添加 parameter 对象到 parameters 集合中
dbComm.parameters.Append p1
dbComm.parameters.Append p2
'传递数据值给 parameter 对象
dbComm("username")="abcd"
dbComm("passwd")="123abc"
  '接收输入的参数值给 parameter 对象
  'dbComm ("username")=trim(request.form("user"))
  'dbComm ("passwd")=trim(request.form("pwd"))
dbComm.Execute
Set dbComm=nothing
dbConn.Close
Set dbConn=nothing
response.write("用户注册成功!")
%>
```

当运行程序后,就可以将代码中指定的 username="abcd",passwd="123abc"的值输入到数据库中。页面提示"用户注册成功!",如图 8-22 所示。最后可以打开 users 表,看到这些数据已经成功进入数据库中了,如图 8-23 所示。

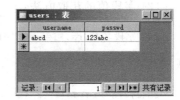

图 8-22　用户注册成功　　　　图 8-23　数据库完成数据的输入

本例除了适用于 Access,对于其他类型的如 SQLServer 等数据库同样有效。这样利用参数对数据库查询,不但能提高程序的运行速度,也能减轻 Web 服务器的工作压力,大大发挥了 ASP 的性能。

### 8.6.4  Field 对象

Field 对象代表使用普通数据类型的数据的列，RecordSet 对象含有由 Field 对象组成的 Fields 集合。使用 Fields 对象的 Value 属性可设置或返回当前记录的数据。取决于提供者具有的不同功能，Field 对象的某些集合、方法或属性有可能无效。

**1. 创建 Field 对象**

ADO Field 对象包含有关 RecordSet 对象中某一列的信息。RecordSet 中的每一列对应一个 Field 对象。

```
set objField=Server.CreateObject("ADODB.field")
```

**2. Field 对象的属性**

每个 RecordSet 对象都包含一个字段集合 Fields，它存储了数据表中的全部字段。Fields 集合中的每一列（从第 0 列开始），也就是数据表中的每一个字段，对应一个 Field 对象。事实上，RecordSet 对象的每一行都属于一个 Fields 集合，而 Fields 集合的每一项都是一个 Field 对象。

Field 对象的常用属性如表 8-9 所示。

**表 8-9  Field 对象的常用属性**

| 属 性 名 称 | 说　　明 |
| --- | --- |
| Count | 获取当前 RecordSet 对象记录集合中字段的数量 |
| Name | 获取当前记录某个字段的名称 |
| Value | 获得当前记录某个字段的值 |
| Type | 获取当前 RecordSet 对象记录集合中某个字段的数据类型 |

（1）字段名的获取方法：

```
rs(i).Name 或 rs.Fields(i).Name
```

（2）字段值的获取方法：

```
rs("字段名")、rs.Fields("字段名")
```

或

```
rs(i)、rs.Fields(i)、rs(i).Value、rs.Fields(i).Value
```

如果需要读取当前 RecordSet 对象记录集合中字段的数量，可以使用如下代码。

```
FieldCount=Rs.Fields.Count
```

在获得 RecordSet 对象记录集合中字段的数量后，即可根据索引来读取当前记录的某个或某几个字段的名称、数据类型、长度等信息。程序代码如下所示。

```
Rs.Fields(i).Name
Rs.Fields(i).Value
Rs.Fields(i).Type
Rs.Fields(i).Attributes
Rs.Fields(i).DefinedSize
```

上述代码中的索引变量 i 从 0 开始,步长为 1,持续累加,直到 i 为 FieldCount－1 为止,便依次可以获得 RecordSet 对象记录集合的所有相关信息,包括字段和记录。

**3. Fields 对象应用实例**

**例 8-7**　用表格的形式显示 student 中的全部字段名称和所有记录,这里仍使用例 8-1 的数据库。

8-7.asp 程序代码:

```
<html>
   <body>
   <%
set conn=server.createobject("adodb.connection")
conn.Open "driver={Microsoft Access Driver (＊.mdb)};dbq="&Server.MapPath
("/ch8/student.mdb")
    Set rs=Server.CreateObject("ADODB.RecordSet")
    rs.Open "student",Conn
   %>
   <table border="1">
   <tr>
   <%
   for i=0 to rs.Fields.Count -1                      '输出表头(字段名)
     Response.Write "<td>" & rs(i).Name & "</td>"
   next
   %>
</tr>
<%
    do while not rs.EOF
      Response.Write "<tr>"
      for i=0 to rs.Fields.Count -1                   '输出表的内容(记录)
        Response.Write "<td>" & rs(i).Value & "</td>"
      next
      Response.Write "</tr>"
      rs.MoveNext
    loop
   %>
   </table>
   <%
 rs.Close
 Conn.Close
```

```
    set Conn=nothing
%>
</body>
</html>
```

运行效果如图 8-24 所示。

图 8-24    用表格的形式显示 student 中的全部字段名称和所有记录

**4. 实现数据的分页显示**

数据表中存储的数据记录可能有成千上万条,如果一次全部显示出来会既浪费时间又不便于查看。而如果能想办法实现数据的分页显示,就能很好地解决这个问题,下面将结合具体的程序示例介绍怎样实现数据的分页显示,这里仍使用例 8-1 的数据库。

**例 8-8**    调用 displayOnePage 过程显示 student 的第 1 页的记录。

该范例需要两个程序来完成。其中 8-8-1. asp 程序为主页面,代码通过调用 displayOnePage 过程来实现记录的分页显示。8-8-2. asp 页面为自定义过程页面,用于实现数据的分页输出。

8-8-1. asp 程序代码:

```
<!--#include file="8-8-2.asp"-->
    <%
set conn=server.createobject("adodb.connection")
conn.Open "driver={Microsoft Access Driver (*.mdb)};dbq="&Server.MapPath
("/ch8/student.mdb")
    Set rs=Server.CreateObject("ADODB.Recordset")
    rs.Open "student",Conn,3
%>
    <html>
    <body>
    <h2 align="center">显示 student 第 1 页的记录</h2>
    <hr>
    <%
    rs.PageSize=2
    displayOnePage rs,1
    rs.Close
    Conn.Close
```

```
    set Conn=nothing
%>
<hr>
</body>
</html>
```

8-8-1. asp 程序中,displayOnePage 过程的第 2 个调用参数为 1,又因为 PageSize＝2,所以程序执行后会显示 student 第 1 页的有关记录,即 student 的前两条记录。

8-8-2. asp 程序代码:

```
<%
    Sub displayOnePage(rs,page)
    '输出表头(字段名)
    Response.Write "<center><table border=1>"
    Response.Write "<tr>"
    for i=0 to rs.Fields.Count -1
      Response.Write "<td><center><b>" & rs(i).Name & "</b></center></td>"
    next
    '将 page 参数赋值给 AbsolutePage
    rs.AbsolutePage=page
'循环显示数据表的内容(记录)
    for xPage=1 to rs.PageSize
      Response.Write "<tr>"
      RecordNo= (page -1) * rs.PageSize+xPage
      for i=0 to rs.Fields.Count -1
        Response.Write "<td>" & rs(i).Value & "</td>"
      next
      Response.Write "</tr>"
      rs.MoveNext
      if rs.EOF then exit for
    next
    Response.Write "</table></center>"
    End Sub
%>
```

该过程代码中的 PageSize 用来确定循环的次数,也就是要显示多少条记录。例如,设 PageSize＝6,page＝2。这时,由于 AbsolutePage＝page,所以当前的记录为第 7 条(2-1) * 6＋1＝7),然后循环 6 次,输出显示从第 7 到第 12 条的记录,也就是第 2 页的记录。下面的代码通过调用 displayOnePage 过程来实现记录的分页显示。

ASP 程序代码如下:

```
<!--# include file="8-8-2.asp"-->
    <%
set conn=server.createobject("adodb.connection")
conn.Open "driver={Microsoft Access Driver (*.mdb)};dbq="&Server.MapPath
("/ch8/student.mdb")
```

223

```
    Set rs=Server.CreateObject("ADODB.RecordSet")
    rs.Open "student",Conn,3
%>
<html>
<body>
<h2 align="center">显示 student 第 1 页的记录</h2>
<hr>
<%
    rs.PageSize=2
    displayOnePage rs,1
    rs.Close
    Conn.Close
    set Conn=nothing
%>
<hr>
</body>
</html>
```

该例中,displayOnePage 过程的第 2 个调用参数为 1,又因为 PageSize＝2,所以程序执行后会显示 student 数据库中第 1 页的有关记录,即 student 数据库的前两条记录,执行效果如图 8-25 所示。

图 8-25　实现数据的分页显示

## 思考题

思考题 8-1：ADO 的全称是什么? 它包括哪些对象?

思考题 8-2：请描述如何建立和关闭 Connection 对象?

思考题 8-3：Command 对象的方法和属性是哪些?

思考题 8-4：RecordSet 常用的方法有哪些?

思考题 8-5：使用 access 建立一个名为 mydb. mdb 的数据库,在该数据库内建立一个 student 表,表中数据项如下：学号(字段名为 xh),姓名(字段名为 xm),性别(字段名为

sex)，出生日期(字段名为 csrq)，班级(字段名为 bj)。请使用 Connection 对象为 student 增加新数据。

　　思考题 8-6：使用 access 建立一个名为 mydb. mdb 的数据库，在该数据库内建立一个 users 表，表中有两个字段，分别为 username 与 passwd。利用本章所学知识完成用户的注册。

　　思考题 8-7：使用思考题 8-6 所建立的 users 表，利用本章所学知识完成用户的登录。

　　思考题 8-8：利用 Parameter 向思考题 8-6 所建立的 users 表中插入指定数据。

# 第 9 章 Spry 框架在 ASP 程序中的应用

在如今 Web 2.0 盛行的时代背景下,选中 Ajax 的 Spry 框架与 ASP 搭配,使得传统的 ASP 技术充满了活力,能够开发出更多具有 Web 2.0 特色的网络应用程序。本章将详细介绍 Spry 框架在 ASP 程序中的应用,为读者日后学习其他 Ajax 框架打下良好的基础。

**本章主要内容:**

- Spry 框架概述;
- Spry 框架表单构件;
- 使用 Spry 显示 XML 数据。

## 9.1 Spry 框架概述

### 9.1.1 Spry 框架简述

在如今 Web 2.0 盛行的时代背景下,Ajax 是 Web 2.0 的核心之一,使用 Ajax 的最大优点就是能在不刷新整个页面的前提下维护数据,这使得 Web 应用程序可以更为迅速地响应用户交互。

目前 Ajax 已经成为当前的热门技术。Google 作为 Ajax 技术的领跑者,早已经走在其他同类网站的前列。广为大家熟悉的基于 Ajax 的产品有 Google Maps、Google Gmail 和 Google IG 等。

Ajax 是 Asynchronous JavaScript and XML 的缩写。它并不是一门新的语言或技术,实际上是几项技术按一定的方式组合在一起发挥各自的作用。它包括使用 XHTML 和 CSS 标准化呈现,使用文档对象模型 DOM 实现动态显示和交互,使用 XML 和 XSLT 进行数据交换与处理,使用 XMLHttpRequest 进行异步数据读取,最后用 JavaScript 绑定和处理所有数据。

如前所述,JavaScript 是 Ajax 技术的一个主要组成部分。在开发 Ajax 应用的过程中,往往需要编写大量的 JavaScript 代码,为了减少 JavaScript 编码量,简化 Ajax 应用开发任务,目前出现了许多出色的 Ajax 开发框架,比如 Adobe 公司推出的 Spry 框架,该框架实际上是一个 JavaScript 和 CSS 库,可用来构建向站点访问者提供更丰富体验的 Ajax 网页。使用 Spry 框架,可以显示 XML 数据,并创建用来显示动态数据的交互式页面元素,而无须刷新整个页面。有了 Spry 框架,就可以使用 HTML、CSS 和极少量的 JavaScript 代码,把 XML 数据合并到 HTML 文档中,也可以创建构件(如折叠构件和菜单栏)或者向各种页面元素中添加不同种类的效果。

Spry 框架在设计上与其他 Ajax 框架不同,Spry 框架的标记非常简单,便于那些具有 HTML、CSS 和 JavaScript 基础知识的用户使用,可以同时为设计人员和开发人员所用,因为实际上它的 99% 都是 HTML。更为可喜的是,在 Dreamweaver CS4 中已经提供对 Spry

框架的支持。通过 Dreamweaver CS4，可以使用 Spry 框架进行动态用户界面的可视化设计、开发和部署。本章主要讲述如何利用 Dreamweaver CS4 的 Spry 框架创建表单验证元素，并且通过 Spry 框架与 ASP 结合，处理 XML 数据。

### 9.1.2　Spry 构件

Spry 构件是一个页面元素，通过启用用户交互来提供更丰富的用户体验。Spry 构件由以下几个部分组成。

- 构件结构：用来定义构件结构组成的 HTML 代码块。
- 构件行为：用来控制构件如何响应用户启动事件的 JavaScript。
- 构件样式：用来指定构件外观的 CSS。

Spry 框架支持一组用标准 HTML、CSS 和 JavaScript 编写的可重用构件。可以方便地插入这些构件（采用最简单的 HTML 和 CSS 代码），然后设置构件的样式。框架行为包括允许用户执行下列操作的功能：显示或隐藏页面上的内容、更改页面的外观（如颜色）、与菜单项交互等。

Spry 框架中的每个构件都与唯一的 CSS 和 JavaScript 文件相关联。CSS 文件中包含设置构件样式所需的全部信息，而 JavaScript 文件则赋予构件功能。当使用 Dreamweaver CS4 界面插入构件时，Dreamweaver CS4 会自动将这些文件链接到页面，以便构件中包含该页面的功能和样式。

与给定构件相关联的 CSS 和 JavaScript 文件根据该构件命名，因此，你很容易判断哪些文件对应于哪些构件。（例如，与验证单选按钮构件的文件称为 SpryValidationRadio.js 和 SpryValidationRadio.css）。当在已保存的页面中插入构件时，Dreamweaver CS4 会在站点中创建一个 SpryAssets 目录，并将相应的 JavaScript 和 CSS 文件保存到其中。

对数据的检查仅可以在服务器端进行，也可以在客户端进行。在客户端通过 JavaScript 脚本对表单数据进行检查，如果不符合要求，则取消表单提交，这是 ASP 应用程序开发的重要内容之一。而 Spry 框架提供了一组用于验证表单数据的 Spry 构件，不用编写代码，就可以高效快捷地完成表单验证的任务。本章介绍如何在 Dreamweaver CS4 中使用 Spry 表单验证构件的使用方法。

## 9.2　Spry 表单构件

在 Dreamweaver CS4 中，Spry 表单构件主要由验证文本域、验证文本区域、验证复选框、验证密码、验证确认、验证单选按钮组和验证选择等构成。在本节中，首先介绍 Spry 表单构件的一些基本特点，然后以验证文本区域为例来说明如何使用 Spry 表单构件，最后以一个会员注册页面实例来讲解 Spry 表单构件的综合应用。

### 9.2.1　Spry 表单构件简介

Spry 的表单组件具有许多状态，如有效状态、无效状态和必需状态等。根据所需要的验证结果，可以使用属性检查器来修改这些状态的属性。验证文本框可以在不同的时间点进行验证，如当访问者在构件外部单击、输入内容或尝试提交表单的时候。

**1. Spry 表单构件的状态**

我们以单选按钮来说明,其他的表单构件大体相同,除了各个表单构件的功能不同而相应的显示结果不同。

图 9-1 显示一个处于各种状态的验证单选按钮组构件。

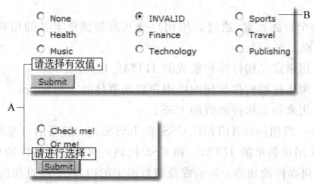

A. 验证单选按钮组构件错误消息　　B. 验证单选按钮组构件组

图 9-1　各种状态的验证单选按钮组构件

除初始状态外,验证单选按钮组构件还包括三种状态:有效、无效和必需值。可以根据所需的验证结果编辑相应的 CSS 文件(SpryValidationRadio.css),从而修改这些状态的属性。验证单选按钮组构件可以在不同的时间点进行验证:当用户在构件外部单击时、进行选择时或尝试提交表单时。

- 初始状态当在浏览器中加载页面时,或当用户重置表单时。
- 有效状态当用户进行选择,并且可以提交表单时。
- 必需状态当用户未能进行必需的选择时。
- 无效状态当用户选择其值不可接受的单选按钮时。

每当验证单选按钮组构件通过用户操作进入其中一种状态时,Spry 框架逻辑都会在运行时向该构件的 HTML 容器应用特定的 CSS 类。例如,如果用户尝试提交表单,但未进行任何选择,则 Spry 会向该构件应用一个类,使它显示"请进行选择"错误消息。用于控制错误消息的样式和显示状态的规则包含在构件随附的 SpryValidationRadio.css 文件中。

验证单选按钮组构件的默认 HTML 代码(通常位于表单中)包含一个环绕单选按钮组的 input type="radio" 标签的容器 span 标签。验证单选按钮组构件的 HTML 代码还包括位于文档标头中和此构件 HTML 代码后的 script 标签。

**2. 属性检查器的使用**

(1) 指定验证发生的时间

你可以设置验证发生的时间(包括用户在构件外部单击时、用户进行选择时或者用户尝试提交表单时)。

在"文档"窗口中,通过单击验证单选按钮组构件的蓝色选项卡来选择该构件。

在属性检查器中,选择用来指示你希望验证何时发生的选项。你可以选择所有选项,也可以仅选择 onSubmit,如图 9-2 所示。

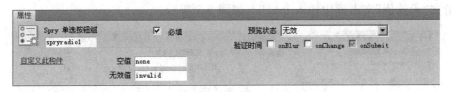

图 9-2　属性检查器验证发生时间设置图

- onBlur：当用户在单选按钮上单击时验证。
- onChange：在用户进行选择时验证。
- onSubmit：在用户尝试提交表单时进行验证。onSubmit 选项是默认选中的，无法取消选择。

（2）设置空值单选按钮或无效值单选按钮

针对不同的表单构件，属性检查器可以根据表单构件的特点作出相应的特殊设置，如针对单选按钮组，属性检查器可以在单选按钮组构件中选择要用做空单选按钮或无效单选按钮的单选按钮。当为构件指定空值或无效值时，必须有已经分配了那些值的相应单选按钮。

在单选按钮属性检查器中，为该单选按钮分配一个选定值。若要创建具有空值的单选按钮，请在"选定值"文本框中输入 none。若要创建具有无效值的单选按钮，请在"选定值"文本框中输入 invalid，如图 9-3 所示。

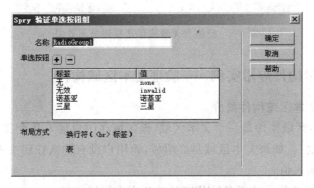

图 9-3　设置空值和无效值单选按钮

通过单击验证单选按钮组构件的蓝色选项卡（Spry 单选按钮组：Spryradio1），从而选择整个构件，如图 9-4 所示。

图 9-4　选择构件

在属性检查器中，指定空值或无效值。若要创建显示空值错误消息"请进行选择"的构件，请在"空值"文本框中输入 none。若要创建显示无效值错误消息"请选择一个有效值"的构件,请在"无效值"文本框中输入 invalid,如图 9-5 所示。

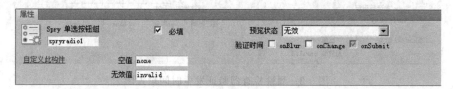

图 9-5　属性检查器设置

请记住,单选按钮本身和单选按钮组构件都必须分配有 none 或 invalid 值,错误消息才能正确显示,显示效果如图 9-6 所示。

图 9-6　空值和无效值单选按钮显示效果

## 9.2.2　Spry 表单构件应用实例——验证文本区域构件

### 1. Spry 验证文本区域构件简介

Spry 验证文本区域构件是一个文本区域,该区域在用户输入几个文本句子时显示文本的状态(有效或无效)。如果文本区域是必填域,而用户没有输入任何文本,该构件将返回一条消息,声明必须输入值。

从图 9-7 到图 9-9 显示处于各种状态的验证文本区域构件。

（1）剩余字符计数器。

图 9-7　剩余字符计数器

（2）具有焦点的文本区域构件（最大字符数状态）。

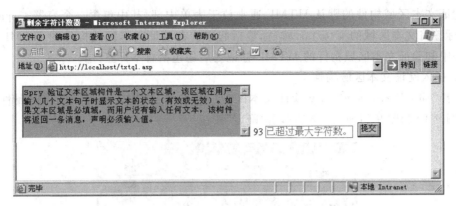

图 9-8　最大字符数状态

（3）文本区域构件（必需状态）。

图 9-9　必需状态

验证文本区域构件具有许多状态（例如，有效、无效、必需值等）。你可以根据所需的验证结果，使用属性检查器来修改这些状态的属性。验证文本区域构件可以在不同的时间点进行验证，例如当用户在构件外部单击时、输入内容时或尝试提交表单时。

- 初始状态：在浏览器中加载页面或用户重置表单时构件的状态。
- 焦点状态：当用户在构件中放置插入点时构件的状态。
- 有效状态：当用户正确地输入信息且表单可以提交时构件的状态。
- 必需状态：当用户没有输入任何文本时构件的状态。
- 最小字符数状态：当用户输入的字符数小于文本区域所要求的最小字符数时，构件的状态。
- 最大字符数状态：用户输入的字符数大于文本区域允许的最大字符数时，构件的状态。

每当验证文本区域构件以用户交互方式进入其中一种状态时，Spry 框架逻辑会在运行时向该构件的 HTML 容器应用特定的 CSS 类。例如，如果用户尝试提交表单，但尚未在文本区域中输入文本，则 Spry 会向该构件应用一个类，使它显示"需要提供一个值"错误消息。用来控制错误消息的样式和显示状态的规则包含在构件随附的 CSS 文件（SpryValidationTextArea.css）中。

验证文本区域构件的默认 HTML 通常位于表单内部，其中包含一个容器＜span＞标签，该标签将文本区域的＜textarea＞标签括起来。在验证文本区域构件的 HTML 中，在文档头中和验证文本区域构件的 HTML 标记之后还包括脚本标签。

**2. 插入验证文本区域构件**

选择"插入"→Spry→"Spry 验证文本区域"，将会弹出"输入标签辅助功能属性"对话框，如图 9-10 和图 9-11 所示，然后单击"确定"按钮。

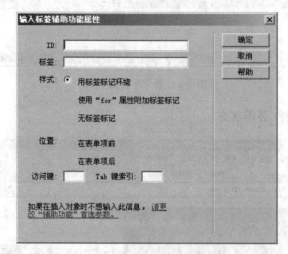

图 9-10　插入验证文本区域窗口选项

图 9-11　验证文本区域编辑窗口

**注意**：还可以使用"插入"面板中的 Spry 类别插入验证文本区域构件。

**3. 使用属性检查器设置验证文本区域选项**

（1）指定验证发生的时间

你可以设置验证发生的时间（包括用户在构件外部单击时、输入内容时或尝试提交表单时）。

在"文档"窗口中选择一个验证文本区域构件。在属性检查器中，选择"验证时间"选项，该选项指示你希望验证发生的时间。你可以选择所有选项，也可以仅选择"提交"按钮，如图 9-12 所示。

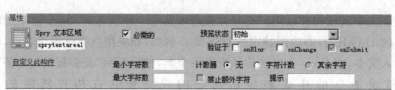

图 9-12　指定验证发生的时间

提交在用户尝试提交表单时进行验证。提交选项是默认选中的,无法取消选择。

（2）指定最小字符数和最大字符数

在"文档"窗口中选择一个验证文本区域构件。在属性检查器中的"最小字符数"或"最大字符数"框中输入一个数字。例如,如果在"最大字符数"框中输入 40,那么,如果用户在文本区域中输入超过 40 个字符时,该构件不能通过验证,如图 9-13 所示。

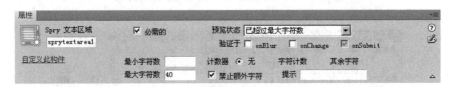

图 9-13　指定最大最小字符数

（3）添加字符计数器

你可以添加字符计数器,以便当用户在文本区域中输入文本时知道自己已经输入了多少字符或者还剩多少字符。默认情况下,当你添加字符计数器时,计数器会出现在构件右下角的外部。

在"文档"窗口中选择一个验证文本区域构件。在属性检查器中,选择"字符计数"或"其余字符"选项,如图 9-14 和图 9-15 所示。

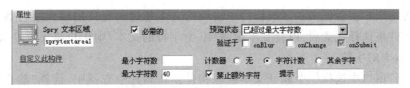

图 9-14　添加字符计数器

图 9-15　字符计数器显示效果

（4）创建文本区域的提示

可以向文本区域中添加提示（例如,"请在此处输入描述"）,以便让用户知道他们应当在文本区域中输入哪种信息。当用户在浏览器中加载页面时,文本区域中将显示添加的提示文本。

在"文档"窗口中选择一个验证文本区域构件。在属性检查器中的"提示"文本框中输入提示,如图 9-16 和图 9-17 所示。

图 9-16　在属性检查器中创建文本区域提示

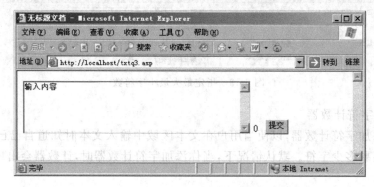

图 9-17　提示显示效果

（5）禁止额外字符

可以防止用户在验证文本区域构件中输入的文本超过所允许的最大字符数。例如，如果为某个构件集选择此选项，以接受不超过 40 个字符的文本，则用户将无法在文本区域中输入 40 个以上的字符。

在"文档"窗口中选择一个验证文本区域构件。在属性检查器中，选择"禁止额外字符"选项，如图 9-18 和图 9-19 所示。

图 9-18　禁止额外字符

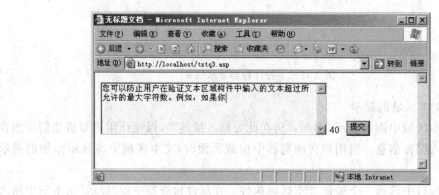

图 9-19　禁止额外字符显示效果

**4．Spry 验证文本区域构件应用示例——简单的留言本**

在本例中将创建一个简单的留言本，通过文本框构件输入主题，通过文本区域构件输入内容并提供一个计数器，用于显示当前已输入的字符数。在编辑窗口中实例显示如图 9-20 所示。

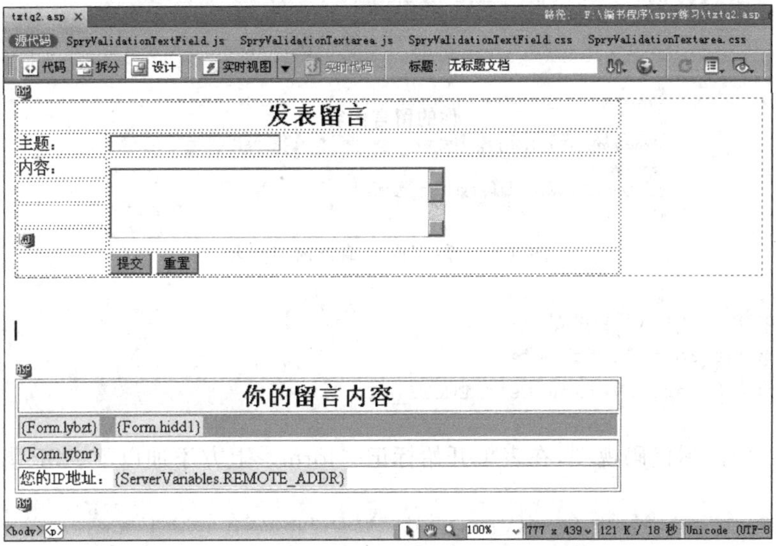

图 9-20　留言本实例在编辑窗口中的显示

操作步骤如下。

第 1 步：在 Dreamweaver CS4 中新建一个站点，并按照第 2 章介绍的方法用 IIS 指向这个站点，使它能够执行 ASP 程序，在站点中新建一个文件 txtq2.asp。

第 2 步：在页面上插入一个表单，在表单中插入一个 2 行 5 列的表格，合并第一行单元格，并在第一行中输入标题，在其他行的单元格中分别输入提示文字。

第 3 步：在"主题"右边的单元格中插入一个验证文本框构件，把 Spry 文本域的名称命名为 zt，把文本框命名为 lybzt，利用属性检查器把必需状态下显示的错误消息设置为"请输入留言本的主题"，并选中"强制模式"复选框。

第 4 步：在"内容"右边的单元格中插入一个文本区域构件，把 Spry 文本区域的名称命名为 nr，把文本框命名为 lybnr，利用属性检查器把提示文字设置为"填写留言内容"，把最大字符数设置为 150，把计数器类型设置为"字符计数"，选取"禁止额外字符"复选框。把必需状态下显示的错误消息设置为"请输入留言本的内容"，并选中"强制模式"复选框。

在表格的适当处插入一个隐藏域并命名为 hidd1，将其值设置为以下内容：

```
<% var date=new Date(); Response.Write(date.toLocaleString()); %>
```

主要是获取用户发言的时间，如图 9-21 所示。

第 5 步：在</body>标记的上方插入一个表格并输入提示文字，用来显示表单提交后的留言内容，在表格中插入三个表单变量，用来输出主题和留言内容以及显示用户的 IP 地址，如图 9-22 所示。

图 9-21　发表留言编辑窗口显示

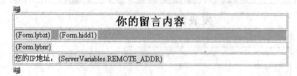

图 9-22　留言内容编辑窗口显示

```
<%=Request.Form("lybzt")%>
<%=Request.Form("hidd1")%>
<%=Request.ServerVariables("REMOTE_ADDR")%>
```

第 6 步：切换到代码视图，在表单开始标记<form>上方添加以下 ASP 脚本。

```
<%if (String(Request.Form("btnSubmit")))=="undefined") {%>
```

第 7 步：在下方表格开始标记<table>之前添加以下 ASP 脚本。

```
<%}else {%
```

第 8 步：在下方表格结束标记</table>之后添加以下 ASP 脚本。

```
<%}%>
```

第 9 步：保存文件，在浏览器中打开网页，并对两个 Spry 验证构件的功能进行测试。测试效果如图 9-23 和图 9-24 所示。

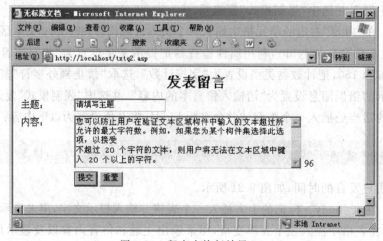

图 9-23　留言本执行效果(1)

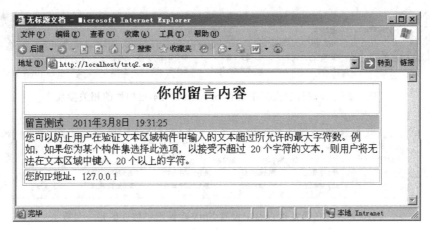

图 9-24　留言本执行效果(2)

### 9.2.3　Spry 表单应用实例：会员注册页面

在本例中将创建一个模拟会员注册页面，包括验证文本框、验证密码、验证确认、验证单选按钮组、验证选择等组件，如直接提交则显示相关错误消息，如图 9-25 所示。

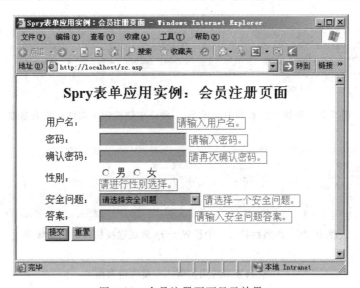

图 9-25　会员注册页面显示效果

操作步骤如下：

第 1 步：在 Dreamweaver CS4 建立站点和建立 zc.asp 文件。

第 2 步：在 zc.asp 中输入相关文字，插入一个表单并命名为 form1，将其 method 属性设置为 post，action 属性保留空值，在表单内输入相关文字。

第 3 步：按照 9.2.2 小节中介绍的方法插入验证文本框、验证密码、验证确认、验证单选按钮组、验证选择等组件，并按照普通表单的方法输入各种文字。

第 4 步：在编辑页面中选择各种 Spry 验证构件，并在属性检查器中完成设置，如图 9-26～图 9-31 所示。

图 9-26 在属性检查器中设置 Spry 验证文本框构件的相关参数

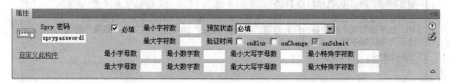

图 9-27 在属性检查器中设置 Spry 验证密码构件的相关参数

图 9-28 在属性检查器中设置 Spry 验证确认构件的相关参数

图 9-29 在属性检查器中设置 Spry 验证单选按钮组构件的相关参数

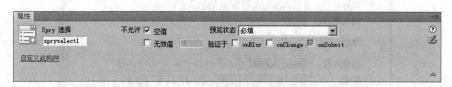

图 9- 30 在属性检查器中设置 Spry 验证选择构件的相关参数

图 9- 31 在编辑窗口的显示效果

第 5 步：切换到代码视图,在表单开始<form>之前输入以下 ASP 代码。

```
<%if(String(Request.Form("button"))=="undefined"){%>
```

在</body>之前插入以下 ASP 代码：

```
<%
}else{
    Response.Write("用户名："+Request.Form("text1")+"<br/>");
    Response.Write("密码："+Request.Form("password1")+"<br/>");
    Response.Write("请选择你的性别："+Request.Form("RadioGroup1")+ "<br/>");
    Response.Write("请选择安全问题："+Request.Form("select1")+"<br/>");
    Response.Write("安全问题答案："+Request.Form("text2")+"<br/>");

}
%>
```

页面运行效果如图 9-32 和图 9-33 所示。

图 9-32　会员注册页面实例显示效果(1)

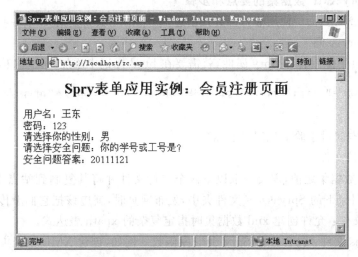

图 9-33　会员注册页面实例显示效果(2)

# 9.3 用 Spry 显示 XML 数据

## 9.3.1 Spry 数据集简介

就其本质而言，Spry 数据集是用于容纳所指定数据集合的 JavaScript 对象。利用 Dreamweaver，可以快速创建此对象，然后将数据源（如 XML 文件或 HTML 文件）中的数据加载到该对象中。数据集将以由行和列组成的标准表格形式生成数组。利用 Dreamweaver 创建 Spry 数据集时，还可以指定数据在网页上的显示方式。

可以将数据集想象成一个虚拟容器，其结构为行和列。它以 JavaScript 对象的形式存在，其信息仅当精确指定它们在网页上的显示方式时可见。可以显示此容器中的所有数据，也可以选择只显示所选数据。

如果创建 Spry 数据集时是从指定的 XML 文件或由服务器端处理程序（如 ASP 页）生成的 XML 文件异步加载数据，则该数据集称为 Spry XML 数据集。

对于服务器端响应的 XML 文档，虽然可以在客户端 JavaScript 脚本中通过 DOM 技术进行解析，但这个解析过程往往是烦琐而乏味的。为了解决这个问题，Spry 框架提供了各种类型的数据集对象，可以用来从指定的数据源异步加载数据并把获取的数据修整为一个表格，通过一些行和列来保存数据，采用 Spry 动态区域技术很容易把数据集内容显示在网页上。本节介绍如何使用 Spry 框架实现 XML 数据访问，主要包括创建 Spry XML 数据集、使用 Spry 动态区域，以及获取和操作数据等。

## 9.3.2 创建 Spry XML 数据集的方法

创建 Spry 数据集时，所使用的数据源可以是各种各样的，如 XML 文件、HTML 文件或 Json 脚本等，无论创建何种类型的数据集，都可以通过相同的方式来引用 Spry 属性和数据。如果创建 Spry 数据集时是从指定的 XML 文件或由服务器端处理程序（如 ASP 页）生成的 XML 文件异步加载数据，则该数据集称为 Spry XML 数据集。

### 1. 创建 Spry XML 数据集的要点和步骤

若要在 HTML 页面中使用非可视方式创建 Spry XML 数据集，有以下一些要点和步骤。

• 声明 Spry 空间

若要在网页中使用各种 Spry 属性，就需要在 html 标记中添加 Spry 名称空间声明：

```
<html xmlns="http://www.w3.org/1999/xhtml" xmlns:Spry="http://ns.adobe.com/
Spry">
```

Spry 名称空间对于验证代码是必需的。

• 准备支持文件

创建 Spry 数据集之前，需要获取以下两个支持文件并将其复制到站点中，通常把它们放置在站点根目录下的 Spryassets 文件夹中，发布网页时，就应该把它们上传到服务器上。

xpath.js 文件：允许创建 xml 数据集时指定复杂的 xpath 表达式。

Sprydata.js 文件：包含各种 Spry data 库函数。例如，创建 XML 数据集所使用的构造函数 Spry.data.xmldataset 就包含在这个文件中。

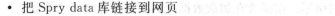

- 把 Spry data 库链接到网页

打开一个新的或现有的 HTML 网页，通过在网页首部插入以下 script 标记把两个 Spry data 库文件链接到该页。这两个文件可以在 Dreamweaver CS4 安装目录下的 configuration\Shared\Spry\Data 中获得。

```
<script src="SpryAssets/xpath.js" type="text/javascript"></script>
<script src="SpryAssets/SpryData.js" type="text/javascript"></script>
```

由于 Sprydata.js 文件依赖 xpath.js 文件，因此在代码中应首先链接 xpath.js 文件。

**2. 创建 XML 数据集**

在 JavaScript 脚本中，可以通过调用构造函数来创建 XML 数据集，语法如下：

```
<script type="text/javascript">
<!--
var ds1=new Spry.Data.XMLDataSet(url,xpath,options);
//-->
</script>
```

其中参数 url 是要加载数据的 URL，可以是绝对 url，也可以是相对于创建数据集的 html 文档的相对路径，并允许在 url 后面附加请求参数。此 url 应服从于浏览器的安全模型，通常只能从 html 页所在服务器域上的 XML 源加载数据。

参数 xpath 是一个 xpath 路径表达式，指定为数据集提供数据的重复 XML 节点，在创建数据集之前必须对 XML 结构有所了解。Spry 使用以下原则来修整数据和创建列。

若所选节点包含属性，则 Spry 对每个属性创建一个列并将属性值放在该列中，列名称是在属性名称前面添加一个@符号。例如，若一个节点包含一个 id 属性，则列名称为@id。

若所选节点不包含子元素，但其下面具有字符数据或 CDATA 段，则 Spry 创建一个列并将字符数据或 CDATA 置于该列，列名称为正常 XML 元素节点的标记名称。

若所选节点包含子元素，则 Spry 对每个子元素及其属性值都创建一个列，但仅为本身不再包含子元素的每个子元素创建一个列，列名称为子元素的标记名称；若子元素包含属性，则格式为 childTagName/@attrName。

若所选节点是一个属性，则 Spry 对该属性创建一个列，列名称是属性名称前面添加一个@符号。

Spry 忽略包含子元素的子元素。

参数 options 是可选的，是一个对象。如果指定，则必须用花括号将一组选项名称－值对括起来，名称-值对之间用逗号分隔，即采用{option：value，option：value，…}形式。可使用的选项如下。

distinctOnLoad：一个布尔值。若设置为 true，则加载数据后将删除重复行。

distinctFieldOnLoad：一个字符串或字符串数组。该选项与 distinctOnLoad 选项一起使用，其值可以是一个字符串，用于指定删除重复行时使用的列，也可以是一个字符串数组，用于指定删除重复行使用的多个列。

filterFunc：一个函数引用。该函数在加载数据时对数据进行非破坏性筛选。

filterDataFunc：一个函数引用。该函数在加载数据时对数据进行破坏性筛选。

loadInterval：一个整数。若大于零，则自动启动时间间隔计时器，将按一定时间间隔持续调用 loadData() 方法加载数据。loadInterval 值以毫秒为单位表示。

sortOnLoad：一个字符串或字符串数组。若该值是一个字符串，则指定加载数据后排序使用的列；若是一个字符串数组，则该数组包含加载数据后排序使用的一组列名称，排序是按在数组中指定的列顺序完成的。

sortOrderOnLoad：一个字符串，与 sortOnLoad 选项一起使用，其值应当是字符串 ascending(升序)或 descending(降序)。若未指定，则使用升序。

**3. 创建 Spry XML 数据集实例**

在本例中创建一个 XML 文档和一个 HTML 网页，在 HTML 网页中创建一个 XML 数据集，并从 XML 文档中加载数据，然后通过动态区域显示数据，结果如图 9-34 所示。

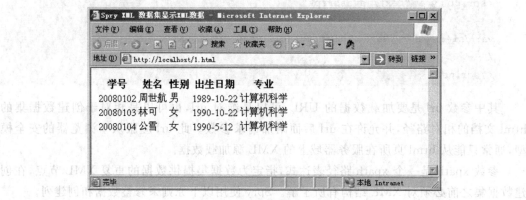

图 9-34 Spry XML 数据集显示 XML 数据效果

操作步骤如下。

第 1 步：在 Dreamweaver CS4 中新建一个站点，在站点根目录中创建一个文件夹并命名为 XML。

第 2 步：在文件夹中创建一个 XML 文档并保存为 1. xml，然后在文档窗口中输入以下内容。

```
<?xml version="1.0" encoding="gb2312"?>
<班级>
<学生>
<学号>20080102</学号>
<姓名>周世航</姓名>
<性别>男</性别>
<出生日期>1989-10-22</出生日期>
<专业>计算机科学</专业>
</学生>
<学生>
<学号>20080103</学号>
<姓名>林可</姓名>
<性别>女</性别>
```

```
<出生日期>1990-10-22</出生日期>
<专业>计算机科学</专业>
</学生>
<学生>
<学号>20080104</学号>
<姓名>公雪</姓名>
<性别>女</性别>
<出生日期>1990-5-12</出生日期>
<专业>计算机科学</专业>
</学生>
</班级>
```

第 3 步：在文件夹中创建一个 HTML 网页并保存为 1. html。

打开 1. html，在 Dreamweaver CS4 中插入 XML 数据集。

第 4 步：指定数据源。

在"指定数据源"窗口中，执行以下操作。

- 在"选择数据类型"下拉列表中，选择 XML。
- 为新数据集指定名称。第一次创建数据集时，默认名称为 ds1。数据集名称可以包含字母、数字和下划线，但不能以数字开头。
- 指定包含 XML 数据源的文件的路径。此路径可以是指向站点中本地文件的相对路径（例如 datafiles/data. xml），也可以是指向网页的绝对 URL（使用 HTTP 或 HTTPS）。可以单击"浏览"按钮，导航并选择本地文件 1. xml。
- Dreamweaver CS4 将在"行元素"窗口中显示 XML 数据源，显示可供选择的 XML 数据元素树。重复元素以加号（＋）表示，子元素缩进显示。或者，也可以指定"设计时输入"作为数据源。
- 选择包含要显示的数据的元素。通常情况下，此元素是重复元素，如"学生"，并带有若干子元素，如"学号"、"姓名"、"出生年月"等，如图 9-35 所示。

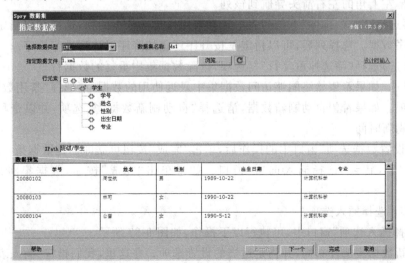

图 9-35　"指定数据源"窗口

完成"指定数据源"窗口中的操作时,单击"完成"按钮可立即创建数据集,也可以单击"下一步"按钮,转到"设置数据选项"窗口。

如果单击"完成"按钮,数据集将出现在"绑定"面板中。

第 5 步:设置数据选项。

在"设置数据选项"窗口中,执行以下操作,如图 9-36 所示。

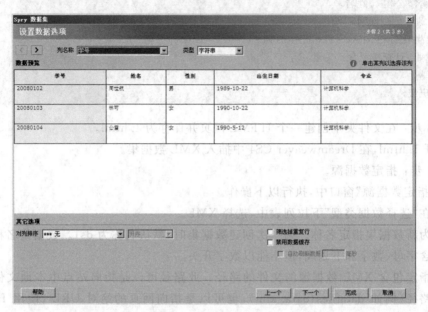

图 9-36　设置数据选项

- (可选)选中一列,然后从"类型"下拉列表中选择一种列类型,以此设置数据集的列类型。例如,如果数据集中有一列包含数字,请选中该列,然后从"类型"下拉列表中选择"数字"。仅当希望用户能够按该列排序数据时,此选项才有意义。
- 选择数据集列的方式有三种:单击列标题;从"列名称"下拉列表中选择该列;使用屏幕左上角的左右箭头导航到该列。
- (可选)从"对列排序"下拉列表中选择要用作排序依据的列,这样可以指定希望如何排序数据。选择列后,可以指定是按升序还是按降序对该列进行排序。
- (可选)选择"筛选掉重复行"复选项,排除数据集中重复的数据行。
- (可选)如果希望始终能够访问数据集中最近使用的数据,请选择"禁用数据缓存"复选项。如果希望自动刷新数据,请选择"自动刷新数据"复选项,并以毫秒为单位指定刷新时间。

完成"设置数据选项"窗口中的操作后,单击"完成"按钮可立即创建数据集,也可以单击"下一步"按钮,转到"选择插入选项"窗口。如果单击"完成"按钮,数据集将出现在"绑定"中。

第 6 步:选择插入选项。

在"选择插入选项"窗口中,可执行以下操作,如图 9-37 所示。

- 为新数据集选择布局,并指定适当的设置选项。在这里,我们指定"插入表格"。
- 选择"不要插入 HTML"。如果选择此选项,Dreamweaver 将创建数据集,但不会向页面中添加任何 HTML。数据集显示在"绑定"面板中,可以手动将所需数据从数据集拖动到页面。

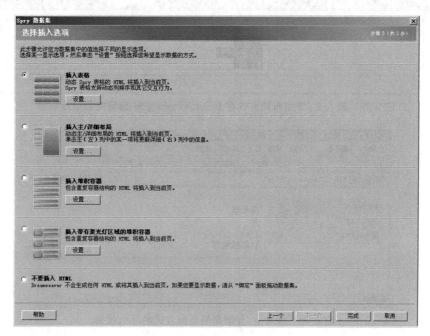

图 9-37　"选择插入选项"窗口

单击"完成"按钮,在 Dreamweaver CS4 编辑窗口的状态如图 9-38 所示。

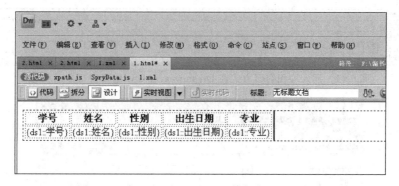

图 9-38　在 Dreamweaver CS4 编辑窗口显示状态

执行结果如图 9-34 所示。

第 7 步:为新数据集选择布局。

在"选择插入选项"窗口中,我们可以为新数据集选择布局,除了选择表格布局外,还可以选择其他布局格式。

① 插入主/详细布局。

编辑窗口和执行后页面效果分别如图 9-39 和图 9-40 所示。

② 插入堆积容器。

编辑窗口和执行后页面效果分别如图 9-41 和图 9-42 所示。

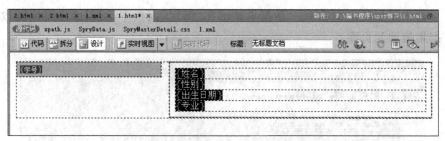

图 9-39　插入主/详细布局方式在 Dreamweaver CS4 编辑窗口显示状态

图 9-40　插入主/详细布局页面方式的显示效果

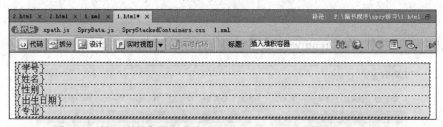

图 9-41　插入堆积容器方式在 Dreamweaver CS4 编辑窗口显示状态

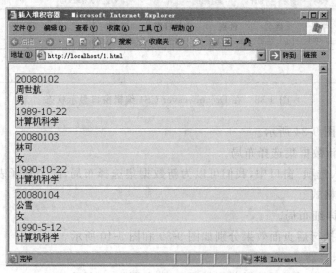

图 9-42　插入堆积容器方式的页面显示效果

③ 插入带有聚光灯区域的堆积容器。

编辑窗口和执行后页面效果分别如图 9-43 和图 9-44 所示。

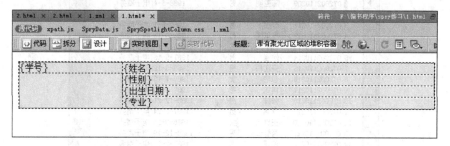

图 9-43　插入带有聚光灯区域的堆积容器方式在 Dreamweaver CS4 编辑窗口显示状态

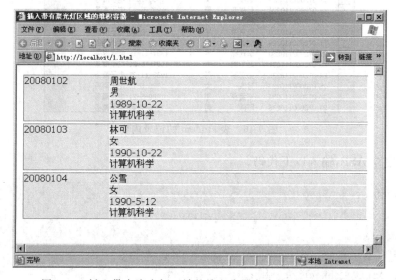

图 9-44　插入带有聚光灯区域的堆积容器方式的页面显示效果

### 9.3.3　Spry 数据集加载 ASP 生成的 XML 文件

Spry 数据集加载 ASP 生成的 XML 文件如下。

（1）首先，通过 ASP 加载一个数据库，比如 DB1，数据库结构和内容如图 9-45 和图 9-46 所示。

图 9-45　数据库字段名称和类型

student : 表

| 序号 | 学号 | 姓名 | 性别 | 出生日期 | 专业 |
|---|---|---|---|---|---|
| 1 | 072002110209 | 陈登明 | 男 | 1988-3-4 | 电子商务 |
| 2 | 072002110210 | 张翮 | 男 | 1986-5-6 | 电子商务 |
| 3 | 072002110211 | 李超 | 男 | 1989-6-7 | 电子商务 |
| 4 | 072002110212 | 廖国强 | 男 | 1988-6-18 | 电子商务 |
| 5 | 072002110213 | 张鹏涛 | 男 | 1986-3-18 | 电子商务 |
| 6 | 072002110214 | 徐刚 | 男 | 1987-5-15 | 电子商务 |
| 7 | 072002110215 | 安江伟 | 男 | 1988-3-12 | 电子商务 |
| 8 | 072002110216 | 郝艳 | 女 | 1989-7-13 | 电子商务 |
| 9 | 072002110217 | 向龙 | 男 | 1987-4-20 | 电子商务 |
| 10 | 072002110218 | 张波 | 男 | 1988-12-21 | 电子商务 |
| 11 | 072002110219 | 聂端 | 男 | 1987-2-24 | 电子商务 |
| 12 | 072002110220 | 王岚 | 女 | 1986-3-25 | 电子商务 |
| 13 | 072002110221 | 肖智仁 | 男 | 1988-12-19 | 电子商务 |
| 14 | 072002110222 | 徐将 | 男 | 1987-2-23 | 电子商务 |
| 15 | 072002110223 | 刘志刚 | 男 | 1988-1-20 | 电子商务 |
| 16 | 072002110224 | 徐勇 | 男 | 1989-6-27 | 电子商务 |
| 17 | 072002110225 | 李菲 | 女 | 1988-12-3 | 电子商务 |
| 18 | 072002110226 | 代丰豪 | 男 | 1987-5-13 | 电子商务 |
| 19 | 072002110227 | 杨虎 | 男 | 1988-12-8 | 电子商务 |
| 20 | 072002110228 | 韦启荣 | 男 | 1986-2-10 | 电子商务 |
| 21 | 072002110229 | 唐诚 | 男 | 1988-1-23 | 电子商务 |
| 22 | 072002110230 | 李劲锋 | 男 | 1987-11-12 | 电子商务 |
| 23 | 072002110231 | 赵华德 | 男 | 1987-10-21 | 电子商务 |
| 24 | 072002110232 | 张忠宇 | 男 | 1988-11-27 | 电子商务 |
| 25 | 072002110233 | 孙悦 | 女 | 1989-6-18 | 电子商务 |
| 26 | 072002110234 | 秦孟夏 | 男 | 1989-5-21 | 电子商务 |
| 27 | 072002110235 | 陈浪 | 男 | 1986-7-23 | 电子商务 |

图 9-46　表 student 的记录内容

(2) 新建 3.ASP,输入以下代码。

```
<%@LANGUAGE="JAVASCRIPT" CODEPAGE="936"%>
<!--#include file="Connections/stuInfo.asp" -->
<%
var rs_cmd=Server.CreateObject ("ADODB.Command");
rs_cmd.ActiveConnection=MM_stuInfo_STRING;
rs_cmd.CommandText="SELECT * FROM student";
rs_cmd.Prepared=true;
var rs=rs_cmd.Execute();
var rs_numRows=0;
%><!DOCTYPE html PUBLIC "-//W3C//DTD XHTML 1.0 Transitional//EN" "http://www.
w3.org/TR/xhtml1/DTD/xhtml1-transitional.dtd">
<html xmlns="http://www.w3.org/1999/xhtml">
<head>
<meta http-equiv="Content-Type" content="text/html; charset=gb2312"/>
<title>无标题文档</title>
</head>
<body>
</body>
</html>
```

```
<%
rs.Close();
%>
```

连接数据库，并选择所有的记录。

把下面代码

```
<%
if(!rs.EOF){
// 禁止页面缓存
Response.Expires=0;
Response.ExpiresAbsolute="1980-1-1";
Response.AddHeader("pragma", "no-cache");
Response.AddHeader("cache-control", "private");
Response.CacheControl="no-cache";
Response.ContentType="text/xml";
%><?xml version="1.0" encoding="gb2312"?>
<students>
<%while(!rs.EOF){%>
<student>
<sno><%=(rs.Fields.Item("学号").Value)%></sno>
<name><%=(rs.Fields.Item("姓名").Value)%></name>
<gender><%=(rs.Fields.Item("性别").Value)%></gender>
<birthdate><%=(rs.Fields.Item("出生日期").Value)%></birthdate>
<major><%=(rs.Fields.Item("专业").Value)%></major>
<class><%=(rs.Fields.Item("序号").Value)%></class>
</student>
<%rs.MoveNext();}%></students><%Response.End(); }%>
```

插入到 3. asp 页面的代码中下面代码之前，从而把 3. asp 页面程序从数据库中读取的记录全部生成为 XML 文档。

```
<!DOCTYPE html PUBLIC "-//W3C//DTD XHTML 1.0 Transitional//EN" "http://www.w3.
org/TR/xhtml1/DTD/xhtml1-transitional.dtd">
```

3. asp 的显示效果如图 9-47 所示。

新建 2. html，使用 Dreamweaver 插入 Spry XML 数据集，并设置不同的布局方式，过程和结果如图 9-48、图 9-49 和图 9-50 所示。

最终通过 Spry XML 数据集异步加载 ASP 动态生成的 XML 文件的页面显示效果如图 9-51 所示。插入主/详细布局编辑窗口和页面显示效果如图 9-52 和图 9-53 所示。

图 9-47　ASP 生成 XML 文件的页面显示效果

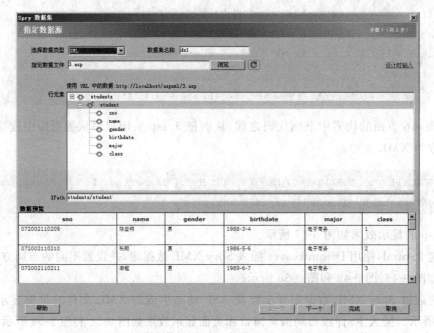

图 9-48　通过"指定数据源"窗口加载 ASP 生成的 XML 文件

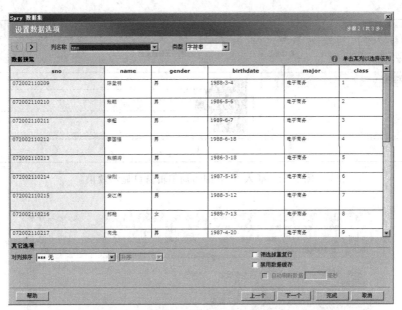

图 9-49　设置数据选项

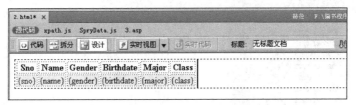

图 9-50　编辑窗口中的显示效果

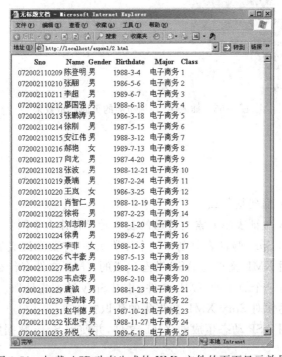

图 9-51　加载 ASP 动态生成的 XML 文件的页面显示效果

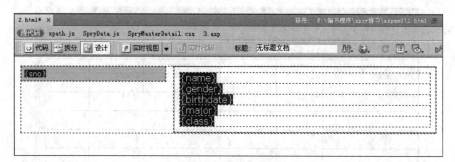

图 9-52　插入主/详细布局编辑窗口显示效果

图 9-53　插入主/详细布局的页面显示效果

## 思考题

思考题 9-1：Spry 框架是什么？

思考题 9-2：Spry 验证表单元素与普通的表单元素有什么不同？

思考题 9-3：使用 Spry 验证表单制作一个注册页面，并要求提交后有结果页。

思考题 9-4：普通 XML 文件与 ASP 动态生成的 XML 文件有什么不同？

思考题 9-5：编写一个简单的 XML 文件，并用 Spry 数据集读取。

思考题 9-6：简述你对 Spry XML 数据集的认识？

思考题 9-7：使用 ASP 动态生成的 XML 文件，并使用 Spry 数据集读取。

# 第10章 案例分析：网络在线考试系统的设计

在使用 ASP 技术开发网络工程案例中，网络在线考试系统是比较常见和实用的，不仅适用于远程教育中，也适用于平时学校的集中在线考试，它能大大减轻学生和老师的负担，实现无纸化考试。学生通过管理员分配的账号登录考试系统后，就可以开始答题，系统自动开始计算考生所用的考试时间。如果在考试时间内没有答完试卷，系统自动交卷，交卷后，系统马上批阅试卷，并给出考试结果，公平合理。网络在线考试系统特别适合标准化考试，近年来得到广泛的应用。本章将详细介绍使用 ASP 技术实现网络在线考试系统的过程，希望能以此为参考，开发出功能更多更完善的网络应用程序。

**本章主要内容：**

- 系统需求分析；
- 数据库设计；
- 考试系统前台设计；
- 考试系统后台管理设计。

## 10.1 需求分析

### 10.1.1 设计目标

网络在线考试系统是一套功能强大、操作简便而又实用的标准化试题考试管理软件，可以广泛用于各种类型的考试中。系统由考试管理和考生考试两部分组成。考试管理部分包括系统的管理员管理、考试课程管理以及试题信息管理。考生考试部分实现提供自动生成考试试卷、自动控制考试时间和自动阅卷等功能。

网络考试系统主要实现以下目标。

- 采用开放、动态的系统架构，将传统的考试模式与先进的网络应用相结合。
- 操作简单方便、界面简洁美观。
- 具有实时性，考生通过管理员授权的账号，可以通过互联网进行远程网络考试。
- 系统提供了考试时间倒计时功能，使考生随时了解考试剩余时间。
- 可随机抽取数据库试题，生成试卷。
- 实现自动提交试卷功能，当考试到时后，系统将自动交卷，保证考试严肃、公正进行。
- 考生交卷后，系统即时自动阅卷，考生可实时看到考试成绩，保证成绩真实准确。

### 10.1.2 系统功能分析

根据网络考试系统的特点，可以将其分为前台和后台两个部分进行设计。前台主要用于考生在线考试，后台主要用于管理员对考试课程、试题及考生等进行管理。

网络考试系统的前台功能结构图如 10-1 所示。

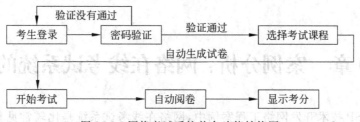

图 10-1　网络考试系统前台功能结构图

网络考试系统的后台功能结构如图 10-2 所示。

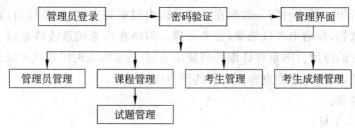

图 10-2　网络考试系统后台功能结构图

在后台管理中,对管理员管理、课程管理、试题管理、考生管理都是添加、编辑、删除等几个方法,为了保证考试的公平性,对考试成绩只设置了删除一项管理操作。

根据以上网络在线考试系统功能结构图,客户端文件列表如表 10-1 所示。

表 10-1　客户端文件列表

| 编　　号 | 文　件　名 | 相对存储位置 | 说　　明 |
|---|---|---|---|
| 1 | Index. html | / | 考生登录页面 |
| 2 | Checkst. asp | / | 密码验证 |
| 3 | Kmselectn. asp | / | 考试课程选择 |
| 4 | Ksjmn. asp | / | 考试界面 |
| 5 | Finish. asp | / | 交卷 |
| 6 | Show. asp | / | 显示考试结果 |

后台管理文件列表如表 10-2 所示。

表 10-2　后台管理文件列表

| 编　　号 | 文　件　名 | 相对存储位置 | 说　　明 |
|---|---|---|---|
| 1 | Admin. asp | /admin | 管理员登录页面 |
| 2 | Checkad. asp | /admin | 密码验证 |
| 3 | Gljmn. asp | /admin | 管理界面 |
| 4 | Addadmin. asp | /admin | 添加用户 |
| 5 | Gladminxl. asp | /admin | 管理用户 |
| 6 | Addglkskm. asp | /admin | 添加考试课程 |
| 7 | Glkskmaa. asp | /admin | 管理考试课程 |

续表

| 编　　号 | 文　件　名 | 相对存储位置 | 说　　明 |
|---|---|---|---|
| 8 | Addglquestion. asp | /admin | 添加试题 |
| 9 | Glquestionaa. asp | /admin | 管理试题 |
| 10 | Addglstudent. asp | /admin | 添加考生 |
| 11 | Glstudentaa. asp | /admin | 管理考生 |
| 12 | Glkscjaa. asp | /admin | 管理考生成绩 |

本系统还有一些常用的包含文件,基本上每个前台和后台的文件都要用到,例如数据库连接文件 conn. asp 等,如表 10-3 所示。

表 10-3　常用的被包含文件

| 编　　号 | 文　件　名 | 相对存储位置 | 说　　明 |
|---|---|---|---|
| 1 | conn. asp | /Connections | 数据库连接文件 |
| 2 | checkuser. asp | / | 用户合法性检测 |
| 3 | lgout. asp | / | 注销 |
| 4 | Css. css | /css | 样式文件 |

## 10.2　系统数据库设计

### 10.2.1　数据库的需求分析

网络在线考试系统的数据库功能主要体现在对各种信息的提供、保存、更新操作上,包括考生信息、考试课程信息、考试试题信息、管理员信息、考试成绩信息,各部分的数据内容又有内在的联系。针对该系统的数据特点,可以得到如下的需求。

- 考生信息记录考生的登录名称和密码。
- 考试课程信息记录课程名称信息。
- 考试试题记录单选题和多选题的内容、答案以及所属课程等信息。
- 管理员信息记录管理员的登录名称和密码。
- 考试成绩信息记录考生的考试成绩信息。

经过上述系统功能分析和需求分析,设计如下的数据项和数据结构,如表 10-4 所示。

表 10-4　网上商店的数据项和数据结构

| 数　据　项 | 数　据　结　构 |
|---|---|
| 考生信息 | 考生 ID、考生姓名、考生密码 |
| 管理员信息 | 管理员 ID、管理员密码、管理员姓名 |
| 考试课程信息 | 课程名称、多选题量、单选题量、多选题分数、单选题分数、考试分数 |
| 考试试题信息 | 试题内容,选项 A、B、C、D,答案,试题类型,课程名称 |
| 考生成绩信息 | 考生 ID、学生姓名、科目名称、考分、结束时间 |

### 10.2.2 E-R 图

设计好数据项和数据结构后,就可以设计满足需求的各种实体及相互关系,再用 E-R 图将这些内容表达出来,为后面的数据库设计打下基础。

本系统规划的实体包括考生信息实体、考试课程信息实体和考试试题实体,它们之间的关系描述如图 10-3 所示。

(a) 管理员E-R图

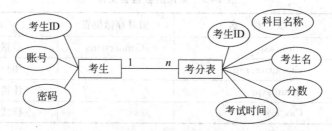

(b) 考生与考分表E-R图

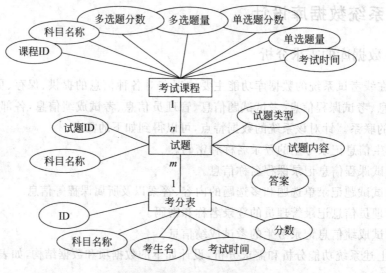

(c) 考试课程、试题及考分表的E-R图

图 10-3　网络在线考试系统实体 E-R 图

### 10.2.3　数据表结构

根据以上的数据库分析,可以确定系统需要 5 个数据表,分别为考生信息表、考试课程表、考试试题表、考生成绩表和管理员表。数据库采用 Microsoft Access 2003 数据库,各数据表的详细介绍见参见表 10-5～表 10-9。

表 10-5　考生表 tb_student

| 原 字 段 名 | 现 字 段 名 | 说　　明 | 类型(长度) | 备　　注 |
|---|---|---|---|---|
| Id | Id | 标识 | 长整型 | 主键,自动编号 |
| Name | 登录账号 | | 文本 | 不允许为空 |
| Pwd | 登录密码 | | 文本 | 不允许为空 |

表 10-6　考试课程表 tb_lesson

| 原 字 段 名 | 现 字 段 名 | 说　　明 | 类型(长度) | 备　　注 |
|---|---|---|---|---|
| Id | Id | 标识 | 长整型 | 主键,自动编号 |
| duoxfs | 多选题量每题分数 | | 数字 | |
| dianxfs | 单选题量每题分数 | | 数字 | |
| duoxnumber | 多选题量 | | 数字 | |
| dianxnumber | 单选题量 | | 数字 | |
| lessonname | 科目名称 | | 文本 | 不允许为空 |
| Testtime | 考试时间 | | 数字 | |

表 10-7　试题表 tb_question

| 原 字 段 名 | 现 字 段 名 | 说　　明 | 类型(长度) | 备　　注 |
|---|---|---|---|---|
| Id | Id | 标识 | 长整型 | 主键,自动编号 |
| Question | 试题问题内容 | | 文本 | 不允许为空 |
| optionA | A 选项内容 | | 文本 | 不允许为空 |
| optionB | B 选项内容 | | 文本 | 不允许为空 |
| optionC | C 选项内容 | | 文本 | 不允许为空 |
| optionD | D 选项内容 | | 文本 | 不允许为空 |
| Answer | 答案 | | 文本 | 不允许为空 |
| Type | 试题类型 | | 文本 | 不允许为空 |
| kmname | 科目名称 | | 文本 | 不允许为空 |
| Haveselect | 是否选取 | | 数字 | 默认为 0 |

表 10-8　考分表 tb_kaofen

| 原 字 段 名 | 现 字 段 名 | 说　　明 | 类型(长度) | 备　　注 |
|---|---|---|---|---|
| Id | Id | 标识 | 长整型 | 主键,自动编号 |
| stname | 学生登录名 | | 文本 | 不允许为空 |
| kmname | 科目名称 | | 文本 | 不允许为空 |
| kaofen | 分数 | | 数字 | |
| Endtime | 考试结束时间 | | 日期/时间 | |

表 10-9 管理员表 tb_admin

| 原 字 段 名 | 现 字 段 名 | 说　　明 | 类型(长度) | 备　　注 |
| --- | --- | --- | --- | --- |
| Id | Id | 标识 | 长整型 | 主键,自动编号 |
| admName | 管理员登录账号 | | 文本 | 不允许为空 |
| admPwd | 登录密码 | | 文本 | 不允许为空 |

# 10.3 常用被包含文件

在网络应用程序开发中,为了统一网站整体风格和提高代码的重复使用率,把每个页面需要使用的代码设计成被包含文件是一种常用的方法。在本章的程序中,常用的被包含文件主要是 CSS 样式表文件、数据库连接文件和用户身份合法性验证文件。

## 10.3.1 CSS 样式表文件：style.css

定义网站整体风格的 CSS 样式表文件不但可以提高代码的重复使用率,而且还有助于统一网站的整体风格。在网页中引用 CSS 样式表文件的语法如下。

```
<link href="虚拟路径/样式表文件名" rel="stylesheet">
```

Style.css 样式文件的代码如下。

```
.plane
{
    margin: 0px;
    padding: 0px;
    border: 1px solid #000000;
    position: relative;
    visibility: inherit;
}
.invalidplane
{
    margin: 0px;
    padding: 0px;
    border: 1px solid #000000;
    position: relative;
    visibility: inherit;
    color: #FF0000;
}
.invalid
{
    position: relative;
    visibility: inherit;
```

```
    color: #FF0000;
}
.menuplane
{
    z-index: 1;
    position: absolute;
    text-align: left;
    border: 1px solid black;
    background-color: menu;
    font-family: Verdana;
    font-size: 11px;
    line-height: 15px;
    cursor: default;
    visibility: hidden;
}
.menu3d
{
    z-index: 1;
    cursor: default;
    font: menutext;
    position: absolute;
    text-align: left;
    font-size: 11px;
    line-height: 15px;
    background-color: menu;
    border: 1 solid buttonface;
    visibility: hidden;
    border: 2 outset buttonhighlight;
}
.menuitems
{
    cursor: default;
    padding-left: 2px;
    padding-right: 2px;
    border: 1px solid;
}
.menuitemsoutset
{
    cursor: default;
    padding-left: 2px;
    padding-right: 2px;
    border: 1px outset;
}
.menuitemsinset
{
```

```
    cursor: default;
    padding-left: 2px;
    padding-right: 2px;
    border: 1px inset;
}

.mainmenu0
{
    z-index: 1;
    position: relative;
    cursor: default;
    background-color: menu;
    font-family: Verdana;
    font-size: 11px;
    line-height: 17px;
}
.MidCollapse {
    background: url(mid_collapse.gif);
}
.MidOpen {
    background: url(mid_open.gif);
}
.MidEnd {
    background: url(mid_end.gif);
}
.LastCollapse {
    background: url(last_collapse.gif);
}
.LastOpen {
    background: url(last_open.gif);
}
.LastEnd {
    background: url(last_end.gif);
}
.MouseOver {
    COLOR: #006699;
    TEXT-DECORATION: underline;
}
.MouseOut {
}
body {
    FONT-SIZE: 12px;
}
TD {
    FONT-SIZE: 12px;
```

```
}
INPUT {
    height: 20;
    border: 1px solid #666666;
}
textarea {
    border: thin solid #666666;
    Scrollbar-Face-Color:#CCCCCC;
    scrollbar-highlight-color:#666666;
    scrollbar-shadow-color:#666666;
    scrollbar-3dlight-color:#CCCCCC;
    scrollbar-arrow-color:#000000;
    scrollbar-track-color:#CCCCCC;
    scrollbar-darkshadow-color:#666666;
}
select {
    height: 20;
    border: thin solid #666666;
    Scrollbar-Face-Color:#CCCCCC;
    scrollbar-highlight-color:#666666;
    scrollbar-shadow-color:#666666;
    scrollbar-3dlight-color:#CCCCCC;
    scrollbar-arrow-color:#000000;
    scrollbar-track-color:#CCCCCC;
    scrollbar-darkshadow-color:#666666;
}
A:ACTIVE {
    color: #000000;
    text-decoration: none;
}
A:VISITED {
    color: #000000;
    text-decoration: none;
}
A:LINK {
    color: #000000;
    text-decoration: none;
}
A:HOVER {
    color: #0099FF;
    text-decoration: underline;
}
.showonly {
    background: transparent;
    border: 0px none;
```

```
    cursor: auto;
}
```

## 10.3.2　数据库连接文件：conn. asp

创建数据库连接文件后，在许多需要连接数据库的程序文件中就可以直接引用，从而避免重复编程，数据库的连接属性也易于维护。

创建数据库连接分两步进行：一是创建数据库连接文件 conn. asp，二是在需要与数据库连接的页面中包含该文件，在本章的程序中，conn. asp 放在站点 Connections 文件夹中，包含该文件的代码如下。

```
<!--# include file="Connections/conn.asp"-->
```

由于本章系统中采用 Access 数据库存储数据，所以使用下列代码连接数据库。

```
<%
dim conn,db
dim connstr
db="data/zxksxt.mdb"  '数据库文件位置
on error resume next
connstr="DBQ="+ server.mappath ("" &db&"") +"; DefaultDir =; DRIVER = {Microsoft
Access Driver ( * .mdb)};"
set conn=server.createobject("ADODB.CONNECTION")
if err then
err.clear
else
conn.open connstr
end if
sub CloseConn()
    conn.close
    set conn=nothing
end sub
%>
```

## 10.3.3　用户身份合法性验证文件：checkuser. asp

在本案例中，进入考试系统都需要考生或管理员首先登录成功，然后才能进行考试和考试管理，所以在各个页面中都要对用户的身份有效性进行检验。

checkuser. asp 文件可实现此功能，代码如下。

```
<%
dim founderror,errormsg,susername,suserpwd,objrs,StrSQl
'是否产生错误，默认 false
founderror=false
```

```
susername=session("stname")
suserpwd=session("stpwd")
'用户 Session 不存在,则产生登录错误
if susername="" or suserpwd="" then
    Errormsg=Errormsg+"<br>"+"<li>对不起,您还没有登录或已超时!"
    founderror=true
else
'用户名在数据库中不存在错误
    Set objrs=Server.CreateObject("ADODB.Recordset")
    StrSQL="Select * from tb_student where name='"&susername&"'"
    objrs.open StrSQL,conn,1,1
    if objrs.EOF then
        Errormsg=Errormsg+"<br>"+"<li>用户名不存在!"
        founderror=true
    elseif suserpwd<>objrs("pwd") then
        Errormsg=Errormsg+"<br>"+"<li>密码错误!"
        founderror=true
    end if
    objrs.close
    set objrs=nothing
end if
'显示错误信息,并停止页面的执行
if founderror=true then
    call disperrs()
    response.end
end if
'定义过程显示错误信息
sub disperrs()
%>
```

# 10.4　前台考试系统设计

## 10.4.1　前台文件架构

### 1. 模块功能介绍

前台页面主要包括以下功能模块。

- 登录考试系统模块；
- 选择考试课程模块,自动生成试卷模块；
- 系统自动计时模块；
- 系统自动评分模块；
- 实时显示考试成绩模块。

### 2. 文件架构

前台文件架构情况如图 10-4 所示。

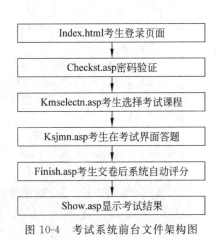

图 10-4　考试系统前台文件架构图

### 10.4.2　考生登录模块

考生参加考试之前，需要使用管理员分配的账号和密码进行登录，考生登录模块主要由登录页面 index. html 和密码验证 checkst. asp 构成。

**1. 考生登录页面 index. html**

index. html 是一个普通的 HTML 文件，不包含 ASP 程序，有一个表单输入窗口供考生输入账号和密码，然后提交给 checkst. asp 进行验证。

登录页面 index. html 的代码如下。

```html
<html><head>
<meta http-equiv="Content-Language" content="en-us">
<title>ASP 网络在线考试系统</title>
<meta http-equiv="Content-Type" content="text/html; charset=GB2312">
<link href="images/Css3.css" type="text/css" rel="stylesheet">
</head><body leftmargin="0" topmargin="0" bgcolor="# dfdfde" marginheight="0"
marginwidth="0">
<div align="center">
<table width="750" border="0" cellpadding="0" cellspacing="0" height="100%">
    <tbody><tr>
    <td bgcolor="# dfdfde">
    <img src="images/h1.jpg" width="206" height="69"></td>
    <td>
    <img src="images/h2.jpg" width="348" height="69"></td>
    <td bgcolor="# dfdfde">
    <img src="images/in_03.gif" width="196" height="69"></td>
    </tr>
    <tr>
    <td colspan="3"><table width="100%" bgcolor="#ffffff" border="0"
cellpadding="0" cellspacing="0">
    <tbody><tr>
    <td width="31" background="images/xin_01.gif"> </td>
    <td><table id="__" width="665" align="center" border="0" cellpadding="0"
cellspacing="0" height="394">
    <tbody><tr>
    <td><img src="images/deng_01.gif" alt="" width="42" height="195"></td>
    <td background="images/deng_02.gif"><div id="lue_txt">
      欢迎您使用网络在线考试系统,请注意以下条例:<br>1. 时间到,系统
将自动交卷。<br>
2. 请不要按<b><font color="#FF0000">F5</font></b>按钮进行刷新或按<b><font
color="#FF0000">后退</font></b>按钮后退,否则你的成绩将被记为 0 分。<br>
    </div></td>
    <td background="images/deng_03.jpg"><div align="center">
    </div></td>
    </tr>
```

```
    <tr>
    <td><img src="images/deng_04.gif" alt="" width="42" height="160"></td>
    <td id="line_xu" background="images/deng_05.gif">· 本程序使用说明<br>
            · 考试时间安排<br>
    <br></td>
    <td valign="bottom" background="images/deng_06.gif"><form method="POST"
action="checkst.asp">
      <table width="70%" align="center" border="0" height="141">
      <tbody><tr>
      <td width="50" height="35"><div class="STYLE5" align="right">考生：
</div></td>
      <td class="STYLE5"><input name="username" class="wid" id="username2"
tabindex="1" size="15" disableautocomplete="" autocomplete="off" type=
"text"></td>
      </tr>
      <tr>
      <td width="50" height="42"><div class="STYLE5" align="right">密码：</div>
</td>
      <td><input name="pwd" class="wid" id="username" tabindex="1" size="15"
disableautocomplete="" autocomplete="off" type="password"></td>
      </tr>
      <tr>
      <td colspan="2" valign="bottom" height="56">
      <div align="center">
      <input src="images/jinru.jpg" name="I1" type="image" border="0">

      </div></td>
      </tr>
      </tbody></table></form></td>
    </tr>
    <tr>
    <td><img src="images/deng_07.gif" alt="" width="42" height="39"></td>
    <td><img src="images/deng_08.gif" alt="" width="305" height="39"></td>
    <td><img src="images/deng_09.gif" alt="" width="318" height="39"></td>
    </tr>
    </tbody></table></td>
    <td width="25" background="images/xin_03.jpg"> </td>
    </tr>
    </tbody></table></td>
    </tr>
    <tr>
      <td background="images/in_28.gif" height="100%"> </td>
      <td valign="bottom" bgcolor="#ffffff" height="100%"> </td>
      <td background="images/in_30.gif" height="100%"> </td>
    </tr>
```

```
</tbody></table>
</div>
</body></html>
```

登录页面 index.html 的页面运行结果如图 10-5 所示。

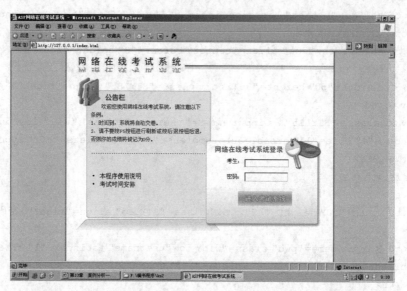

图 10-5　考生登录页面显示效果

### 2. 密码验证程序

考生输入账号和密码后，单击"进入考试系统"按钮提交表单，将进入 checkst.asp 页面进行密码验证，程序从数据库中查找匹配的考生，如果找到匹配的考生，则保存该考生的状态，然后进入"考试课程选择"页面。

密码验证程序的代码如下：

```
<%@Language=VBScript%>
<%option explicit%>
<!--# include file="Connections/conn.asp" -->'连接数据库文件
<%
    dim rs,sql
    set rs=server.createobject("adodb.recordset")
sql="select * from tb_student where name='" & Request.Form("username") & "'and
pwd='" & Request.Form("pwd") & "'"
'从数据库的考生信息表 tb_student 中查找匹配的考生姓名和密码,并核对
    rs.open sql,conn,1,1
    if err.number<>0 then
      response.write "数据库操作失败："&err.description
    elseif rs.bof and rs.eof then
      response.write "<center>对不起,请输入正确的考生姓名和密码。</center>"
      rs.close
```

```
    else
      rs.close
      session("studentname")=request.form("username")
      session("studentpassword")=request.form("pwd")
      set rs=nothing
      call endConnection()
      Response.Redirect "kskmselectn.asp"
    end if
%>
```

密码验证通过后,在 session 中保存考生账号 session("studentname")和密码 session ("studentpassword"),然后使用 Response. Redirect 语句进入"考试课程选择"页面 kskmselectn. asp。

### 10.4.3　选择考试课程模块

考生登录成功后,首先进行考试课程选择,选择考试课程模块的功能由 kskmselectn. asp 页面代码的程序来完成。如图 10-6 所示,考生登录成功后进入"考试课程选择"页面。

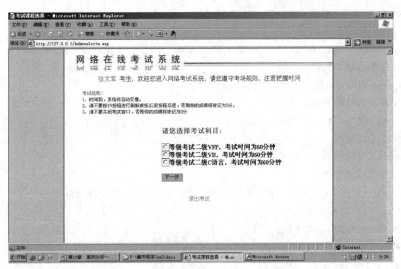

图 10-6　"考试课程选择"页面显示效果

kskmselectn. asp 页面的程序代码如下。

```
<%@Language=VBScript%>
<%option explicit%>
<!--# include file="Connections/conn.asp" -->
<!--# include file="Checkuser.asp"-->
<SCRIPT language="JavaScript1.2" type="text/javascript">
function tgotourl(urlst){    return window.open(urlst,"网络在线考试系统","width
=800,height=500,top=50,left=50,scrollbars=yes,resizable=yes");}
</SCRIPT>
```

```
<%
'如果选择了考试科目,则进入考试界面
if Request.Form("submit")="下一步" then
    if Request.Form("selectsubject")="" then
    response.write "<center>你没有选择考试科目,请选择考试科目!</center>"
    else
    dim rs2,sql2
    set rs2=server.createobject("adodb.recordset")
    sql2="select count(*) from tb_kaofen where stname='"&session("studentname")&"'
    and kmname='"&request.form("selectsubject")&"'"
        rs2.open sql2,conn,1,1
        if rs2(0)=0 then
    session("selectsubjectname")=Request.Form("selectsubject")
    dim rs,sql
    set rs=server.createobject("adodb.recordset")
    sql="select * from tb_lesson where lessonname='"&session("selectsubjectname")&"'"
    rs.open sql,conn,1,1
    '保存单选试题数量
    session("singlenumber")=rs("dianxnumber")
    '保存多选试题数量
    session("multinumber")=rs("duoxnumber")
    '保存单选试题分值
    session("singleper")=rs("dianxfs")
    '保存多选试题分值
    session("multiper")=rs("duoxfs")
    '保存考试时间
    session("testtime")=rs("testtime")
    '保存考试科目名称
    session("selectsubjectname")=request.form("selectsubject")
    session("yikao")=0
    session("yijiao")=0
    '进入考试界面
    rs.close
    set rs=nothing
%>
<SCRIPT language="JavaScript1.2" type="text/javascript">
tgotourl("ksjmn.asp")
</SCRIPT>
<%
    else
response.write "<center>对不起,你已经参加过<font color=red>"&request.form
("selectsubject")&"</font>课程的考试,不能再考。</center>"
    end if
  end if
```

```
end if
%>
```

这段程序通过单选按钮让考生选择考试课程，并作相应判断，如果考生已经参加过该课程考试，则作出相应的提示，不能进行下一步考试。如果考生没有参加过，则进入考试界面ksjmn.asp。

### 10.4.4　考试答题模块

考试答题模块的功能由 ksjmn.asp 页面的程序代码来完成，考生选择考试科目后，正式进入了考试页面进行考试，考试页面执行结果如图 10-7 所示。

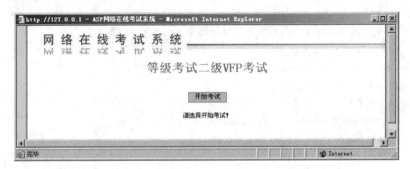

图 10-7　考生确定进入考试页面显示效果

单击"开始考试"按钮，表单通过以下代码提交给自身页面处理。

```
<form method="POST" action="ksjmn.asp"  name="form"><p align=center><input
type="submit" value="开始考试" name="submit1"></p></form>
```

ksjmn.asp 接收按钮的值"开始考试"后，通过以下代码判断开始考试。

```
if request.form("submit1")="开始考试"  then
```

考试答题模块 ksjmn.asp 要完成的功能比较，如从数据库中随机生成试卷，自动计时，自动交卷等，下面分段进行阐述。

#### 1．生成成绩记录

在下面代码中，使用在"选择考试课程"页面 kskmselectn.asp 中保存的 session 的课程信息，将该课程名称和考生姓名首先插入到考生成绩表 tb_kaofen 中，并通过变量 starttime 获取开始考试的时间。

将考生姓名和考试课程名称保存到考生成绩表 tb_kaofen 的代码如下。

```
<%
'判断是否开始考试
if request.form("submit1")="开始考试"  then
  dim yikao,testtime,hours,minutes
  yikao=session("yikao")
```

```
  if yikao=1 then
    response.write "你是否按了浏览器上的后退或刷新按钮,你已经考试过了,请不要再
按了。"
  else
    session("yikao")=1
    testtime=session("testtime")
    hours=clng(testtime)\60
    minutes=clng(testtime) mod 60
    dim starttime,i,sql,rs,count,temp,strid1,strid2
    '保存开始时间
    session("starttime")=hour(now()) * 60+minute(now())
    starttime=session("starttime")
    '将考生姓名和考试课程名称保存到数据库中
    sql="select * from tb_kaofen"
    set rs=server.createobject("adodb.recordset")
    rs.open sql,conn,3,2
    rs.addnew
      rs("stname")=session("studentname")
      rs("kmname")=session("selectsubjectname")
      rs("endtime")=now()
      rs("kaofen")=0
    rs.update
    rs.close
%>
```

### 2. 计时自动交卷

ksjmn.asp 用于显示考试答题页面,该页面可以显示课程总的考试时间,并使用 JavaScript 函数显示当前考生已经答题的时间。考试时间到了以后,如考生还没有交卷则自动收卷,如图 10-8 所示。

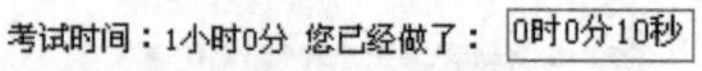

考试时间:1小时0分 您已经做了: 0时0分10秒

图 10-8 考试计时显示页面

计时自动交卷代码如下:

```
<form name=forms>
<center>
<div align=center><span class="unnamed1">考试时间:<%=hours%>小时<%=
minutes%>分 您已经做了:
<input type=text name=input1 size=9>
<script language=javascript>
<!--
//定义客户端 JavaScript 函数实时显示时间
var sec=0;var min=0;var hou=0;flag=0;idt=window.setTimeout("update();",1000);
function update()
{sec++;
if(sec==60)
```

```
{sec=0;min+=1;}
if(min==60)
{min=0;hou+=1;}
if((min>0)&&(flag==0))
{flag=1;}
document.forms.input1.value=hou+"时"+min+"分"+sec+"秒";
if(document.forms.input1.value==<%=hours%>+"时"+<%=minutes%>+"分 0 秒")
{alert("时间到了,请交卷!");document.testform.submit.click();}
idt=window.setTimeout("update();",1000);
}
//-->
</script>
</span></div>
</center>
</form>
```

### 3. 生成试卷

由于选取单选题和多选题的代码基本上相同,在这里我们以选取单选题的代码为例来讲解选取题目和生成试卷。

下面的代码主要功能是从数据库中的试题表中查找符合条件的单选试题,系统随机从题库中选取单选题,并生成试卷。

随机选取单选题代码如下。

```
<%
    strid1=""
    strid2=""
    '从试题表随即抽出试卷指定数量的单选题
    randomize
    for i=1 to session("singlenumber")
      set rs=server.createobject("adodb.recordset")
        sql =" select * from tb_question where kmname = '" &session ( "
selectsubjectname") & "'and type='单选题'and haveselect=0 "
      rs.open sql,conn,3,2
      count=rs.recordcount
      temp=fix(count * rnd(10))
      rs.move temp
      rs("haveselect")=1
      strid1=strid1 & rs("ID") & ","
      '显示题目
%>
```

在这段代码中,使用随机函数 rnd 来获取随机的记录,从试题表中抽出试卷指定数量的单选题。

在页面上显示单选试题代码如下。

```
<table border="0" cellspacing="0"  bordercolor="# 111111" width="100%">
<tr>
<td width="100%" height="25"><b><font size="3" color="#000080">一、单项选择题
(每题<%=session("singleper")%>分,共<%=session("singlenumber")%>题)</font>
</b></td>
</tr>
</table>
……
< table border =" 0" cellspacing =" 1" style =" border - collapse: collapse"
bordercolor="#C0C0C0" width="100%"  cellpadding="0">
<tr>
<td width="100%" bgcolor="# EFEFEF" height="20">  <b><%=i%>、<%=rs
("question")%></b></td>
</tr>
<%
if rs("optionA")<>"" then
%>
<tr>
<td width="100%">    <input type="radio" name="NO<%=rs("
id")%>" value="A">A、<%=rs("optionA")%></td>
</tr>
<%
end if
if rs("optionB")<>"" then
%>
<tr>
<td width="100%">    <input type="radio" name="NO<%=rs("
id")%>" value="B">B、<%=rs("optionB")%></td>
</tr>
<%
end if
if rs("optionC")<>"" then
%>
<tr>
<td width="100%">    <input type="radio" name="NO<%=rs("
id")%>" value="C">C、<%=rs("optionC")%></td>
</tr>
<%
end if
if rs("optionD")<>"" then
%>
<tr>
<td width="100%">    <input type="radio" name="NO<%=rs("
id")%>" value="D">D、<%=rs("optionD")%></td>
</tr>
```

```
<%
end if
%>
</table>
<%
rs.update
next
rs.close
set rs=nothing
%>
```

最终 ksjmn.asp 页面显示效果如图 10-9 所示

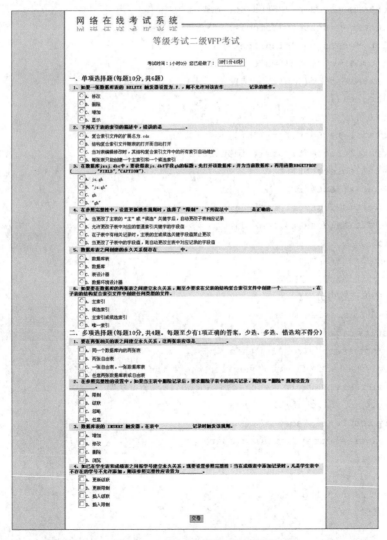

图 10-9　考生考试页面显示效果

### 10.4.5 自动阅卷模块

答题完毕后,单击"交卷"按钮,将提交页面结果给 finish. asp 处理,finish. asp 页面中程序代码对单选题和多选题得分进行计算,将成绩保存到考生成绩表中,并在 show. asp 页面中显示考试结果。由于计算单选题和多选题的方法一样,在这里我们以计算单选题为例进行讲解。

在下面代码中,首先从 session 变量中读取课程考试的信息,然后循环读取考生试卷中的单选答案,与数据库中查询到的答案比较,计算出单选题得分。

```
'读取当前科目考试信息
    subjectname=session("selectsubjectname")
  studentname=session("studentname")
  singlenumber=session("singlenumber")
  singleper=session("singleper")
  multinumber=session("multinumber")
  multiper=session("multiper")
  endtime=now()
  score=0
  selectstr1=request.form("hidQuestID1")
  selectstr2=request.form("hidQuestID2")
  len1=len(selectstr1)
  len2=len(selectstr2)
  str1=left(selectstr1,len1-1)
  str2=left(selectstr2,len2-1)
  dim id1,id2
  id1=split(str1,",")
  id2=split(str2,",")
    '计算单选题得分
  for i=1 to singlenumber
    result=request.form("no"&id1(i-1))
    if  not isempty(result) then
      sql="select * from tb_question where id="& clng(id1(i-1))
      set rs=server.createobject("adodb.recordset")
      rs.open sql,conn,3,2
      if result=rs("answer") then
        score=score+cint(singleper)
      end if
      rs.close
      set rs=nothing
    end if
  next
```

下面代码将考生考试成绩更新到数据库中,并将考试结果用 session 变量保存,重定向到显示页面 show. asp 中。

将考生考试成绩更新到数据库中的代码如下。

```
'将学生考试成绩更新到数据库中
    sql="select * from tb_kaofen where stname='"&session("studentname")&"'and
kmname='"&session("selectsubjectname")&"'"
  set rs=server.createobject("adodb.recordset")
  rs.open sql,conn,3,2
  rs("endtime")=endtime
  rs("kaofen")=score
  rs.update
  rs.close
  set rs=nothing
  call endConnection()
  '将学生得分、考试总分等信息保存到 Session 变量中
    total=singlenumber * singleper+multinumber * multiper
  session("score")=score
  session("total")=total
  session("yijiao")=1
  '打开考试结果显示页面
    response.redirect "show.asp"
end if
```

## 10.4.6　考生成绩显示模块

考生成绩显示模块的功能主要由 show.asp 页面程序代码完成,将显示考生姓名、考试成绩和试卷总分,并以图形化的方式显示考试结果的百分比,如图 10-10 所示。

图 10-10　考生成绩页面显示效果

show.asp 页面相关程序主要是获取考生考试成绩、总分,并以图形化的方法显示出百分比成绩,代码如下。

```
<%@Language=VBScript%>
<%option explicit%>
<!--# include file="Connections/conn.asp" -->
<!--# include file="Checkuser.asp"-->
```

```
<html>
<head>
<title>考试界面——成绩</title>
</head>
<body  bgcolor="#FFF3cf">
<table width="75%" border="0" align="center" height="371">
<tr>
<td height="406">
<%
studentname=session("studentname")
score=session("score")
total=session("total")
'计算成绩的百分比
rate=score/total
'图形显示进度条的宽度
width=150 * rate
width2=150 * (1-rate)
'在页面上显示考试成绩以及总分
response.write("<center><FONT size=4 color=red face=宋体>"&studentname&"
</font>您好!您的考试成绩为:"&score&"分,总分为"&total&"分</center><br>")
%>
<center>
<img src="images/bar2.gif" height="10" width="<%=width%>"><img src="images/
bar1.gif" height="10" width="<%=width2%>"><%rate=round(100 * rate,2)%> 
<%=rate%>%
</center>
<p align=center><a href="index.html"><font color="#0099FF" size=+0 face=楷体
>返回登录界面</font></a></p>
<p align=center><a href="kskmselectn.asp"><font color="#0099FF"  size=+0
face=楷体>返回考试界面继续考试</font></a></p>
</td>
</tr>
</table>
</body>
</html>
```

## 10.5  考试系统后台管理设计

### 10.5.1  后台文件架构

#### 1. 模块功能介绍

后台页面主要包括以下功能模块:

• 登录后台系统模块;

- 管理员管理模块(增加、删除和修改密码);
- 考生管理模块(增加、删除和修改密码);
- 考试课程管理模块(增加、删除和修改);
- 考试试题管理模块(增加、删除和修改);
- 考生成绩管理模块(删除)。

**2. 文件架构**

为了便于管理,所有后台管理文件全部在站点 admin 文件夹中,文件架构如图 10-11 所示。

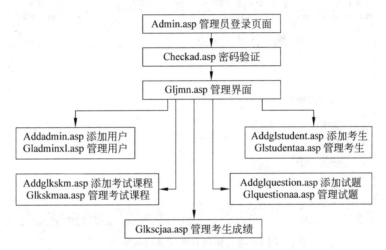

图 10-11　考试系统后台管理文件架构图

后台登录成功后的管理页面如图 10-12 所示。

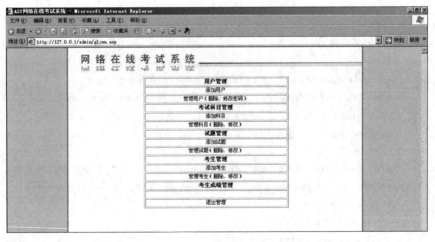

图 10-12　考试系统后台管理页面图

从后台文件架构中,我们可以看到,很多模块的功能是相同的,代码也基本相同,只是操作的数据库表不一样,所以相同的模块就不再重复,如后台登录和前台登录是相同的,用户管理和考生管理模块也基本相同。

### 10.5.2  用户管理模块设计

用户管理模块主要由两个文件构成,addadmin.asp 用于添加新用户,而 gladminxl.asp 用于管理用户,主要是删除用户和修改用户密码。

**1. 增加新用户**

以管理员的身份登录系统后,首次打开 addadmin.asp 的页面如图 10-13 所示。

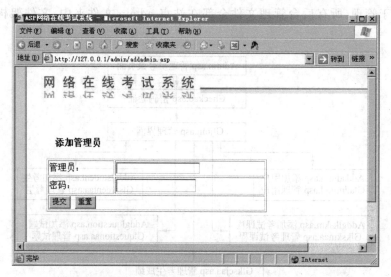

图 10-13  添加管理员页面显示图

在 Addmin.asp 页面的表单中添加管理员后,将提交 addadminxl.asp 处理,将新的管理员账号和密码加入到数据库中。addadminxl.as 相关程序代码如下。

```
<%
dim id,name'定义变量,用户的 id
dim sql,rs,rsc
if trim(request("name"))="" or trim(request("pwd"))="" then
        response.write "错误!用户名或密码不能为空!<a href=#  onclick=
        'javascript:window.history.go(-1)'>返回</a>"
        response.end
    end if
    set rs=server.createobject("adodb.recordset")    '检查管理员是否重名
    rs.open "select * from tb_admin where admname='" & cstr(trim(request
    ("name"))) & "'",conn,1,1
    if err.number<>0 then
            response.write "aa"
    else   if not rs.bof and not rs.eof then
            response.write "错误!该管理员存在!<a href=#  onclick= 'javascript:
            window.history.go(-1)'>返回</a>"
            response.end
        end if
```

```
    end if
    rs.close
    set rs=nothing
    sql="insert into tb_admin(admname,admpwd) values('" & cstr(trim(request
    ("name"))) & "','" & cstr(trim(request("pwd"))) & "')"
    conn.execute sql
    if err.number<>0 then
        response.write "数据库操作出错:"+err.description
    else
        response.write "添加管理员成功!"
    %>
        <p align=center><a href="gljmn.asp"><font color=red size=+0 face=
        楷体>返回管理界面</font></a></p>
<%
end if
%>
</body>
</html>
```

### 2. 管理用户

管理用户由 gladminxgaa.asp 来完成,它是一个自响应页面,对用户的删除和修改密码都将在这个页面内完成。

gladminxgaa.asp 执行结果如图 10-14 所示。

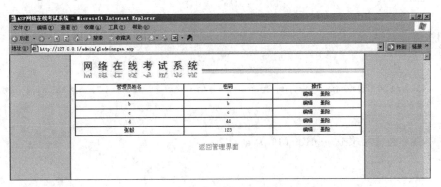

图 10-14  管理员信息管理页面效果显示图

从图 10-14 可以看出,首次进入 gladminxgaa.asp,编辑表单是被隐藏的,当单击"编辑"链接后,编辑表单会在页面的下部出现,如图 10-15 所示。

相关用户编辑程序如下。

```
<%
dim isedit          '是否在编辑状态
dim id,name         '定义变量,用户的 id
dim sql,rs,rsc
isedit=false
```

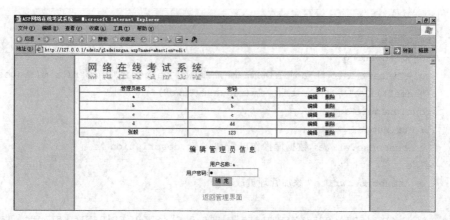

图 10-15　编辑管理员信息显示图

```
if request("action")="edit" then
isedit=true
end if
if request("action")="modify" then                '修改管理员密码
  set rs=server.createobject("ADODB.recordset")
    name=request("name")
    rs.open "select * from tb_admin where admname='"&name&"'",conn,1,3
    rs("admpwd")=request("password")
    rs.update
    rs.close
    set rs=nothing
end if
%>
...
    <a href='gladminxgaa.asp?name=<%=trim(rs("admname"))%>&action=edit'>编
    辑</a>
...
'单击编辑链接时,传送 action 的值为 edit
<%rs.movenext
end if
%>
<%  if isedit then
      set rs=server.createobject("adodb.recordset")
      name=request("name")
      rs.open "select * from tb_admin where admname='"&name&"'",conn,1,1
      response.write "<p align='center'><font size=3>编辑管理员信息</font>
      </p>"%>
      <p align="center">
    <form action="gladminxgaa.asp" method="post">
        <input type="Hidden" name="action">
        <%If isedit then%>
```

```
                <input type="Hidden" name="name" value='<%=name%>'>
        <%End If%>
        用户名称:<%if isedit then
response.write request("name")
else
%><input type="text" name="name" class=input maxlength=14 size="16">
        <%end if %>
<br>  用户密码:<input type="password" name="password"  class=input maxlength=12
size="16" value='<%if isedit then
                response.write trim(rs("admpwd"))
                end if %>'><br>
                <input type=submit value="确定" class=button>
    </form>
    <%end if %>
    <p align=center><a href="gljmn.asp"><font color=red size=+0 face=楷体>返
回管理界面</font></a></p>
<%
rs.close
set rs=nothing
%>
```

从以上代码中可以看出，当首次进入 gladminxgaa. asp 页面，编辑表单被隐藏主要是由于定义了 isedit＝false，在编辑表单的前面用了 if isedit then 条件判断来隐藏表单，当单击"编辑"链接时，会传送 action 的值为 edit，而当 action＝edit，就会激活下面这段判断语句。

```
if request("action")="edit" then
isedit=true
end if
```

所以隐藏的表单就会出现，然后就可以进行修改密码等操作了。

删除用户的代码在页面中如下。

```
<%
if request("action")="del" then    '删除管理员
    sql="delete from tb_admin where id=" &request("id")
    conn.execute sql
    if err.number<>0 then
        response.write "数据库操作错误: "+err.description
        err.clear
    else%>
    <script language=vbscript>
    msgbox "操作成功!管理员<%=trim(request("name"))%>的信息已删除!"
    </script>
<%end if
```

```
end if
%>
……
<html><head>
<meta http-equiv="Content-Language" content="en-us">
<title>ASP 网络在线考试系统</title>
<script language=javascript>
function SureDel(id)
{
    if ( confirm("您确定要删除该管理员吗?"))
        {
            window.location.href="gladminxgaa.asp?action=del&id="+id
        }
}
</script>
……
    <%
    response.write "<a href='javascript:SureDel("&cstr(rs("id"))&")'>删除</a>"
    %>
```

从代码中可以看出，当单击"删除"这个链接时，会激活函数 SureDel，弹出删除用户的确认框，进而让管理员确定是否删除用户。这种程序编写思路在 ASP 程序中是比较常见的。本系统中，在管理考试课程、试题和考生时，删除都使用这种执行方式。

单击"删除"链接时的结果如图 10-16 所示。

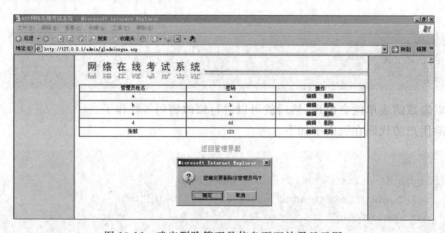

图 10-16　确定删除管理员信息页面效果显示图

### 10.5.3　考试课程管理模块设计

课程管理是考试系统中一个很重要的部分，每门课程对应一门考试，而一门考试包含有若干试题，在添加完考试课程以后可以添加考试试题。考试课程的信息包括考试试题的类型、每种类型的试题数量和每题的分值等。

**1. 添加考试课程**

添加考试课程和前面的添加管理员一样，也是由两个文件 Addglkskm. asp 和 Addglkskmxl. asp 构成的，由于程序代码基本相似，在这里不重复介绍，可参考前面的代码进行学习。

**2. 管理考试课程**

管理考试课程由 glkskmaa. asp 来完成，它是一个自响应页面，对用户的删除和修改密码都将在这个页面内完成。

glkskmaa. asp 执行结果如图 10-17 所示。

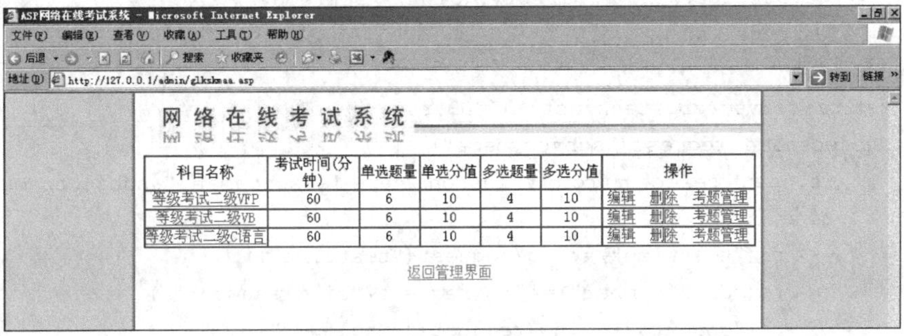

图 10-17　管理考试课程页面效果显示图

从图 10-17 可以看到首次进入 glkskmaa. asp，编辑表单是被隐藏的，当单击"编辑"链接后，编辑表单会在页面的下部出现，如图 10-18 所示。

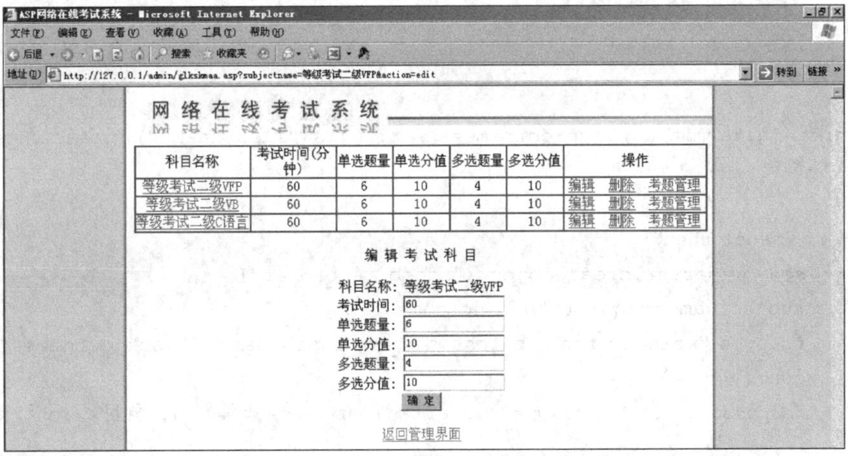

图 10-18　编辑考试课程信息页面效果显示图

表单隐藏的方法和前面介绍的管理用户代码一样，在这里就不重复了。

修改相关考试课程的代码如下。

```
<%
dim isedit '是否在编辑状态
dim id,subjectname'定义变量,科目的 id
dim sql,rs,rsc
```

```
isedit=false
if request("action")="edit" then
    isedit=true
end if
if request("action")="modify" then    '修改考试科目
if not IsNumeric(request("testtime")) or not IsNumeric(request("multinumber"))
or not IsNumeric(request("multiper")) or not IsNumeric(request("singlenumber"))
or not IsNumeric(request("singleper")) then
        response.write "错误!输入项不能为空,且必须为数字!<a href=#  onclick=
        'javascript:window.history.go(-1)'>返回</a>"
        response.end
    end if
    set rs=server.createobject("ADODB.recordset")
    subjectname=request("subjectname")
        rs.open "select * from tb_lesson where lessonname='"&subjectname&"'",
        conn,1,3
            rs("testtime")=clng(request("testtime"))
            rs("dianxnumber")=clng(request("singlenumber"))
            rs("dianxfs")=clng(request("singleper"))
            rs("duoxnumber")=clng(request("multinumber"))
            rs("duoxfs")=clng(request("multiper"))
            rs.update
            rs.close
            set rs=nothing
end if
%>
…
<a href='glkskmaa.asp?subjectname=<%=trim(rs("lessonname"))%>&action=
edit'>编辑</a>
…
<%   if isedit then
        set rs=server.createobject("adodb.recordset")
        subjectname=request("subjectname")
        rs.open "select * from tb_lesson where lessonname='"&subjectname&"'",
        conn,1,1
        response.write "<p align='center'><font size=3>编辑考试科目</font></p>"
  %>
<p align="center">
<form action="glkskmaa.asp" method="post">
  <input type="Hidden" name="action">
  <%If isedit then%>
  <input type="Hidden" name="subjectname" value='<%=subjectname%>'>
  <%End If%>
考试课程名称:
  <%if isedit then
response.write request("subjectname")
```

```
else
%>
  <input type="text" name="subjectname" class=input maxlength=14 size="16">
  <%end if%>
  <br>
  考试时间：
  <input type="text" name="testtime" class=input maxlength=14 size="16">
  <br>
  单选题量：
  <input type="text" name="singlenumber" class=input maxlength=14 size="16">
  <br>
  单选分值：
  <input type="text" name="singleper" class=input maxlength=14 size="16">
  <br>
  多选题量：
  <input type="text" name="multinumber" class=input maxlength=14 size="16">
  <br>
  多选分值：
  <input type="text" name="multiper" class=input maxlength=14 size="16">
  <br>
  <input type=submit value="确定" class=button>
</form>
<%end if%>
```

删除考试课程的代码如下。

```
<%
if request("action")="del" then                '删除科目
    sql="delete from tb_lesson where id=" &request("id")
    conn.execute sql
    if err.number<>0 then
        response.write "数据库操作错误："+err.description
        err.clear
    else%>
<script language=vbscript>
        msgbox "操作成功!科目号为<%=trim(request("id"))%>的信息已删除!"
        </script>
<%   end if
end if
%>
<html><head>
<meta http-equiv="Content-Language" content="en-us">
<title>ASP 网络在线考试系统</title>
<script language="JavaScript">
function SureDel(id)
```

```
{
    if ( confirm("您确定要删除该科目吗?"))
        {
    window.location.href="glkskmaa.asp?action=del&id="+id
        }
}
</script>
...
<a href='javascript:SureDel(<%=rs("id")%>)'>删除</a>
```

从代码中可以看出,删除的方法基本上和用户管理一样。

## 10.5.4　考试试题管理模块设计

考试试题管理模块并不是一个单独存在的模块,只有当管理员添加新的考试课程后才能输入这门课程相关的试题。所以并不是从管理页面 gljmn.asp 中链接到这一页的,而从考试课程管理页面 glkskmaa.asp 中链接过来的,链接代码如下。

```
<a href="glquestionaa.asp?subjectname=<%=rs("lessonname")%>" onMouseOver="
window.status='<%=rs("lessonname")%>';return true;" onMouseOut="window.
status='';return true;">考题管理</a>
```

当单击"考题管理"链接时,除了转到试题管理页面 glquestionaa.asp 外,同时还会把考试课程名称的值传送过去。

为了方便管理,我们把考试试题管理页面 glquestionaa.asp 设计成一个自响应页面,考试试题的添加、删除和管理都在这个页面内完成,但添加和修改的内容在表单完成后,将提交给文件 addquestion.asp 来处理,完成添加到数据库中的操作中,如图 10-19 和图 10-20 所示。

下面对各模块的功能进行阐述。

### 1. 删除试题代码(代码在 glquestionaa.asp 页面中)

```
<%@Language=VBScript%>
<%option explicit%>
<!--#include file="conn.asp"-->
<!--#include file="checkadmin.asp"-->                    '检查用户是否已经登录
<%
    dim isedit                                           '是否在修改状态
    dim sql,rs
    dim subjectname
    dim number                                           '每页显示的文章数目
    dim curpage,i,page
    subjectname=trim(request("subjectname"))             '考试试题名称
    function invert(str)          '定义进行字符转换的函数,使文字适合于在网页中显示
invert=replace(replace(replace(replace(str,"&lt;","<"),"&gt;",">"),"<br>",
chr(13))," "," ")
```

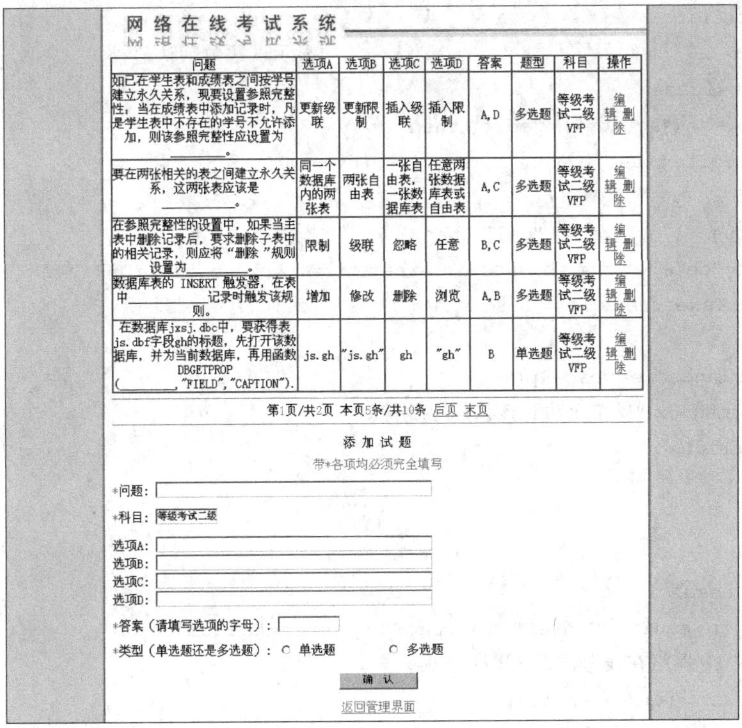

图 10-19　添加考试试题信息页面效果显示图

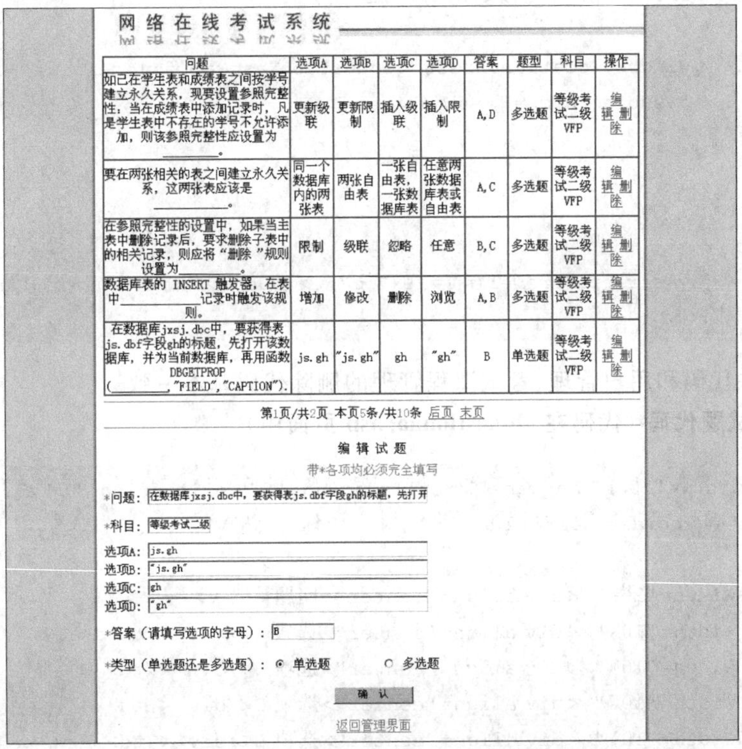

图 10-20　编辑考试试题信息页面效果显示图

```
    end function
    number=5                                    '显示试题数默认值
    isedit=false
    if request("action")="edit" then
        isedit=true
    end if
    if request("action")="del" then            '删除
      sql="delete from tb_question where id=" &request("id")
      conn.execute sql
    %>
<script language=vbscript>
        msgbox "操作成功!!该试题已删除!"
    </script>
<%
end if
%>
<html><head>
<meta http-equiv="Content-Language" content="en-us">
<title>ASP 网络在线考试系统</title>
<script language=javascript>
function SureDel(id,subjectname)
{
    if ( confirm("你是否真的要删除该试题?"))
        {
            window.location.href="glquestion.asp?action=del&id="+id+
            "&subjectname="+subjectname
        }
}
</script>
    ⋮
<a href='javascript:SureDel(<%=rs("id")%>,subjectname="<%=rs("kmname")
%>")'>删除</a>
```

这段删除代码和用户管理、考试课程管理的删除代码基本一致。

## 2. 显示试题代码（代码在 glquestionaa. asp 页面中）

```
<table width="100%" border="1" cellspacing="0" cellpadding="0" align="center"
height="44" bordercolor=blue>                  '创建表格
  <tr>
    <td width="20%"><div align="center">问题</div></td>
    <td width="10%"><div align="center">选项 A</div></td>
    <td width="10%"><div align="center">选项 B</div></td>
    <td width="10%"><div align="center">选项 C</div></td>
    <td width="10%"><div align="center">选项 D</div></td>
    <td width="10%"><div align="center">答案</div></td>
```

```
    <td width="10%"><div align="center">题型</div></td>
    <td width="10%"><div align="center">科目</div></td>
    <td width="10%"><div align="center">操作</div></td>
  </tr>
  <%
if request("page")="" then              '如果传递的 page 参数为空
curpage=1                               '设置页数为 1
else
curpage=cint(request("page"))
end if
rs.pagesize=cint(number)
rs.absolutepage=curpage
for i=1 to rs.pagesize
%>
  <tr>
    <td width="20%" height="23"><div align="center"><%=rs("question")%>
    </div></td>                                  '试题
    <td width="10%" height="23"><div align="center"><%=rs("optionA")%></div>
    </td>                               '选项 A
    <td width="10%" height="23"><div align="center"><%=rs("optionB")%>
    </div></td>                                  '选项 B
    <td width="10%" height="23"><div align="center"><%=rs("optionC")%>
    </div></td>                                  '选项 C
    <td width="10%" height="23"><div align="center"><%=rs("optionD")%>
    </div></td>                                  '选项 D
    <td width="10%" height="23"><div align="center"><%=rs("answer")%>
    </div></td>                                   '试题答案
    <td width="10%" height="23"><div align="center"><%=rs("type")%></div>
    </td>                                '试题类型
    <td width="10%" height="23"><div align="center"><%=rs("kmname")%>
    </div></td>
    <td width=10%" height="23"><div align="center"><a href='glquestion.asp?
type=<%=trim(rs("type"))%>&subjectname=<%=trim(rs("kmname"))%>&action=
edit&id=<%=trim(rs("id"))%>&page=<%=request("page")%>'>编辑</a> <a href
='javascript:SureDel(<%=rs("id")%>,subjectname="<%=rs("kmname")%>")'>删除
</a></div></td>
  </tr>
  <%rs.movenext
      if rs.eof then
          i=i+1
          exit for
      end if
next%>
</table>
```

### 3. 分页代码（代码在 glquestionaa. asp 页面中）

```
<%response.write "<hr size=0 width='100%'><div align=center>"
    response.write "第<font color=red>"+cstr(curpage)+"</font>页/共<font
    color=red>"+cstr(rs.pagecount)+"</font>页 "
    response.write "本页<font color=red>"+cstr(i-1)+"</font>条/共<font
    color=red>"+cstr(rs.recordcount)+"</font>条 "
    if curpage=1 then
    else
        response.write "<a href='glquestion.asp?subjectname=" & cstr
        (request("subjectname")) & "&page=1'>首页</a><a href='
        glquestion.asp?type=" & cstr(request("type")) & "&subjectname="
        & cstr(request("subjectname"))& "&page=" & cstr(curpage-1) & "'>前
        页</a>"
    end if
    if  curpage=rs.pagecount then
    else
        response.write "<a href='glquestion.asp?subjectname=" & cstr
        (request("subjectname")) & "&page="+cstr(curpage+1)+"'>后页</a>
        <a href='glquestion.asp?subjectname=" & cstr(request("subjectname"))
        +"&page="+cstr(rs.pagecount)+"'>末页</a>"
    end if
  end If
end if
'rs.close
set rs=nothing
%>
```

试题列表和分页代码的执行结果如图 10-21 所示。

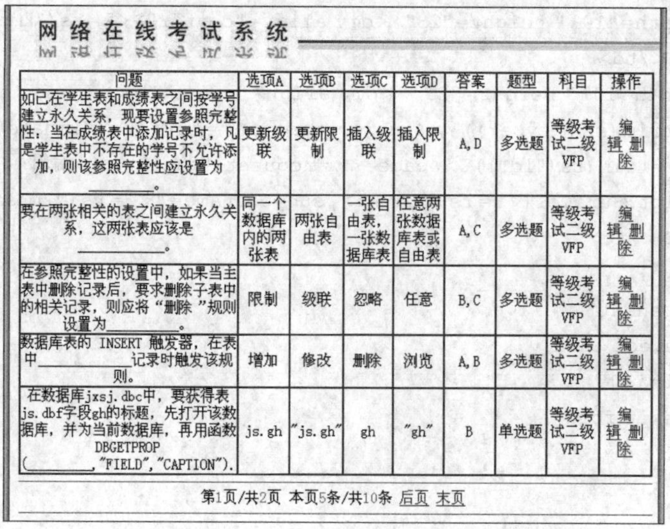

| 问题 | 选项A | 选项B | 选项C | 选项D | 答案 | 题型 | 科目 | 操作 |
|---|---|---|---|---|---|---|---|---|
| 如已在学生表和成绩表之间按学号建立永久关系，现要设置参照完整性；当在成绩表中添加记录时，凡是学生表中不存在的学号不允许添加，则该参照完整性应设置为_____。 | 更新级联 | 更新限制 | 插入级联 | 插入限制 | A,D | 多选题 | 等级考试二级VFP | 编辑 删除 |
| 要在两张相关的表之间建立永久关系，这两张表应该是_____。 | 同一个数据库内的两张表 | 两张自由表 | 一张自由表，一张数据库表 | 任意两张数据库表或自由表 | A,C | 多选题 | 等级考试二级VFP | 编辑 删除 |
| 在参照完整性的设置中，如果当主表中删除记录后，要求删除子表中的相关记录，则应将"删除"规则设置为_____。 | 限制 | 级联 | 忽略 | 任意 | B,C | 多选题 | 等级考试二级VFP | 编辑 删除 |
| 数据库表的 INSERT 触发器，在表中_____记录时触发该规则。 | 增加 | 修改 | 删除 | 浏览 | A,B | 多选题 | 等级考试二级VFP | 编辑 删除 |
| 在数据库jxsj.dbc中，要获得表js.dbf字段gh的标题，先打开该数据库，并为当前数据库，再用函数 DBGETPROP(_____,"FIELD","CAPTION")。 | js.gh | "js.gh" | gh | "gh" | B | 单选题 | 等级考试二级VFP | 编辑 删除 |

第1页/共2页 本页5条/共10条 后页 末页

图 10-21　考试试题分页页面效果显示图

### 4. 修改和增加考试试题（代码在 addquestion. asp 页面中）

修改和增加考试试题的后台处理页面是 addquestion. asp，相关代码如下。

```
<%
dim question,subjectname,A,B,C,D,answer,leixing,page,action,rs,id
'定义函数进行字符转换,以适合于在网页中显示
function invert(str)
    invert=replace(replace(replace(replace(str,"<","&lt;"),">","&gt;"),chr
(13),"<br>")," "," ")
end function
'读取表单中的数据
id=trim(request.form("id"))
action=trim(request.form("action"))
question=trim(Request.form("question"))
subjectname=trim(Request.form("subjectname"))
A=trim(Request.form("A"))
B=trim(Request.form("B"))
C=trim(Request.form("C"))
D=trim(Request.form("D"))
answer=trim(Request.form("answer"))
leixing=trim(Request.form("leixing"))
page=trim(request("page"))
'必填部分不能为空
if question="" or subjectname="" or answer="" or leixing="" then
    response.write "错误!!带<font color=red> * </font>号的为必填项!
    <a href='javascript:history.go(-1)'>返回</a>"
    response.end
end if
'修改试题
if action="modify" then
set rs=server.createobject("ADODB.recordset")
    rs.Open "SELECT * from tb_question Where id=" & id,conn,1,3
    rs("question")=question
        rs("kmname")=subjectname
        rs("optionA")=A
        rs("optionB")=B
        rs("optionC")=C
        rs("optionD")=D
        rs("answer")=answer
        rs("type")=leixing
        rs("haveselect")=0
    rs.update
    rs.close
    set rs=nothing
    response.redirect "glquestionaa.asp?id=" & id & "&subjectname=" & subjectname &
"&page=" & page
```

```
end if
'添加新试题
if action="add" then
    set rs=server.createobject("ADODB.recordset")
    rs.Open "SELECT * from tb_question",conn,1,3
    rs.addnew
        rs("question")=question
        rs("kmname")=subjectname
        rs("optionA")=A
        rs("optionB")=B
        rs("optionC")=C
        rs("optionD")=D
        rs("answer")=answer
        rs("type")=leixing
        rs("haveselect")=0
    rs.update
    rs.close
    set rs=nothing
    response.redirect "glquestionaa.asp?id=" & id & "&subjectname=" & subjectname &
"&page=" & page
end if
%>
```

从代码中可以看出,对于 glquestionaa.asp 提交过来的数据,程序通过 action 的值是 modify 还是 add 来判断,然后作出修改或添加到数据库的处理。

## 10.5.5  管理考生成绩模块

管理考生成绩模块相对功能比较简单,为了保证考试的公正公平性,管理员也不能对考生成绩进行修改,只能删除。

管理考生成绩(删除)由文件 glkscjaa.asp 页面来完成,执行结果如图 10-22 所示。

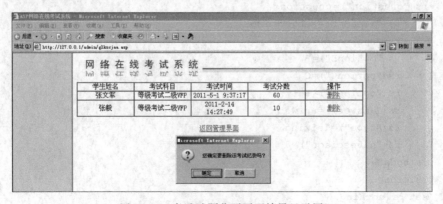

图 10-22  考试试题分页页面效果显示图

相关代码如下。

```
<%
dim id'定义变量,用户的 id
dim sql,rs,rsc
'删除学生成绩
if request("action")="del" then              '删除纪录
    sql="delete from tb_kaofen where id=" &request("id")
    conn.execute sql
    if err.number<>0 then
        '数据库操作出错提示
        response.write "数据库操作错误: "+err.description
        err.clear
    else
        '弹出对话框提示删除成功
        Response.Write "<script language=vbscript>" & vbCrLf
        Response.Write "msgbox ""操作成功!号码为"&trim(request("id"))&"的考试纪
        录已删除!""" & vbCrLf
        Response.Write "</script>" & vbCrLf
    end if
end if
%>
<html><head>
<meta http-equiv="Content-Language" content="en-us">
<title>ASP 网络在线考试系统</title>
<script language=javascript>
function SureDel(id)
{
    if (confirm("您确定要删除该考试纪录吗?"))
    {
        //使用 URL 参数打开 glkscjaa.asp,通知删除分数
        window.location.href="glkscjaa.asp?action=del&id="+id
    }
}
</script>
...
<%
'学生考试分数列表
set rs=server.createobject("adodb.recordset")
rs.open "select * from tb_kaofen order by stname ",conn,1,1
if err.number<>0 then
    response.write "数据库出错"
elseif rs.bof and rs.eof then
    rs.close
    response.write "目前没有考试纪录"
else
    do while not rs.eof
```

```
%>
  <tr>
    <td width="20%" height="21"><div align="center"><%=rs("stname")%></div>
    </td>
    <td width="20%" height="21"><div align="center"><%=rs("kmname")%></div>
    </td>
    <td width="20%" height="21"><div align="center"><%=rs("endtime")%></div>
    </td>
    <td width="20%" height="21"><div align="center"><%=rs("kaofen")%></div>
    </td>
    <td width="20%" height="21"><div align="center"><%="<a href='javascript:
    SureDel("&cstr(rs("id")&")'>删除</a>"%></div></td>
  </tr>
<%
      rs.movenext
    loop
end if
%>
```

从代码中可以看出,删除程序代码与 10.5.1 小节中的管理员删除代码相似,也是采用调用函数 SureDel 弹出确认窗口进行删除的方法,这里就不再重复了。

## 思考题

思考题 10-1:简述网络在线考试系统的功能结构体系。

思考题 10-2:在用户登录页面中把普通表单元素使用 Spry 验证表单元素重新进行设计。

思考题 10-3:给管理考生成绩增加修改功能。

思考题 10-4:在本套系统中,你认为还有哪些功能需要加强。

思考题 10-5:在现有的功能体系中,还可以对哪些部分进行扩展?